그림산행

그림산행

수문 주말시리즈 [14]

최성수 글 | 김문식 그림

秀文出版社

누가 그랬던가, 등산꾼들은 산을 화폭 삼아 자신이 산에 들어 하나의 순간적인 그림으로 완성하고 있는 것이라고 . 아마 그래서들 평소 복장보다는 산을 갈 때의 복장에 더 신경쓰는 사람이 많은 모양이다.

아무튼 1992년부터 김문식화백과 함께 조선일보사에서 발간하는 월간 「산」지에 연재했던 '그림산행'을 5년간이나 이끌 수 있었던 원천적 힘은 그러한 산꾼들의 성원 덕분이 컸다.

우선 이 점을 감사드리고 싶다. 연재를 시작하자마자 사방에서 정보가 들어왔고 동행을 원한다는 사람이 도처에서 나타나 도움을 주었다. 만 5년간 나와 함께 김화백의 산그리기 작업에 동참했던 이들의 수는 이루 헤아리기 어렵다. 또한 그들 덕분으로 이번에 「그림산행」의 졸고를 모아 책으로 묶는 영광을 가지게 되었다.

'그림산행' 연재를 시작하며 필자는 반드시 사전 답사를 했다. 이는 그림을 맡은 김화백과 본 산행을 할 때 공연히 길을 헤매어 그림 착상을 얻는데 방해가 되지 않게 하기 위해서였다.

그림산행을 하면서는 나의 산행 스타일도 많이 변했다. 연재 전에는 그저 속도 내기에만 열을 올려, 다녀오고 나면 주위 산에 대한 인상이 아슴할 때가 많았다. 그러나 '그림산행'을 하다보니 산의 오묘한 모습이 보이기 시작했다. 김화백과 함께 산의 어느 부분이 어떻게 아름다운가를, 틀을 어떻게 짜면 조화로운지를 살피며 걷자 전에 못보았던 산의 아름다움이 나의 둔한 시각에도 드러났다. 빛이 어떤 방향에서 어떻게 들 때 가장 멋진 풍경이 되는 지도 알게 되었다.

그러다 보니 설악산, 북한산만이 아름답고, 이름없는 야산을 하찮게 본 그간의 편견을 버리게 되었다. 요컨대 사물의 아름다움은 때에 따라, 그리고 보는 이의 시각에 따라서도 크게 좌우됨을 미욱한 나도 알게 된 것이다. 그림산행을 통해 내가 진정 얻은 것이라면 졸고를 묶은 이 책자보다는 바로 이런 뒤늦은 깨우침이라고 할 것이다.

인생을 정리할 시기에 이르니 기회라는 단어에 더욱 신경을 쓰는 나를 느낀다. 나이는 속일 수 없는 모양이다. 그래서 '별것 아닌 것 가지고…' 하는 생각을 억지로 떨치고 책자로 묶었다.

그래도 과거엔 이런 스타일의 책은 없었다는 데서 작은 보람을 찾고 싶다.

나의 이름이 인쇄된 책을 처음 대하는 나의 기분은 초등학교 입학 때인 50여년 전 교과서를 처음 받았을 때의 기분과 흡사한 것은 대체 어떤 영문인지….

이 책이 나올 수 있게 도움을 주신 월간 「산」부의 여러분과 또 늘 함께 산을 오르며 격려해주신 많은 산친구들 그리고, 이책을 펴내주신 수문출판사의 이수용 사장께도 깊은 감사를 드린다.

1998년 5월

최성수

차례

다양한 능선·도봉산

역사와 풍광의 북한산

청풍명월의 충청도 명산

道峰山 도봉산—❶

코스 다양한 서울 근교의 명산

눈내린 마당바위를
등산객이 지나가고
있다.

　길게 펼쳐진 능선을 차창을 통해 바라보며 제1휴식처를 지나 은석암 왼쪽 냉골 바위 길을 타고 곧 이어 포대능선을 단숨에 내달아 달리던 상상의 발길이 다음은 '도봉산 역'이라는 전철내 안내 방송 때문에 우이능선 끝에서 그만 우뚝 멈춰서고 말았다.

　12월 12일. 첫 추위가 몰아닥친 탓인지 그많은 상인들의 모습도 보이지 않아 도봉산 역은 조용하기만 하다. 오전 9시 30분, 김문식 화백과 만나기로 약속한 할머니가게에 도착했다. 이곳 역시 산꾼들로 붐비던 휴일과는 달리 한산한 가운데 옛날 정씨 할머니의 따님인 김순덕씨(51)와 동생인 김유태(38), 최정옥(35)씨 부부가 반겨준다.

이 집은 대를 이어서 여전히 산꾼들에게는 오아시스와 같은 곳이기도 하다. 김화백의 친구이며 동대문 광장시장의 의류업계 대표들인 신흥식(辛興植·50), 정형근(鄭亨根·40), 유재풍(柳在豊·42) 그리고 엄광빈(嚴光彬·53) 사장들과 인사를 나누고 10시 정각에 가게문을 나섰다.

도봉산에는 많은 등산로가 거미줄처럼 엉켜 있어서 평생을 다녀도 모든 길을 다 다닐 수 없을 정도란다. 어느 코스를 택할까 망설이던 우리는 도봉산장쪽으로 의견이 모아졌다.

등산로 입구엔 '자연보호를 위한 시민의 모임 (회장 황인철)'에서 주관하는 '흙 가지고 가기' 운동에 쓰일 흙이 많은 비닐봉지에 가득 담겨 있었다. '흙 가지고 가기' 운동은 등산로가 훼손되어 나무뿌리가 노출된 곳에 흙을 부어 길을 보수하고 흙을 담아왔던 빈 봉지는 내려올 때 쓰레기를 되담아오게 하는 일석이조의 운동이다. 마침 이 운동에 헌신적으로 참여하고 있는 팔순 고령인 임우순씨(84)와 김원평씨(41) 그리고 김상수씨(42)가 열심히 등산객들에게 흙을 담아주고 있었다. 자진해서 모임에 가입한 회원들의 성금으로 운영되는 이 모임이 안타깝게도 요즈음은 재정난으로 몹시 고전을 하고 있다고 한다.

우리 일행도 흙을 받아 들고 산장으로 향했다. 아침 햇살을 받은 하얀 선인봉의 당당한 모습이 우리를 압도하는 듯하다. 매표소 앞을 출발한지 20분만에 도봉산장에 들어서니 향긋한 커피 냄새가 코를 찌른다. 직접 갈아서 끓여주는 따끈한 커피로 몸을 녹였다.

이 산장은 구조대와 한국등산학교 훈련장으로 쓰이는 곳이며 산에서는 유일하게 술을 필지 않는 산장이기도 하다. 산장 앞에서 길은 크게 두갈래로 갈라진다. 올라오던 길로 직진하면 만월암을 거쳐 포대능선으로 이어지고, 왼쪽 길은 천축사(天竺寺)로 가게 된다. 우리는 이곳에서 천축사쪽을 택했다. 새벽 기온이 영하 11도였는데, 가파른 길을 오르니 등에서는 벌써 땀이 솟기 시작한다.

도봉산장에서 천축사까지는 불과 10여분의 거리. 낙엽이 진 앙상한 나뭇가지 사이로 보이는 산사의 모습은 적막하기만 하다. 천축사는 신라 문무왕 13년(서기 673년)에 의상대사가 창건했으며, 1398년과 1470년에 조선 태조와 성종이 각각 중창하였고, 현재의 건물은 1812년에 경학대사가 중창했다는 고찰이다.

마침 원공(圓空)스님이 계시다고 해서 방문을 두드리니 그는 초면인데도 우리 일행을 반갑게 맞아준다. 원공스님은 20년 전부터 산행을 시작해서 1년의 반은 걸어서 전국을 누비고 있다고 한다.

스님은 하루에 100리를 걷는데 몇 해 전에는 1,000일을 계속해 걸은 적도 있다고. 이유는 우리 나라 통일과 이산가족의 재회를 위한 고행이라고 한다. 또한 자연보호에도 남다른 관심을 가지고 온갖 어려운 일을 몸소 실천하고 있는데, 방에는 전기도 없고 일체 문명의 이기가 보이지 않았다. 원공스님은 길과 물은 항상 순리대로 가는 것이기에 사람의 삶

선인봉을 바라보며 등산객들이 도봉산 정상으로 가고 있다.

14

흰옷으로 갈아
입은 선인봉.

도 이렇듯 순리를 따라야 하며, 늘 산을 통해서 자기를 바라본다며 말끝을 맺는다.

열심히 스케치하는 김화백을 재촉해서 우리는 마당바위쪽으로 걸음을 옮겼다. 휴일이면 인파로 들끓던 이곳도 오늘은 등산객의 모습이 보이지 않는다. 바위에 앉아 쉬고 있는데, 마침 중년의 등산객이 옆에 자리를 잡는다. 매주 한번씩은 꼭 도봉산을 찾는다는 우림산업(주)에 근무하는 김문경(金文經·37)씨인데 "이만한 산이 전국 어디에 또 있느냐"며 도봉산 예찬이 대단하다.

멀리 우이암이 보이는 바위에 자리를 잡고 도시락을 풀었다. 반주 탓인지 몸이 약간 나른하다. 누워서 살며시 눈을 감아본다. 이미 신선이 된 내 발길은 날 듯이 포대능선을 내닫고, 온갖 계곡과 능선 길을 두루 거친다.

봄엔 진달래 숲을 이루는 문사동길, 여름엔 우이암쪽으로 이어지는 시원한 계곡 길, 선인봉과 만장봉 사이의 가을 단풍길, 푸른 잔디를 깐 듯한 송추쪽 능선길 등 온갖 산길을 달리는데 갑자기 "그만 가시지요"하는 김화백의 목소리에 문득 눈을 떠보니 우이암 너머 북한산 연봉이 아련히 춤을 추는 듯하다.

 하산 길은 용어천 야영장 쪽을 택했다. 마당바위 밑 갈림길에서 오른쪽으로 가니 달마바위가 나타난다. 김화백은 오르기 힘든 이 바위를 거뜬히 오르더니 선인봉이 아주 멋지게 잘 보인다며 탄성을 연발한다.

 김화백이 스케치를 끝내자마자 다시 계곡 길을 내려서니 금새 제 6휴식처이다. 이곳엔 커다란 돌부처가 서 있으며 그 옆엔 수량이 풍부한 샘이 솟고 있었다. 또 이곳은 분지여서 추운 날씨에도 바람이 없어 추위를 덜 느끼는 곳이다. 샘 옆에서는 중년의 여자 등산객 10여명이 도시락을 맛있게 먹고 있다.

 이곳부터는 하산길이 탄탄대로이다. 도중에 성도원(成道院)에 잠시 들렸다가 계속 계곡을 따라 걸었다. 불과 20여분만에 처음 출발했던 할머니 가게에 다시 도착해 시원한 맥주로 목을 축이면서 산 쪽을 뒤돌아보니 새하얀 모습의 선인봉이 그 우람한 자태를 한껏 뽐내고 있다.

道峰山 도봉산—❷
새해 첫날 밟은 포대능선 코스

"그러니까 그게 1984년 3월 중순경이었지요. 오후 6시에 조난사고 발생 통고가 왔습니다. 즉시 장비를 갖추고 7시에 대원들을 인솔해서 출발, 자정이 되어서야 피골 막침에 도착했습니다. 이미 1명은 숨을 거두었고, 다른 1명도 사경을 헤매는 상태여서 우선 응급조치를 취한 다음 새벽 4시에 천신만고 끝에 설악동에 도착했는데, 다행히 나중에 소생했지요."

설악산에서 10년간이나 구조대의 책임자로 활약했던 박원용씨(朴元用·58)의 경험담에 도봉산장에서 차를 마시고 있던 등산객들은 아주 흥미롭고 진지하게 귀를 기울이고 있었다.

무모한 겨울산행이 빚은 엄청난 비극들을 그는 계속 엮어 나간다. 한 가지 기이한 것은 생명을 잃은 조난자의 가족들은 꼭 고마운 뜻을 전하고 자주 찾아와서 인사도 하지만, 구사일생으로 생명을 건진 사람은 거의 다 인사는 고사하고 편지 한 장도 없다는 것이다. 그때, 스케치를 하느라고 우리와 떨어졌던 김문식 화백과 그의 동료화가인 계송(溪松) 이관호(李寬浩·54)씨가 눈이 묻은 등산화를 탁탁 털면서 산장 안으로 들어섰다.

우리 일행은 1월1일 아침 10시에 도봉공원을 출발해서 제1휴식처를 지나 은석암 오른쪽으로 이어지는 능선길을 택했다. 오늘 산행은 계속 포대능선을 넘어 우이동까지의 종주를 계획한 것이다.

은석암까지는 30여분의 거리. 은석암 바로 밑에 있는 샘터에서 물통에 물을 채웠다. 이 샘은 은석암의 보살님이 잔소리를 심하게 하면서 관리하기 때문에 늘 깨끗하다.

은석암에서부터 산길은 갑자기 가팔라지기 시작한다. 바위 길을 더듬어 땀을 흘리며 오른지 20여분만에 능선에 닿았다. 이 능선은 장수원에서

망월사쪽으로 오르다가 왼쪽 계곡 길로 접어들어서 올라오는 길과 마주
치는 곳이다.

 며칠 전 내린 눈으로 이곳부터는 산길이 몹시 미끄럽다. 오른쪽으로 망
월사(望月寺)를 계속 바라보며 해골바위를 지나 20분만에 만월암 뒤쪽
사거리 안부에 도착했다. 이곳에서 왼쪽으로 내려가면 만월암(제9휴식
처)이고, 오른쪽 길로 접어들면 망월사 밑의 덕제샘을 거쳐 장수원에 이
르게 된다. 우리는 곧바로 전진해서 5분만에 쇠줄이 시작되는 지점에 닿

았다.

 쇠줄이 처음 나타나는 지점에서 길은 크게 세 갈래로 갈라지는데, 모든
길이 결국은 포대 정상으로 합쳐지지만, 맨 왼쪽 길은 바위를 타야 하는
험로이기 때문에 겨울철에는 위험하고, 가운데 길은 쇠줄을 잡고 오르는
길이며, 맨 오른쪽길이 가장 평탄한 등산로이다. 이 날은 길이 미끄러워

새해 첫날
포대능선과 주변
봉우리에는 눈이
쌓여 멋진 설경을
보여 주었다.

19

서 우리는 오른쪽 길을 택했다.

 15분만에 민초(民草)샘에 도착, 시원한 물로 목을 축이는데 옆에서 쉬고 있던 여성 한 분이 우이동쪽 길을 묻는다. 우리도 그 쪽으로 가는 길이라고 했더니 반색을 하면서 동행을 요청하는데 그는 롯데백화점(명동) 지하 1층 식품영업팀(팀장 구재관(丘在官)의 OG코너에 근무하는 주부 사원 이선휘(李善徽·41)씨였다. 잠시후 사거리 안부에 올라섰는데 왼쪽은 포대능선 정상으로 가는 길이고, 오른쪽은 망월사 뒤 능선으로 이어진다.

 10분만에 포대능선 정상에 섰다. 포대능선 정상은 새해 첫날을 산에서 맞으려는 등산객들로 몹시 붐비고 있었다. 이곳에서부터 초심자들은 힘겹게 아찔한 쇠줄을 타고 수직으로 내려갔다가 다시 올라가야 하는 가장 힘든 코스를 가야 한다. 우리는 시간이 오래 걸릴 것같아서 오던 길을 다시 되돌아서 포대능선을 살짝 왼쪽으로 끼고 도는 평탄한 길로 들어섰다.

 신선대 밑에서는 등산객들이 만장봉과 자운봉의 멋진 설경을 카메라에

20

포대능선을
통과하고 있는
등산객들.

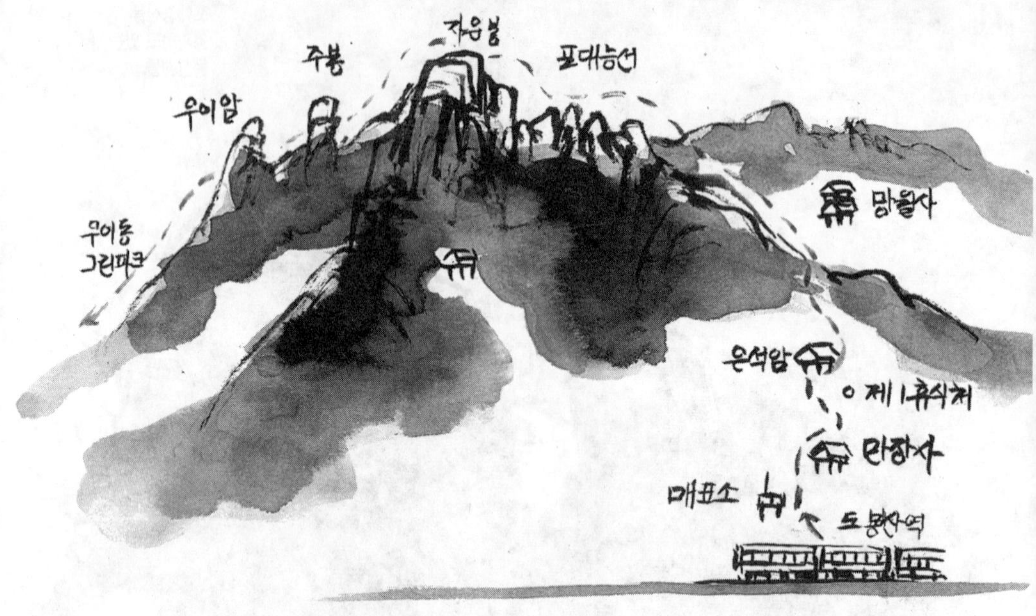

담느라고 정신이 없다. 이곳에서 다시 오른쪽으로 돌아서 20분만에 주봉 옆을 지나서 바위 길을 몇 차례 오르내리다가 일명 째진 바위를 지나 칼바위 밑에 닿았다. 이곳에서 오른쪽 길로 들어서면 오봉(五峰)으로 가게 되고, 왼쪽 길로 내려가면 거북암(제5휴식처)을 거쳐서 도봉공원으로 이어진다.

지친 등산객들은 대개 이곳 칼바위 밑에서 하산하는 경우가 많다. 많은 사람들이 아이젠을 착용했으나 우리는 끝까지 고집스럽게 아이젠 없이 산행을 계속했다. 몹시 미끄러워서 힘겨워하는 우리와는 달리 박원용씨는 과연 대가(?)답게 뒷짐까지 진 채로 거침없이 휠휠 앞서 나아간다.

잠시후 오봉 사거리에 닿았는데 오른쪽은 오봉을 거쳐 샘터를 지나서 내려오는 길이고, 왼쪽 하산로는 제4휴식처를 지나 봄철이면 진달래꽃으로 뒤덮이는 문사동 계곡길이다. 잠시후 헬기장에 도착했다.

이 헬기장 부근의 조망이 과연 일품이다. 오던 길을 되돌아보니 저 멀리 만장봉, 자운봉 그리고 칼바위 등 연봉이 줄을 이었고 머리에 흰눈을 잔뜩 이고 나란히 서 있는 오봉의 거대한 위용은 정말 장관이었다.

헬기장에서 우이암까지는 단숨에 내달았다. 우이암 갈림길에서 왼쪽은 원통사로 가는 길이다. 계속 전진해서 뚱뚱보는 빠져나가기 힘든 기차바

위 옆을 통과해서 우이동 전경이 활짝 펼쳐지는 일명 냉동바위라고 불리
는 널찍한 바위에 걸터앉았다.

　　　천년(千年)을 밀어 올리고
　　　천년(天年)을 깎아 내린
　　　하늘로 오르는 마지막 계단

　　　이승의 막다른 문턱을 나는 오른다.
　　　우람히 내리누른
　　　무게만큼의 힘으로
　　　나를 밀어 올린다.

　　　먼 바다의 들끓는 물결 소리도
　　　귀밑에 와서 부서져 출렁거리고
　　　구름 속을 뚫고
　　　내리 쏟아지는 광망(光芒).
　　　이 무변(無邊)의
　　　자지러질 듯한 현란(絢爛),
　　　찰나에 빛나던 삶과 죽음이
　　　여기
　　　한꺼번에 와서 쓰러진다.

　눈을 떠보니 저 멀리 북한산의 연봉이 넘실넘실 춤을 추는 듯하다. 이
곳에서부터 하산 길은 탄탄대로이다. 원통사로 갈라지는 삼거리를 거쳐
송전탑을 지나니 곧 대한상회 앞이고 다시 그린파크호텔이다.
　5시간의 산행을 마친 우리 일행은 도선사 입구에서 시내쪽으로 200m
지점, 성원아파트 건너편의 코오롱등산학교 6기인 산악인 박장우(朴長
雨·54)씨가 운영하는 '알핀호프'에서 즐거웠던 산행과 앞날의 무사고를
기원하면서 맥주잔을 힘차게 부딪쳤다.

道峰山 도봉산—❸
설악산 버금가는 명산 중의 명산

산사의 밤은 점점 깊어만 가는데 조용히 타오르는 촛불을 사이에 두고 능엄스님의 말씀은 점차 그 깊이를 더해간다.

"빈손으로 왔다가 빈손으로 돌아가는 생에 집착하지 말고 회향(回向)할 때 역시 무(無)로 가는 것이며 남는 것은 물질이 아니라 무한한 진리 즉 깨달음이다. 항상 용서하고 함께 더불어 자비스럽게 살면서…. 마음을 곧바로 가지면 성현이 되는 것이다. 체(體)가 머무는 곳에 도가 있고 또 가난한 가운데 도가 있으니 성속(聖俗)이 결국 하나인 것이다."

전에는 이곳 망월사와 공주에 있는 마곡사의 주지를 겸임하셨던 능엄스님은 해제중(解制中)인 평소에는 안양에 있는 회불원(會佛院)의 회주로 계시다가 결제중(結制中)에는 망월사의 천중선원장(天中禪院長)으로 계신다.

망월사는 신라 선덕여왕 8년(639년) 해호선사(海浩禪師)가 왕명을 받아 국태민안과 삼국통일을 염원해서 창건하였다. 그리고, 그 이름의 유래는 월성(月城)을 바라보면서 신라 왕실의 융성을 기원한다고 해서 망월사(望月寺)라 이름하였다고 한다.

망월사는 10여년 전부터 증축을 시작해서 오랜 세월에 걸쳐 불사가 끝났는데 그 동안 헤아릴 수 없는 어려움을 딛고 여러 스님과 신도들이 혼연일체가 되어 피와 땀으로 맺어지는 결실이라면서 신도들에게 모든 공을 돌린다.

산사의 밤은 더욱 깊어만 가고 정월 열 사흗날의 밝은 달빛만이 창가에 와 닿는다.

諸惡莫作　모든 악을 짓지 말고

망월사 근경.
망월사란 이름은
월성을 바라보면서
신라 왕실의 융성을
기원하는 의미에서
이같이 지어졌다고
한다.

衆善奉行　모든 선은 가리지 말고 행할지어다
自淨其心　스스로 그 마음이 청정해야
是諸佛敎　이것이 불교를 믿는 길인 것이다

　스님은 조용히 위 글을 읊으면서 합장하고 자리를 뜬다.
잠자리에 누워서 창밖을 쳐다보니 달빛은 교교한데 사방은 죽은 듯이 적막하기만 하다. 몸을 뒤척이며 잠을 청했지만, 온갖 시끄러운 소리에 익숙한 이 몸이 너무나도 조용함에 오히려 잠이 오지 않는다. 김문식 화백의 동료인 지당(芝堂) 이존호 화백(李存浩·52)도 역시 잠을 못 이루고 있다.

　　　바위도 시름을 놓아
　　　무겁게 가라앉고

　　　뜰 가득 쏟아지는
　　　달빛 소리 아련쿠나.

　　　한밤내
　　　여울 소리는
　　　귀에 젖어 흐른다.

　　　한 여름 울어대던
　　　벌레소리 사라지고

　　　산바람 대숲을 흔들어
　　　산새 푸드득 잠깨우고 간다.

　　　세월은
　　　저 홀로 가고
　　　목탁 소리 천년을 가네.

망월사 범종각
앞에서 스님이
불경을 외고 있다.

　아직도 어둠이 깔린 마당에 내려서니 저 멀리 선인봉, 만장봉 그리고
자운봉의 신비스러운 자태가 어둠 속에서 그 모습을 서서히 드러낸다.
어느 순간 갑자기 동녘에서 불끈 솟아오르는 장엄한 일출을 본다.

　오전 10시 정각. 이미 망월사에서 합류하기로 약속한 오랜 산 친구 이
명재(李明載·61)·윤정자(尹正子·58)씨 부부와 광화문 교보빌딩 동편
에서 '언더우드 클럽'이란 넥타이점을 운영하는 김승돈(金昇敦·54)·부
순열(夫珣烈·49)씨 부부가 도착했다. 망월사역에서 이곳까지는 약 1시
간의 거리이다. 매표소를 지나 10분이 못되어 주차장에 이르고 다시 조
금만 더 가면 살림길인데, 오른쪽은 원효사로 오르게 되고 왼쪽 길로 접
어들면 식당이 즐비한 곳을 지나 오른쪽 위로 두꺼비바위를 바라보며 계
속 오르게 된다.

　북한산 국립공원 서부관리소가 생기기 전에는 무척 지저분하고 오염이
심했던 이 길이 오랜만에 찾았더니 예전에 비해 놀랄 만큼 깨끗해졌다.
극락교를 지나면 얼마 후에 수량이 풍부한 덕제샘을 만나고 다시 10여분

27

을 걸으면 망월사에 닿는다.

 10시 30분에 절을 뒤로 하고 약 20분만에 능선에 올라섰다. 여기서 오른쪽으로 가면 회룡골로 내려갈 수 있고, 산행을 더 계속하면 사패산을 거쳐 의정부까지 이어진다. 우리는 왼쪽 길을 택했다. 몇 차례 바위 길을 더듬어 오르내리니 자운봉의 웅장한 모습이 손에 닿을 듯하다.

 약 30분만에 사거리 안부에 도착했다. 왼쪽 내리막길은 민초 샘을 거쳐 원도봉으로 이어지고, 곧장 난 길은 포대능선 정상길이며 오른쪽은 포대능선을 살짝 끼고 도는 순탄한 길이다. 이 길로 들어선 우리는 20여분만에 포대쇠줄이 끝나는 지점에 섰다. 포대쇠줄이 끝나는 지점에서 오른쪽 내리막은 주봉을 지나 계속 우이동으로 통하는데 우리는 자운봉과 신선대 사잇길을 택하고 다시 쇠줄에 매달렸다.

 협곡을 지나 급경사 길을 조금 내려가니 다시 사거리이다. 왼쪽 아주 가파른 길은 만월암으로 이어지고, 오른쪽은 신선대를 바짝 끼고 돌아 뜀바위 밑으로 연결된다. 계속 내려가니 얼마후 속칭 케이블카 자리이라는 곳이다.

망월사 뒷산에서 달이 떠오르고 있다.

 매점이 있는 넓은 공터에서 윤정자 씨가 손수 만들어온 갖가지 음식으로 점심을 들었다. 이곳에서 내려가다가 길은 또 다시 갈라지는데, 오른쪽은 마당바위로 가게된다. 왼쪽 길로 내려가니 바위 밑에 교묘히 들어앉은 석굴암이 있고 그 밑에는 구조대가 있다. 시원한 약수로 갈증을 풀고 다시 하산을 재촉했다.

 이명재씨 부부는 가파른 내리막에도 무척 날쌔게 몸을 움직인다. 산행 경력이 20년이나 되는 이들 부부는 그 동안 도봉산만도 800여 회나 오른 진짜 꾼들이다. 1년에 무박산행도 20여 차례나 가는데, 언제나 부부 동반이다.

 이명재씨는 도봉산이 설악산 다음이라며, "이 산이 명산 중의 명산"이라고 입에 침이 마른다. 바위를 타는 코스는 무척 위험하지만, 또한 바위를 피해서 살짝 옆으로 도는 길은 또 제일 안전하니 이렇게 마음대로 다닐 수 있는 산이 전국 어디에 또 있느냐는 것이다. 내려오는 길에 도봉산장에 들러 커피를 마시며 정담을 나누었다.

 이날 도봉산은 겨울답지 않게 포근한 날씨 때문인지 등산객들로 무척 붐볐다. 20분만에 할머니가게에 들어서니 낯익은 여러 얼굴들이 잔을 기울이다가 우리 일행을 반기면서 서로들 다투어 잔을 내미는 것이었다.

道峰山 도봉산—④

포대능선으로 이어지는 회룡사 코스

 도봉산 북쪽 자락에 자리잡고 있는 회룡사(回龍寺)는 매우 정갈하고 아늑한 절이다. 너무나 깨끗해서 흙묻은 등산화로 뜰에 들어서기조차 망설여질 만큼 깔끔하게 정돈되어 있었다.

"신라 신문왕(神文王) 원년(681)에 의상조사(義湘祖師)가 창건해서 법성사(法性寺)라 칭했으며, 고려 우왕 10년(1384)에 무학대사(無學大師)가 4창하였고, 다시 조선조에 이르러 고종(高宗) 18년(1881)에 대응선사(大應禪師)가 6창했는데 6·25동란으로 전소된 터에 도준(道準)스님이 새로이 절을 지었고, 1981년에 주지로 취임한 혜주(慧珠)스님이 석조관음상과 범종각을 세우셨습니다."

 총무스님인 성견(性見)스님은 회룡사의 유래를 이렇듯 잔잔한 목소리로 상세하게 설명한다. 주지인 혜주(慧珠)스님은 마침 의정부 포교당인 자비회관에 가고 안 계셨다. 비구니 선방(禪房)이 있는 회룡사는 하안거(夏安居)인 음력 4월 15일부터 7월 15일까지와 동안거(冬安居)인 10월 15일부터 1월 15일까지 1년에 두차례씩 선방을 열고 있다.

 3월도 중순에 접어든 일요일 아침에 회룡역에서 김문식 화백과 국립공원관리공단에서 정년 퇴직한 김년홍(金年烘·65)씨와 만난 시간이 오전 10시 정각. 역사 앞에는 상가도 없고 인파로 붐비는 다른 곳과는 달리 등산객도 많지 않아서 어쩐지 썰렁한 기분마저 든다.

 밭 사이를 지나 구도로를 가로질러 얼마동안 걸으니 수령이 400년이나 됐다는 회화나무가 길 한가운데 서있는데 이 나무는 높이 25m, 둘레가 4.6m나 된다. 매표소를 지나니 경관이 갑자기 달라져 하얀 암반 위를 흐르는 옥류는 마치 심산유곡에 들어온 느낌이다. 맑은 물에 손이라도 담그고 싶은 충동을 느낀다.

회룡사의 지붕이 보이는 지점을 걷는데 앞에서 검은 색 지프가 다가오 다가 갑자기 멈추면서 차안에서 누군가가 손을 흔든다. 마침 관내를 순 찰중이라는 북한산 서부관리소의 권병화(權炳和·51)소장과 손영임(孫 英任·34)씨였다. 권소장과는 고려대학교 선후배 사이이고 손영임씨와 도 오랜 구면이다.

우리는 성견(性見)스님과 합장으로 작별인사를 나누고 대웅전 옆을 지 나서 산비탈로 들어섰다. 도봉공원쪽의 늘 넘치는 인파 속을 걷다가 너 무나도 조용한 이곳을 오르니 오히려 쓸쓸함마저 느껴진다.

절 바로 뒤에는 백범 김구(金九) 선생께서 일제 때 피신했던 석굴암이 있는데, 그는 광복후 귀국해서 이곳에 자주 들러 자연을 즐기며 고금(古 今)을 회상했다고 한다.

석굴암 옆의 큰바위에는 '石窟庵', '佛' 그리고 '戊子仲秋遊此 金九' 라고 쓴 친필 글씨가 음각되어 있다.

회룡사는 사패산 밑에 위치한 신라의 고찰이다.

31

석굴암에서 조금 더 올라가니 옛날 무학대사가 정진했다는 천연석굴이 나오고 가파른 길을 더 오르니 곧 능선에 닿고, 이곳부터는 계속 사방이 탁트인 길이 계속 된다. 등산객이 적은 탓도 있겠지만, 길 주변이 너무 깨끗해서 담배꽁초 하나 찾아볼 수가 없다.

작은 언덕을 몇 차례 오르내리니 저만치 송이바위 너머로 사패산(賜牌山)이 시야에 들어온다. 이곳에 도착한 시간이 12시 50분. 북쪽으로는 의정부에서 벽제로 넘어가는 꼬불꼬불한 길이 까마득히 내려다보인다.

각자가 준비한 도시락을 풀고 있는데 건장한 청년 두명이 무전기를 들고 올라온다. 북한산국립공원 서부관리사무소에 근무하는 김종훈, 우동균씨인데 순찰을 도는 중이란다. 한사코 사양하는 그들에게 억지로 빵과 음료수를 권했다.

저 멀리 남쪽으로 포대 정상에서 자운봉, 만장봉 그리고 우이암에 이어 그 너머로 북한산의 연봉들이 병풍처럼 길게 펼쳐져 있어 장관을 이루고

등산객이 사패산 정상 부근의 암봉에 올라서 의정부 일대를 내려다보고 있다.

석굴암 입구.
석굴암은 도봉산의
상징 선인봉 아래에
있다.

33

있다. 오후 1시 30분에 사패산을 뒤로 하고 능선길을 계속 걸었다. 50분 만에 망월사 뒤 안부를 통과하여 자운봉과 신선대 사이를 내려서서 석굴 암쪽 길을 택하니 얼마 후 저 밑에 경찰구조대의 지붕이 보인다.

"철이 엄마, 저 1505호 남자 좀 봐. 어쩜 저렇게 허구한 날 산에만 다니지?" "글쎄 말야 멀쩡한 젊은이가 돈 벌 생각은 않고 매일 산에만 다니니···." 언제나 아침 일찍 어김없이 등산복에 배낭을 메고 호원동 신도아파트를 나서는 사람. 그러나, 그는 실업자도 아니고 결코 놀러 산에 다니는 사람도 아니다. 그에게는 등산복이 정식 출근복인 것이다. 도봉산 경찰구조대장인 정기상(鄭基相·40)경사, 바로 이 사람이 동네에선 실업자로 오인 받았던 그 장본인이다.

구조대 마당에서는 김연도·박병준·김종식·김창현 그리고 최근에 전입해온 막내둥이 김해룡 의경 등 다섯 명의 대원들이 대장으로부터 임무에 대한 지시를 받고 있었다.

1983년 5월에 발족한 이 구조대의 공식 명칭은 좀 길게도 '도봉경찰서 도봉산악안전구조대'이다. 이들은 눈이 오나 비가 오나 산악인의 안전을 돌보기 위해 헌신하고 있는데 이들 대원들은 60명을 추천 받은 후 다시 엄선을 거쳐 마지막으로 10명을 뽑아 인수봉과 도봉산에 각각 5명씩 배

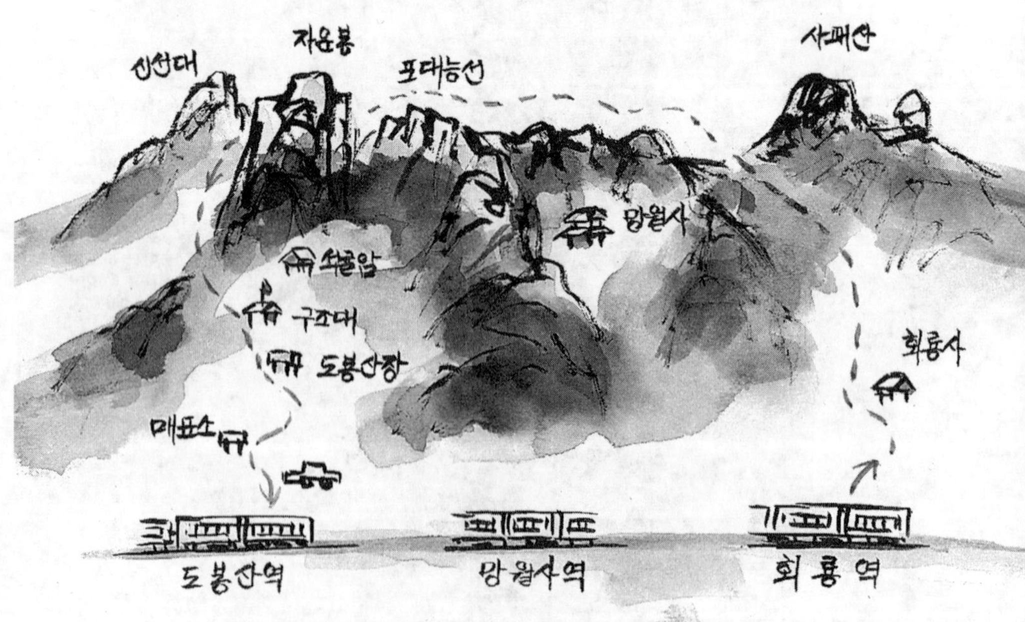

치된다.

 1987년 1월에 부임한 정대장은 아홉 살과 여덟살 짜리 남매 명(明)이와 욱(旭)이를 두었는데, 천축사 원공(圓空)스님이 이름을 지어 주셨단다. 정대장은 도봉산이 서울 시내에서 가장 가까운 거리에 있고 경치 또한 수려하기 때문에 등산객들이 너무나도 안이하게 생각하고 장비도 제대로 갖추지 않고 왔다가 갑작스런 기상 변화에 조난 당하는 경우가 많다고 걱정을 한다.

 마침 구조대에는 옛날 도봉산 일대에서 많은 구조활동을 벌였던 한창일(韓彰一·51), 최금신(崔今信·51)씨 부부가 와서 후배 구조대원의 점심으로 만두를 빚고 있었다. 이들 부부는 산에서 만나 1975년에 결혼한 산꾼들이다. 후배를 위해 일부러 찾아와서 점심을 준비하는 이들의 끈끈한 정이 새삼 부러웠다.

 도봉산장에서 내려오며 혼탁한 인파 속에 휩싸이기가 싫어서 산장 맞은편 삼신암터로 올라선 후 약수터를 지나 원로 산악인인 이종완(李種完·75)씨가 늘 사진을 찍던 장소인 작은 바위에서 되돌아본 선인봉의 위용은 정말 뭐라 표현할 수 없으리만큼 뭉클하게 가슴에 와 닿는다.

道峰山 도봉산—**5**
포대능선에서 장수원으로 이어진 진달래꽃길

오랜 가뭄 끝에 조금은 아쉽게 단비가 내린 다음날은 4월 중순인데도 꽃샘추위답게 퍽 차가운 날씨였다.

오전 10시, 도봉유원지의 할머니가게에서 김문식 화백과 그의 문하생인 홍기윤(洪基潤·46)씨, 그리고 낙원동에서 '미조리 우동' 집을 운영하는 전직 의료직 공무원이었던 이선자(李善子·45)씨 그리고 김화백의 절친한 친구인 진정호(陳正浩·48)씨와 유명균씨(49)를 만났다. 관음암(觀音庵)쪽을 향해 가게문을 나섰는데 갑자기 추워진 날씨 탓인지 등산객이 평소의 절반도 안될 것같다.

관음암코스는 대개 도봉산장~천축사~마당바위를 거쳐서 오르는 게 정석처럼 되어 있지만 오늘은 좀 다른 길을 택하기로 했다.

성도원(成道院) 밑을 지나 제4휴식처 못미쳐에서 오른쪽의 오르막길로 접어들어 얼마를 오르니 제6휴식처가 나온다. 이곳은 능선사이에 푹 파묻혀 있어서 잘 알려지지 않은 탓인지 등산객이 붐비지 않고 또 바로 곁에는 수량이 풍부한 맑은 샘이 있어서 점심 먹기에 아주 적당한 곳이다.

우리는 잠시 쉴 동안 갈증을 풀고 다시 북쪽의 경사 길을 오르기 시작했다. 조금 후 마당바위에서 올라오는 길과 마주치는 사거리 갈림길에 도착했다. 오른쪽은 마당바위로 내려가는 길이고, 직진하여 급경사를 오르면 주봉으로 이어진다.

우리는 왼쪽의 가파른 길로 접어들었다. 관음암으로 가는 길은 계속 오르막이다. 길옆엔 활짝 핀 진달래꽃이 붉게 타오르면서 길게 터널을 이루고 있어 정말 장관이었다. 홍기윤씨는 숨을 가쁘게 몰아쉬면서도 탄성을 연발했다.

정오가 다 되어서 우리는 관음암 앞마당에 배낭을 내려놓았다. 대웅전

등산객들이
진달래꽃이 만발한
관음암으로
올라가고 있다.

위로 올려다 보이는 정상의 암봉들은 가히 도봉산에서 가장 빼어난 경치 임을 부인할 사람이 없으리라.

마침 불공을 마치고 마당에 내려선 성원(聖願)스님의 인자한 미소에 답하여 합장으로 인사를 드렸다.

고려말 이성계 장군이 꿈을 꾸었는데, 천둥 번개가 치더니 땅이 갈라지면서 바위와 미륵부처님이 나타났다. 이에 너무나 거룩해서 계속 기도를 드렸더니 부처님은 간 데 없이 사라지고 바위만이 보였다고 한다. 이 바위가 바로 현재 오백나한전(五百羅漢殿)을 모신 감투바위이다.

관음암은 40년전에 덕윤(德倫)스님이 중창하였고 15년전에 성원스님이 오백나한전을 모셨다고 한다. 26년전 이곳에 부임한 성원(聖願)스님은 1980년 초에 포교차 미국에 건너가 10년간이나 머무르면서 시애틀에 경국사(慶國寺), 포틀랜드에 성불사(成佛寺) 그리고 호놀룰루에 보문사(普

진달래꽃 핀
바위지대를 한
등산객들이
통과하고 있다.

門寺)를 세웠고 귀국후 다시 이곳에 돌아와서 산신각과 법당을 차례로 지었다.

"세상에 좋고 그른 분별은 다 마음에서 우러나오는 것입니다. 누구든지 마음을 다스릴 줄 알면 거기서 행복을 얻을 수가 있는 것입니다." 성원 스님은 입가에 잔잔한 미소를 지으며 조용히 입을 다문다. 우리는 스님과의 대화를 마친 후 칼바위 밑쪽으로 발길을 옮겼다.

산에서 바로 가고 거꾸로 가는 길이 있을까마는 도봉산에선 포대능선에서 우이동쪽으로 가는 것이 바로 가는 길이고, 그 반대로 가면 거꾸로 간다고들 한다. 오늘 우리는 이 길을 거꾸로 거슬러 올라가기로 했다.

신선대를 지나 포대능선 뒷길을 돌아서 민초샘 위 능선을 그냥 통과해서 계속 걸어 망월사 뒤 안부에 도착했다. 이곳에서 계속 더 가면 회룡골로 빠지고 직진하면 사패산을 지나 의정부 쪽으로 이어진다. 우리는

4월 중순의 관음암 부근은 진달래꽃과 개나리꽃이 활짝 피어 봄 향기가 짙다.

망월사쪽 길을 택하고 절 옆을 지나 계속 내려가 물줄기가 콸콸 솟는 덕
제샘에 닿았다.

 잠시 목을 축이고 앉아서 활활 타오르는 진달래꽃을 바라보노라니 순간
나의 머리 속에는 영동 천태산(天台山)의 배상우(裵相佑 · 66)씨가 다시
떠올랐다.

 오래 전 월간 「산」에 소개된 천태산 기사를 보고 나는 원로 산악인인
오윤섭(吳允燮 · 72)씨, 고향 친구인 권혁세(權赫世 · 65)씨와 함께 천태
산을 찾아갔었다. 사실 우리는 천태산보다는 그 기사에 소개된 배상우씨
를 만나보고 싶어서였다. 약국을 경영하는 그는 우리를 반갑게 맞으며
우선 숙소부터 안내했다.

 다음날 아침 배씨는 우리의 간곡한 만류를 한사코 뿌리치며 끝까지 동
행을 고집했다. 책에서 읽는 것보다 그의 산에 대한 열정과 사랑은 더욱
깊어서 우리 셋의 가슴을 정말 뭉클하게 만들었다.

 배씨는 사재를 털어 갈림길마다 표지판을 세웠고, 조금이라도 험하다
싶으면 꼭 로프를 설치했는데, 그래도 안심이 안되는지 30cm마다 손이
미끄러지지 않게 매듭까지 지어 놓았다. 그뿐만이 아니라 그는 상세한
지도와 심지어 교통 시각표까지 세밀하게 인쇄해서 등산로 초입에 비치

해놓고 있었다.

　전국 어느 산에 이렇듯 자상한 표지판과 안내문이 있었던가? "산을 관리하는 기관의 책임자에 이런 분이 계셔야..." 오윤섭씨는 너무나 감동해서 끝내 말끝을 맺지 못했다.

　우리는 천태산을 다녀온 후 전국 여러 산을 누비며 갈림길에서 표지판이 없어서 고생할 때마다 늘 "이 산에 배상우씨가 계셨다면.." 하고 서로 얼굴을 쳐다보며 웃곤 했었다.

　극락교를 지나 내려오는 길옆에서 젊은 아가씨 둘이서 열심히 나무를 심고 있기에 인사를 하니 그들은 북한산국립공원 서부관리사무소의 손영임(孫英任 · 34)씨와 그의 후배인 홍성미(洪性美 · 29)씨였다.

　주차장을 지나서 망월사역 못미처 번화한 상가를 지나는데 누군가가 갑자기 내 손을 잡는다. 깜짝 놀라 쳐다보니 그는 뜻밖에도 고향 후배인 박대순(朴大淳 · 50)씨였다. 바로 요아래 신흥전문대학 못미처 왼쪽 길가에 '원도봉식당'을 운영하고 있다며 손을 잡아끈다. 그의 부인인 이명상(李明相 · 46)씨와 함께 몇 해전에 학생들과 등산객을 상대로 개업을 했다는데 메뉴도 다양하고 또 값도 저렴해서 하산 길에 친구들과 함께 갈증을 풀기에는 아주 좋은 집일성 싶었다.

　망월사역까지 내려와 전철을 타고 도봉산 역, 도봉 역, 방학 역을 차례로 지나면서 차창을 통해 선인봉, 만장봉 그리고 자운봉을 바라보는데 멀리 우이암까지 펼쳐진 도봉산의 연봉은 때마침 저녁 햇살을 등에 지고 더욱 눈부시게 빛나고 있었다.

道峰山 도봉산—❻

원통사로 오르는 한적한 자현암길

어린이날 오전 9시 40분, 김문식 화백과 서양화가인 서옥자(徐玉子·43)씨 그리고 신일산업 이사인 이병구(李秉求·46)씨를 도봉역에서 만났다. 럭키아파트 옆 하천을 끼고 돌아서 도봉초등학교 앞을 지나니 약 30분만에 매표소 앞에 닿는다. 이곳에서 불과 몇 분 거리엔 수령이 200년이나 되고 높이가 22.5m, 둘레가 3.7m인 큰 느티나무가 서 있다. 곧이어 그 이름도 향기로운 난향원(蘭香苑)앞을 지났다. 이곳은 성신여자대학교의 생활관인데 정원이 무척 아름답게 잘 가꾸어져 있었다.

불과 5분만에 자현암(慈賢庵)에 도착했다. 요사채의 신축 공사가 마무리 단계에 있는 이 절은 비구니 사찰로 규모는 그리 크지 않지만 매우 아담하고 깨끗하다. 주지이신 혜향(慧香)스님은 마침 예불중이라 총무스님으로부터 절에 대한 설명을 들었다.

자현암은 자현(慈賢)스님이 1945년에 세우셨는데, 스님은 10년전에 입적하셨고 현재는 혜향스님이 그 뒤를 이으셨는데, 스님은 남모르게 많은 자선사업을 하고 계시면서도 남에게 알려지는 것을 아주 싫어하여 밖으로는 일체 나타내지 않으신단다.

시원한 약수로 목을 축인 일행 4명은 총무스님께 감사의 인사를 드리고 절을 떠났다. 이곳부터는 본격적으로 산행이 시작되는 곳이다. 길은 아주 넓고 순탄하며 맑은 계곡 물도 흐르고 등산객 또한 뜸해서 초여름의 산행엔 무척 쾌적한 곳이었다.

그토록 수만의 인파로 뒤덮이는 도봉공원 쪽과는 불과 한 정거장밖에 안되는 가까운 거리인데도 이렇듯 조용한 등산로가 있다는 것이 정말 믿어지지 않을 정도이다. 등산로 통나무의자에 앉아 땀을 닦고 있는데 아주 준수한 외모의 청년 일행이 내려오다가 우리 옆에 자리를 잡는다.

자현암에서 본
도봉산

  의정부 1동 구(舊)버스터미널 앞 불로 한의원의 고승욱(高承煜·35) 원장과 그의 부인인 김소영(金素暎·31)씨인데 이들은 우이암 쪽에서 내려오는 길이라며 도봉산에서 이렇게 조용한 길은 처음이라고 마냥 즐거운 표정이다.

  자현암을 떠난 50분만에 원통사(圓通寺)옆을 지나 곧바로 우이암쪽으로 올랐다. 우이암 옆에 도착하니 이미 정오가 넘은지라 각자가 준비해온 도시락을 풀었다. 땀은 났지만 때마침 솔솔 불어오는 초여름의 상쾌한 바람과 구름 한 점없는 맑고 높은 하늘, 그리고 발아래 펼쳐진 아름다운 풍경에 서옥자씨는 어린애들처럼 마냥 즐거워한다.

스케치에 여념이 없는 김문식 화백을 재촉해서 오후 1시 정각에 우이암을 떠난 우리는 칼바위 쪽을 향해 또다시 걸음을 재촉했다. 나는 도봉산을 약 800회나 올랐는데도 늘 포대능선쪽에서 우이동쪽으로만 넘어왔고 오늘과 같이 그 반대로 올라온 것이 고작 두 세 번밖에 안되니 같은 길인데도 처음 온 것같이 생소하게 느껴졌다.

얼마 후 오봉 사거리에 이르렀는데 왼쪽 길은 오봉 샘을 지나 오봉으로 가는 길이고, 오른쪽의 내리막길은 문사동 계곡길이다. 우리는 계속 포

등산객들이 우이암 정상에서 불암산쪽을 바라보고 있었다.

등산인들이
칼바위에서 내려
오고 있다.

대능선쪽으로 올라붙었다.

 왼쪽의 신록이 우거진 계곡너머로 멀리 보이는 오봉의 위용은 정말 한 폭의 그림이다. 포대능선쪽에서 우이동쪽으로 가는 길은 거의가 내리막인데 비해, 오늘은 반대로 계속 올라만 가게 되니 조금은 숨이 차다.

 일명 째진 바위 밑을 휘돌아 20분만에 주봉 옆을 통과한 우리는 계속 포대능선으로 오르려 했으나 처음 온 서옥자씨에겐 너무 무리일 것 같아서 그냥 하산하기로 하고 계곡 길로 내려섰다. 불과 20분도 못되어 또다시 사거리가 나오는데, 오른쪽은 관음암으로 이어지는 가파른 오름 길이고, 바로 내려가면 제6휴식처이다. 우리는 왼쪽으로 접어들어 얼마후 마당바위에서 잠시 휴식을 취했다.

 천축사(天竺寺)를 지나다가 원공(圓空)스님의 방을 두드리니 스님께서 반갑게 맞아주신다. 인사만 드리려고 왔다며 되돌아서려니까 스님은 펄쩍 뛰시면서 "남의 집에 와서 신발도 안 벗고 그냥 돌아가는 법이 어디 있느냐"며 손을 잡아끄신다. 우리는 향기로운 차를 대접받고 도봉산장으로 향했다. 다른 휴일 같으면 인파로 꽉 메어졌을 이 길이 오늘따라 좀

한산한 느낌마저 든다.

 매표소를 지나 상가가 시작되는 갈림길에서 오른쪽 길로 내려오는데 여러 해전부터 사업관계로 친분을 맺어온 김진건(金震建·52)씨가 저만치 앞쪽에서 회심(?)의 미소를 지으며 두손을 내밀면서 "최선생님, 오늘은 또 무슨 핑계를 대시고 그냥 지나치실 건가요"라며 무조건 '무등골식당' 안으로 등을 밀어 넣는다.

 주방에서 음식을 만들던 부인인 김순이(金順伊·49)씨도 오랜만이라며 반색을 한다. 이 근처 식당가뿐만 아니라 도봉동 일대에선 오리탕과 홍어회로 이미 소문이 자자한 이 집의 음식은 그 맛이 과연 일품이었다. 특히 안주인인 김순이씨는 주부가요열창과 전국노래자랑에서 대상을 받은 가수인데 매상만 많이 올려주면 노래솜씨도 선보인다니 그야말로 일석이조 식당이었다. 맛있는 음식도 먹고 또 가수의 노래도 듣고 오랫동안 흥겨운 시간을 보낸 우리는 또다시 수많은 인파에 묻힌 채 도봉산 역을 향해서 발길을 재촉하였다

道峰山 도봉산—❼

주능선에 이르는 쾌적한 금강암 숲길

6월 중순의 일요일 아침. 도봉공원 입구는 여전히 수많은 등산객들로 붐비고 있었다. 오전 9시 30분. 장백건설(주)의 이길헌(李吉憲·48)사장이 할머니가게에 도착했다. 곧이어 김화백의 동창인 건설업을 하는 정종구(鄭琮九·45)씨를 위시해서 서울시교육청의 김헌암(金憲岩·45),오석주(吳錫周·49)씨 그리고 교사인 한도수씨와 박중태씨들도 차례로 모습을 나타냈다. 우리 일행은 옛날 할머니의 따님인 김순덕씨가 끓여준 커피를 마시고 매표소, 도봉서원을 지나 불과 10여분만에 금강암(金剛庵)에 도착했다.

며칠 전에 내린 비로 불어난 계곡 물이 시원하게 흐르고 있었다. 우리를 반갑게 맞아주는 대현(大玄)스님과는 이미 낯익은 얼굴이다. 그러니까 두주일 전 민초샘 근처에서 스님을 만나서 같이 산길을 걸은 적이 있어 오늘의 만남이 더욱 반가웠다.

금강암은 약 60년전에 창건되었는데, 1973년에 다시 중건하고 그 무렵에 현 주지인 호관(好觀)스님이 부임하였다. 현재 10여 명의 비구니 스님이 있는 이 금강암은 울창한 숲속에 자리하고 있으며, 절 주위를 계곡 물이 감싸듯 흐르는 아주 경관이 수려하고 깨끗한 사찰이다.

호관스님은 참선을 위주로 하면서 선교일치(禪敎一致)의 사상으로 인재양성에 주력하고 또 포교에도 적극적이라고 한다. 또한 사회복지재단에서도 많은 봉사활동을 하고 있다고 한다. 특히 삼성각(三聖閣)에 치성을 드려서 영특한 효험을 본 경우가 많아서 수많은 신도들이 기도를 드리러 모여든다고 한다.

동국대학교 선학과(禪學科)를 졸업하고 불교대학원의 불교사회과를 마친 대현(大玄)스님은 '금강은 견고한 지혜로서 생사를 초월하여 열반의

언덕에 이른다는 뜻' 이라며, 이 절 이름을 풀이한다. 밖에까지 배웅 나
온 스님은 이 절은 좌우로 냇물이 감싸 흐르는 독특한 형태라며 절 위치
를 설명한다.

 금강암을 떠난 지 15분 후에 연수암을, 또다시 5분만에 천진사를 지나
곧바로 안부에 올라섰다. 이곳에서 왼쪽 내리막길은 산정약수터를 지나
도봉공원으로 이어지는 속칭 진달래능선이다. 우리는 오른쪽 오르막길로
방향을 잡고 저 멀리 우이암을 바라보며 걸었다. 얼마 후 왼쪽 아래 산
자락에 깊숙이 자리잡은 원통사가 그림처럼 나타났다.

 약 10분만인 11시 30분에 주능선을 밟았다. 왼쪽으로 내려가면 우이암
위쪽을 휘돌아 속칭 기차바위, 할미바위를 거쳐 우이동으로 이어지는 도
봉산의 종주 코스이고, 오른쪽은 계속 포대능선으로 올라가는 오르막길
이다. 얼마후 헬기장에 도착하니 저 멀리 왼쪽으로 오봉이 우뚝 서있다.

 김화백과 동행한 이길헌씨는 철철 흐르는 땀을 계속 닦으면서 가쁜 숨

금강암. 60여년
전에 세운
비구니사찰이다..

을 몰아쉰다. 그는 수년 전부터 등산을 하기로 결심하고 부인 박순옥(朴順玉·44)씨와 함께 모든 장비를 다 사놓았는데, 건설회사의 일이 워낙 바쁘다 보니 산에 오지를 못했다며, "오늘을 계기로 이제부터는 무슨 일이 있어도 꼭 가족과 함께 산에 오겠다"고 굳게 다짐했다.

얼마 후 오봉 사거리에 도착했다. 왼쪽은 샘터를 지나 오봉으로 이어지고 오른쪽 경사 길은 봄이면 진달래꽃으로 활활 불타오르는 문사동 계곡 길이다. 관음암으로 내려가는 갈림길을 그냥 지나쳐 계속 걸으니 바로 눈앞에 날카로운 칼바위가 마주 보이는 작은 암봉에 이르렀다. 시장기를 느낀 우리는 이곳에서 도시락을 풀었다.

땀을 흠뻑 흘리고 난 뒤의 시원한 맥주 맛은 정말 뭐라 표현할 수 없을 만큼 가슴을 시원하게 적셔준다. 점심을 끝낸 뒤 널찍한 바위에 누워서

한 등산객이 만월암에 오르고 있다.

칼바위 부근에 있는
주봉.

흰 구름이 뭉게뭉게 떠 있는 하늘을 바라보며 살며시 눈을 감았다. 순간 내 몸과 마음은 도봉산을 떠나 어느새 저 멀리 설악의 겹겹이 이어진 칼날 같은 능선 길과 굽이진 계곡 길을 힘차게 내닫고 있었다.

그러니까 바로 일주일 전 연휴때 나는 K산악회를 따라 2박 3일 예정으로 설악산을 찾았었다. 당초 계획은 용아장성이었으나 비가 올 것같아서 오색에서 대청을 넘어 공룡능선을 탔다. 무엇보다도 아쉬웠던 것은 모처럼 찾은 공룡이 그날 따라 짙은 구름 속에 움츠려서 그 기막힌 절경을 하나도 볼 수 없었던 것이다.

땅만 쳐다보고 힘겹게 걷기만 하는데, 설상가상으로 동행한 이영란(李英蘭 · 24)씨가 오랜만에 산에 온 탓인지 도중에 몹시 지쳐서 일행과 많이 떨어지기 시작했다. 후미를 맡은 (주)대양 개발부의 김동삼(金東三 · 33)씨와 여성 등반대장인 회사원 오금숙(吳金淑 · 37)씨가 이영란씨의 배낭까지 가슴에 둘러매고 장장 14시간이라는 긴 고생 끝에 무사히 설악동까지 닿을 수 있었다. 정말 이들의 철저한 희생과 봉사정신, 그리고 산꾼들의 끈끈한 정이 얼마나 진한가를 다시 한 번 느끼게 됐다.

마등령에서 가파른 내리막을 힘차게 내닫고 있는데, 김화백의 "가시지요" 하는 소리에 상상의 발길은 다시 도봉산 칼바위 밑에 와 닿았다.

오후 1시에 주봉옆을 통과해서 오랜만에 포대능선의 쇠줄에 매달려 정상에 섰다. 바로 그때 저만치 앞쪽에서 쉬고 있던 두쌍의 남녀가 우리쪽을 향해서 계속 손을 흔드는 것이었다.

가깝게 다가가서 보니 이들은 오래전부터 우의를 다져온 남양주시 별내면 화전리에서 채소농장을 크게 운영하고 있는 김영서(金永瑞·52), 김희신(金喜信·48)씨 부부와 또 한국타올공업협동조합의 사업부장인 유천석(柳天錫·50),이영순(李英順·48)씨 부부였다.생각지도 않은 곳에서 뜻밖에 만나니 무척 반가웠다.

민초샘에서 시원한 물로 목을 축인 후 6명으로 불어난 우리 일행은 2시 20분에 만월암을 통과하고 다시 30분만에 도봉산장을 지났다. 우리는 수많은 인파 속에 다시 휩쓸려 즐거운 대화를 나누면서 그리운 얼굴들이 기다리는 할머니 가게를 향해서 걸음을 재촉했다.

道峰山 도봉산—❽

사패산에 이르는 안골 코스

도봉산을 수없이 오른 사람도 막상 "안골이 어디 있느냐"고 물으면 대개는 고개를 갸우뚱할 것이다. 그만큼 이곳은 전혀 알려지지 않은 숨은 등산로이기 때문이다.

장마가 시작된다 한지가 오래 되었는데도 무더위만 계속되던 7월 중순의 일요일, 우리 일행은 의정부역 서쪽 광장에서 오전 9시에 모이기로 약속을 했다.

김문식 화백이 오래 전부터 출강하고 있는 H일보 문화센터의 한국화 수강생들이 한 사람씩 모여들기 시작했다. 한국전쟁때 임관해서 오랜 세월 젊음을 군에 바친 백호을(白虎乙·66)씨를 비롯해서 8명이 모두 모였다.

안골은 의정부 시내에서 송추쪽으로 가다가 시내를 벗어나면서 왼쪽 골짜기로 들어간다. 우리 일행은 9시 정각 두 대의 택시에 나눠 타고 10여 분만에 매표소에 도착했다. 매표소에서 몇 개의 상점을 지나 20분을 걸으니 갈림길이 나오는데, 왼쪽은 성불사(成佛寺)로 가는 길이고 오른쪽 길은 사패산으로 이어지는 계곡 길이다.

먼저 성불사에 들르기로 하고 길을 오르니 널찍한 공터에 운동시설이 갖추어져 있고 그 옆엔 맑은 샘이 솟고 있었다. 중년부인들이 열심히 맨손체조로 몸을 풀고 있는데 저만치 위쪽에 성불사의 지붕이 보인다.

성불사는 흥선대원군이 창건했다는데, 불행히도 한국전쟁때 소실되어 그후 중건해서 현재는 세분의 스님이 계신 비구니 사찰이다. 주지인 탄행스님은 85세의 고령으로 와병 중이어서 뵙지를 못하고 혜선(慧禪)스님으로부터 절의 내력만 들을 수 있었다.

한가지 애로사항은 절까지 올라오는 길이 고르지 못해 차량 통행이 불

편해서 신도들이 절까지 오는 데 몹시 어렵다고 한다. 이 절은 별로 높은 지대가 아니지만 아무리 더운 날씨에도 썰렁할 정도로 기온이 낮아서 피서지로는 아주 좋다는 것이다. 또한 이 성불사는 이름 그대로 성불도장(成佛道場)으로도 널리 알려져 어느 신도는 열심히 기도한 공덕으로 20년만에 득남을 한 일화도 있다고 한다.

주지스님의 빠른 회복을 빌면서 10시 10분에 혜선스님과 작별하고 조금 전의 갈림길로 되돌아오는데, 오른쪽 계곡에는 선녀폭포(일명 준홍폭포)가 수줍은 듯 숲속에 숨어 있었다.

우리는 갈림길에서 다시 사패산을 향해 오르기 시작했다. 휴일인데도 정말 한 사람의 등산객도 만날 수가 없으니 오히려 쓸쓸한 느낌마저 든다. 25분만에 두 개의 무덤 옆을 통과하고 또다시 10여분만에 삼거리 안부에 올라섰다.

일행 중 제일 연장자이며 예편후 계림서예를 운영하고 있는 백호을씨는 젊은이들을 제치고 선두로 달려 노익장을 과시한다. 그 뒤를 회사원인 홍기윤(洪基潤·46)씨 그리고, 구정초등학교 교사 정진천(鄭鎭千·48)씨와 농협중앙회에 근무하는 김성일(金成日·46)씨가 바짝 뒤따른다.

일명 송이바위 옆을 살짝 휘돌아 사패산에 도착한 시간이 11시 30분. 좀 이르긴 하지만, 땀도 많이 흘렸고 또 시장기도 느껴 각자가 준비해온 도시락을 풀었다. 일행 중 홍일점인 안현희(安賢姬·39)씨는 삼성생명 대리점을 운영하고 있는데, 등산 경력이 10여년이나 되는 산꾼이다. 각자의 배낭에선 김밥을 비롯한 떡이며 부침개 등 다양한 일품요리가 푸짐하게 쏟아져 나왔다. 땀을 흠뻑 흘린 뒤 시원한 바위에 앉아 여럿이 함께 먹는 점심은 정말로 꿀맛이다. 반주를 겸한 탓인지 약간은 나른한 몸으로 저 멀리 발 아래로 펼쳐진 송추쪽 들판을 바라보고 있노라니 어느

4명의 등산객이 안골의 바위 위에서 중식을 하고 있다.

암봉으로 이루어진
사패산 정상.
오른쪽은
송이바위이다.

새 그곳은 서서히 푸른 바다로 변하면서 한려수도의 아름다운 경치가 펼쳐지는 것이 아닌가.

 그러니까 7월 초순, 오래 전부터 별러만 오던 전남과 경남지방의 바닷가에 있는 명산들을 연속 등반하기로 하고 원로 산악인인 오윤섭(吳允燮·72)씨와 그의 당숙인 오우근(吳雨根·67)씨 그리고, 고향친구인 권혁세(權赫世·65)·양금순(梁錦順·60)씨 부부 등 일행 5명은 승용차에 몸을 싣고 이른 새벽에 서울을 떠났었다.

 첫날 목표는 담양의 추월산, 점심 전에 산행을 시작해서 바위 끝에 아찔하게 세워진 보리암에 오르니 담양호의 절경이 그림같이 펼쳐진다. 오후 늦게 대흥사 밑 여관에 배낭을 풀었다. 이튿날 두륜산을 마치고 토말(땅끝)까지 다녀온 후 우리는 장흥의 천관산으로 향했다.

 이제까지 나온 모든 등산·관광 안내책자에는 관산읍에서 숙식을 해야 한다고 되어 있는데, 막상 현지에 가보니 등산로 입구인 장천재(長川齋) 밑에 최근에 새로 생긴 '천관산 관광농원'이 있었다. '천관산 관광농원'은 식당과 민박을 겸하고 있는데 말이 민박이지 그 시설은 장급여관과 비교해서 손색이 없었고, 음식 또한 값싸고 맛이 뛰어났다. 더구나 주인

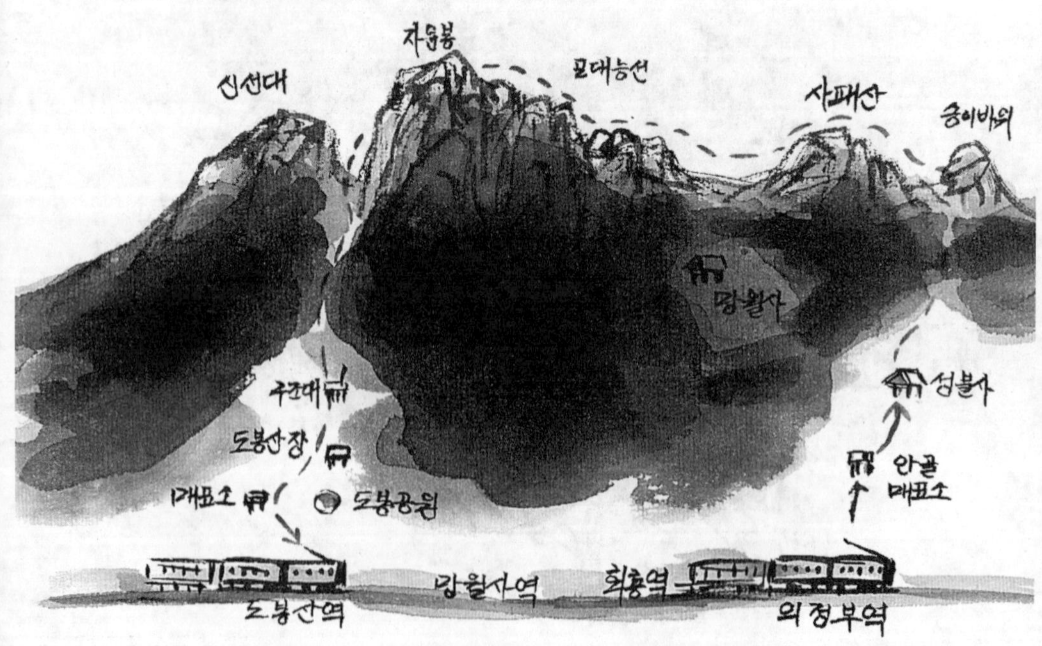

인 위성(魏聖·51)·김단임(金丹任·46)씨 부부가 어찌나 친절한지 천 관산의 등산로까지 직접 세밀하게 그려주어 정말 편안하게 산행을 마칠 수가 있었다.

3일째는 남해의 금산에 올라 보리암에서 한려수도의 절경을 감상한 뒤 점심때 삼천포에 도착해서 또다시 와룡산(臥龍山) 정상을 밟고, 마지막 날 사량도의 옥녀봉에 오르기로 하고 선착장 근처에 숙소를 정했다.

지리산이라고 불리는 이 산은 처음부터 우리를 황홀하게 만들었다. 한 려수도의 기막힌 절경을 바라보며 칼날능선을 타면서 계속 걷는데, 그 빼어난 경치는 뭐라고 표현할 수가 없다. 삼천포산악회의 등반대장인 정 병두(丁炳斗·27)씨와 한영준(韓英俊·27)씨가 도와주어서 서너 군데의 직벽을 난생 처음 안전벨트를 착용하고 하강기를 사용하며 내려가는 멋 지고 아찔한 스릴까지 맛볼 수가 있었다.

얼마동안 다도해의 절경에 취했던 나는 누군가의 '그만 갑시다' 하는 소 리에 다시 사패산으로 되돌아왔다. 12시 30분에 출발. 몇 차례 고개를 오르내리다가 오후 1시 50분에 망월사 뒤 갈림길을 통과하고 또다시 2 시 45분에 자운봉과 신선대 사이를 지났다.

약 15분만에 경찰구조대에 도착하니 대장인 정기상(鄭基相) 경장이 반 갑게 우리를 맞는다. 산행 경력이 많은 방송통신대학의 박상기(朴相基· 43)교수와 안현희씨는 오늘의 산행이 좀 짧은지 몹시 서운한 눈치였다.

일행 중에는 이미 지친 이들도 있어서 그냥 하산하기로 하고 인파로 붐 비는 큰길을 피해서 천축사 종각 옆으로 빠지는 조용한 지름길로 내려서 는데, 때마침 만월암쪽에서 내려오는 종로 5가 동진 레저의 이철남(李哲 男·50) 상무와 마주쳤다. 그는 산꾼들에게 늘 품질 좋은 등산장비를 실 비로 제공해주는 이로 널리 소문이 나 있다.

우리는 산장 맞은편 삼신암터로 올라붙어 즐거운 대화를 나누면서 호젓 한 산길을 다시 걷기 시작했다.

道峰山 도봉산—❾

폭포·숲길 일품인 원각사코스

별로 비답게 오지도 않은 짧은 장마철이 지나고난 8월 중순의 일요일 아침, 김문식 화백과 나는 송추유원지 입구인 송추상회 앞에서 만나기로 약속을 했다. 김화백에게 사군자를 배우는 강영순(姜榮順)씨와 그의 친구 세명, 그리고 김화백의 동창인 신용유통의 소병열(蘇秉烈·49)씨와 남한산성내에서 '오버 더 힐'이란 찻집을 경영하는 김선태(金善泰·49)

원각폭포(윗폭포). 수량도 많고 주변에 공터가 있어 쉬어 가기에 알맞다.

씨들이 9시 정각에 모습을 나타냈다.

송추유원지 입구에서 의정부 쪽으로 약 5분쯤 걸으니 오른쪽에 '원각사 입구' 라고 쓴 작은 팻말이 보인다.

논밭 사이로 넓게 뚫린 길을 따라 10분 후에 매표소를 통과하고 다시 계곡을 왼쪽으로 끼고 오르막길을 오르니 20분만에 원각사(圓覺寺)가 나타났다. 길 옆 계곡에는 피서객들의 천막이 즐비하다.

수백년 전에 사패산 밑에 절이 있었다는 흔적이 있는데, 원각사는 약 100년전에 개창된 것으로 전해지고 있으며 옛날 무학대사가 회룡사로 가는 길에 이곳에 잠시 머물렀다고 한다. 원각사는 불행히도 40년전에 대웅전을 비롯해서 칠성각과 산신각이 모두 화재로 소실되었는데, 현재의 대웅전은 수년 전에 지은 새 건물이다.

절 바로 뒤 높이 솟은 바위틈에서 솟아나는 약수는 피부질환에 특효가 있어 많은 사람들이 큰 효험을 보았다고 한다. 특히 기도와 정진으로 수많은 정신질환자도 치료했으며, 기도도량으로도 널리 알려져서 전국에서 수많은 신도들이 이곳에 와서 열심히 기도를 드린다고 한다.

25년전 주지로 부임한 호암(虎巖)스님은 칠십 고령인데도 무척 정정하시다. 결심(決心)과 무언실천(無言實踐)을 좌우명으로 삼고 있는 호암스님은 평생 이를 실천하고자 노력하고 있다고 한다. 경내에는 마치 포도나무와 같이 큰 다래덩굴이 무척 탐스럽게 자라고 있었다.

10시 15분에 원각사를 출발해서 절 뒤로 돌아가니 폭포가 나오는데, 이 폭포는 흔히 원각 아래 폭포로 불린다. 옆의 치성을 드리는 바위굴은 위쪽이 마치 사람이 정교하게 벽돌로 쌓아 올린 것같아서 자연의 신비함에 보는 이로 하여금 감탄을 자아내게 한다.

아래 폭포 바로 위에 있는 원각 윗폭포는 수량도 풍부해서 무척 시원한 느낌을 준다. 그 동안 다녀 본 여러 산 중에서도 설악산 공룡능선의 절경이 늘 머리에서 떠나지 않는다는 강영슈씨는 계속 사진 찌기에 여념이 없다. 1984년 겨울. 설악산에서 예상치 못한 기상 변화로 동상에 걸려 발톱이 8개나 빠지는 쓰라린 경험을 한바 있는 김정희(金貞姬)씨도 계속해서 셔터를 눌러댄다.

맑은 계곡을 오른쪽으로 끼고 하늘을 가리는 숲속을 걸으니 싱그러운 풀내음에 무척 기분이 상쾌하다. 11시 5분 삼거리 안부에 도착했다. 마

침 길 옆 작은 바위에는 인천에 있는 모회사의 부장인 이종수(李鐘秀·
54)씨와 그의 부인 차정희(車貞嬉·49)씨가 땀을 닦고 있었다. 거의 매
주 도봉산을 찾는다는 이 부부는 갈림길에 안내표지판이 없는 것을 무척
이나 아쉬워했다.

이 지점의 왼쪽은 사패산이고, 오른쪽 길은 멀리 망월사 뒤 능선을 거
쳐 자운봉쪽으로 가는 포대능선길이다. 삼거리를 통과해 불과 15분만에
사패산 정상에 올라섰다. 온통 바위로만 이루어진 이 산의 명칭에 대해
서 천축사의 원공(圓空)스님은 반론을 제기한다. 즉 이곳은 조그만 하나
의 암봉일뿐이지 산이라고 부를 수 없다는 것이다. 또 도봉산을 수없이
오르내려 일명 '도봉산 정도사'로 통하는 정일득(鄭一得)씨도 평소 같은
주장을 한 바 있다.

망월사의 늦여름.

그늘 밑에 앉아 도시락으로 맛있게 점심을 마친 우리는 오후 1시 정각에 출발 20분만에 사거리 안부를 지났는데, 오른쪽 길은 송추 유원지로 이어지고 왼쪽 길은 회룡사로 통하는 하산로이다.

우리는 계속해서 직진하여 2시 20분에 망월사 뒤쪽 산불감시초소가 있는 암봉에 도착했다. 이곳에서는 저 멀리 의정부 시가지가 한눈에 들어오고, 남쪽으로는 도봉산의 연봉들이 줄을 이어 북한산과 맞닿고 있다.

"일전에 설악산에 다녀오셨다면서요?" 하고 김문식 화백이 나에게 묻는다. 그러니까 며칠전 아주 대학교 총무처장을 지낸 오랜 산 친구인 엄달영(嚴達永·64)씨와 몇 명이 함께 설악산의 용아장성과 공룡능선 그리고 점봉산을 연속 등반하기로 하고 4박5일 예정으로 서울을 떠났었다. 그런데, 뜻하지 않은 폭우를 만나 수렴동대피소에서 꼼짝없이 이틀동안 갇혔다가 산행을 포기하고 몹시 아쉽게 발길을 돌려야 했다.

수렴동대피소 관리인 이경수(李慶洙·57)씨는 한평생을 이곳에서 등산객의 뒷바라지를 해왔는데, 그는 그 동안 40여구의 시신을 거두었고 부상자를 구출한 것도 100여 회나 된다고 한다.

지리산이 가장 인상에 남는다는 김철옥(金喆玉)씨는 몇 해전 그곳의 해돋이 광경이 평생 잊을 수 없는 감동이었다며 그 감격을 다시 회상하는 듯 눈을 살며시 감는다. 맨 막내인 이경자(李慶子)씨도 초겨울에 찾아간 영취·신불산 그리고 천황산 사자평의 광활한 억새 밭의 장관이 지금도 가슴 속에서 물결친다고 한다. 이들 네 아가씨들은 산행 경력이 10여 년이 넘으며 모두 한국통신공사 서울번호안내국에 함께 근무하고 있다.

오후 2시 30분에 망월사 뒤 안부에 도착한 우리는 이곳에서 망월사쪽 길을 택하고 급경사 길로 내려섰다. 얼마후 덕제샘에서 시원한 물로 목을 축이고 있는데 위쪽에서 내려오던 서부관리소의 권병화 소장(權炳和·51)이 반갑게 손을 내민다. 고려대학교 산악부 출신인 권소장은 나의 후배이기도 한데 아침 일찍부터 순찰을 돌다가 돌아가는 길이라고 한다. 대학산악부때의 재미있었던 얘기를 들으며 내려오다가 두 번째 가게를 통과하는데 "아참, 제가 선배님께 소개해드릴 곳이 있군요"라며 식당 안으로 소매를 잡아끈다.

유명한 산악인인 엄홍길(嚴弘吉·38)씨의 부모님인 엄금세(嚴今世·67), 이맹임(李孟任·61)씨 부부가 운영하는 식당 '경남집'이었다. 전세계 8,000미터급 14개봉 가운데 이미 10개봉 등정에 성공한 엄홍길씨가 이번에 또다시 열 한 번째로 안나푸르나에 도전하는데 늘 마음이 놓이지 않는다고 부모의 심정을 털어놓는다. 바로 아래의 '버들산장'도 함께 운영한다는 부모님과 작별한 후 이번 등정이 꼭 성공해서 다시 한 번 한국인의 기상을 온 세계에 떨치기를 간절히 기구하면서 망월사역을 향해 걸음을 옮겼다.

道峰山 도봉산—⑩
감격의 만장봉 첫 등반

　'마운틴, 마운틴 준비 완료'

무전기를 통해 선등자의 목소리가 들려오자 마운틴산악회(회장 탁용선)의 유근세(柳根世·43)씨가 힘차게 '출발'을 외친다.

　나는 한달 전부터 암벽등반을 계획하고 도봉산 경찰구조대장인 정기상(鄭基相) 경장에게서 우리를 도와줄 산악회를 소개받았는데, 그 책임자가 바로 유근세씨였다. 사람의 인연이란 참으로 묘한 것이다. 10여년전, 내가 산행을 시작한지 몇 년이 안되었을 때 월간 「산」에서 마운틴 산악회의 기사를 읽고 유근세씨에게 산에 대한 지식을 얻고자 그가 운영하고 있는 동부시장의 등산장비점을 몇 차례 찾아서 교분을 맺은 적이 있는데, 공교롭게도 다시 재회를 하게 된 것이다.

　만장봉을 타기로 하고 할머니 가게에 모인 우리 팀은 모두 여섯명. 우리를 도와줄 마운틴산악회원들은 이미 전날밤 구조대 근처로 야영에 들어갔고 유근세씨 부부가 우리를 반갑게 맞아준다. 즉시 할머니 가게를 출발해서 경찰구조대를 거쳐 만장봉 바로 밑의 속칭 케이블카 자리에 도착한 시각이 9시 정각. 그곳에 매점을 하고 있는 유한철씨 부부가 오래간만이라며 무척 반긴다.

　우리는 각자의 배낭을 유씨 매점에 맡겨놓은 뒤 모두가 암벽화로 갈아신고 안전벨트를 착용했다. 나는 지난 여름 삼천포 앞바다에 있는 사량도의 지리산을 찾았을 때 삼천포산악회 등반대장인 정병두씨와 한영준씨의 도움으로 난생 처음 안전벨트를 착용하고 직벽을 몇 차례 오르내린 적이 있어 암벽등반은 이번이 두 번째이다. 그러나 나머지 우리 일행은 처음으로 완전무장(?)을 하는 것이기에 약간 두려움과 긴장이 되는 듯 모두들 상기된 표정들이다.

도봉공원에서
바라본 도봉산
정상부.

　유근세씨로부터 등반 요령을 상세히 듣고 10시 30분에 만장봉 뒤쪽 사면을 오르기 시작했다. 호기심과 일면 두려움으로 바위를 기어오르는데, 얼마 안가서 몸 하나만 간신히 빠져나갈 굴이 나타난다. 밝은 곳에 있다가 갑자기 캄캄한 굴속으로 들어가니 앞이 전혀 보이지 않는다. 장님처럼 더듬어서 깊이 8m정도의 굴속을 간신히 빠져나왔다. 인원이 많으니 한 사람씩 빠져나오는데도 무척 시간이 오래 걸렸다.

　선인봉과 만장봉 사이에서 만장봉으로 출발한 시각은 10시 50분. 모두들 안전벨트에 자일을 걸고 조금은 위태로운 바위를 건너뛰면서 정오에 만장봉 밑에 도착했다. 우리는 이제부터 본격적으로 암벽을 타기 위해 만장봉 정상을 향해 한 사람씩 바위에 매달렸다. 맨 처음에 유근세씨의 부인인 강분석(姜分錫·43)씨가 출발했는데, 깎아지른 듯한 직벽을 용케도 잘 올라간다. 다음은 내 차례. 어떻게 이 직벽을 올라갈까 몹시 두려움이 앞선다.

'출발'이란 구호에 맞추어 나는 간신히 바위에 올라붙기 시작했다. 몇 번을 미끄러지면서 간신히 크랙을 통과하니 이번엔 더 어려운 코스가 기다린다. 천신만고 끝에 난코스를 돌파하고 정상 쪽을 올려다보니 저만치 위쪽에서 리더인 김영일(金榮一·33)씨가 힘을 내라고 소리를 지른다. 몇 번을 더 미끄러지면서 간신히 만장봉 정상을 밟았다. 15년간 포대능선을 타면서 늘 바라보기만 하던 이 봉우리에 처음 오른 순간 정말 형용할 수 없는 벅찬 감동이 내 몸을 휩싸는 것이었다.

다음은 김문식 화백의 차례. 그는 힘이 좋아서 거뜬히 내 뒤를 잘 따라 올라온다. 이어 박병순(朴炳順·51)여사도 사력을 다해서 따라붙는다. 그 다음은 오랫동안 같이 산에 다닌 이영란(李英蘭·24)씨가 숨을 몰아쉬며 뒤를 따른다. 맨 마지막으로 국민은행 문산 지점장인 한상철(韓相哲·51)씨가 거뜬히 정상에 올라섰다. 그는 매주 어김없이 그의 부인 손정숙(孫貞淑·51)씨와 함께 도봉산을 오르는 산꾼이다. 우리 팀 6명이 무사히 정상을 밟은 다음 마운틴산악회원들은 날렵한 동작으로 눈 깜짝할 사이에 모두들 정상에 올라붙어 우리를 놀라게 했다.

바로 눈앞엔 자운봉의 우뚝한 모습이 손에 잡힐듯하고, 그 뒤로 포대능선이 줄이어 펼쳐진다. 사실 우리 모두는 도저히 갈 수 없는 머나먼 나라같이 생각했던 이 봉우리를 밟아보는 순간 너무나도 자랑스럽고 기뻤다.

우리는 간단히 간식을 먹고 휴식을 취한 후 기념촬영을 마치고 오후 1시 20분에 하강을 시작했다. 바로 이때 무전기에서 '마운틴, 마운틴'을 찾는다. 우리의 암벽등반이 염려스러워서 뒤늦게 경찰구조대까지 올라오신 원로산악인 이종환(李種完·75)씨, 오윤섭(吳允燮·72)씨 그리고, 친우인 권혁세(權赫世·65)씨가 우리를 부른 것이다. "오사장님! 염려해 주신 덕분에 무사히 만장봉 정상에 올랐습니다. 이따가 할머니가게에서 뵙지요."라고 대답하니, 그는 "여보, 진짜로 만장봉에 올라간 거요?" 하며 신기한 듯 재차 다짐을 한다.

자일을 묶으면서 아래를 내려다보니 현기증이 날만큼 까마득하다. 산에서 사귀어 장래를 굳게 약속했다는 김동수(金東洙·31)씨와 김경옥(金慶玉·31)씨가 우리에게 시범을 보이기 위해 먼저 하강을 시작했다. 그 뒤

만장봉에서 암벽등반을
처음하는 나의 산 친구 한
명이 자일로 하강하고 있다.

를 이길헌씨가 선병수(宣炳洙·31)씨의 도움을 받으며 힘차게 발을 내디
딘다.

 김화백이 우리 일행의 하강 모습을 찍겠다며 김홍례(金洪禮·31)씨와
함께 내려서고 곧이어 송지현(宋智鉉·31)씨가 박병순 씨와 줄을 힘차게
잡는다. 내 뒤에는 박균례(朴均禮·27)씨가 이영란씨와 잽싼 동작으로
하강을 시작했고, 거봉산악회의 회장직도 맡고 있는 한상철씨는 혼자서
능숙한 솜씨로 내려갔다. 우리 일행을 무사히 내려보내고 나서 백은식
(白銀植·46)씨와 김병민(金秉民·33) 그리고, 김영일(金榮一·33)씨,
최주연(崔朱延·29)씨는 우리 모두가 지켜보는 가운데 능숙한 기량으로
순식간에 하강을 마쳤다.

 점심때가 훨씬 지나서 몹시 시장기를 느꼈으나 하산후 늦은 점심을 들
기로 하고 할머니가게 지나서 바로 오른쪽에 있는 '무등골식당'에서 뒤
늦게 도착한 김원명, 이미정씨 부부와 합류했다. 우리가 오늘 만장봉에

만장봉 부근의 암벽에 야생화가 피고, 그옆에 소나무 가지가 늘어져 있다.

올랐다는 얘기를 들은 주인 김순이(金順伊·50)씨는 놀란 표정을 지으며 축하하는 뜻으로 "오늘은 제가 오리탕과 홍어회로 한턱을 내지요" 하면서 푸짐한 상을 차려오는 것이었다.

언제나 유머가 풍부한 박병순씨는 하강때 그를 도와준 송지현씨에게 "은사님! 정말 고맙습니다."라며 술잔을 내밀어 좌중을 웃음바다로 만들었다. 단 한 명의 낙오자도 없이 어려운 산행을 무사히 마칠 수 있게 도와준 마운틴 산악회 회원들에게 감사의 건배를 하면서 우리는 시원한 맥주 잔을 부딪쳤다.

道峰山 도봉산—⑪

오봉(五峰)에서 맛본 두번째 암벽등반

"여보세요. 최사장님 계세요? 무라다씨의 전화입니다."

일본 마루이시산업(丸石産業)에 근무하는 김재원씨의 해맑은 음성이 들려왔다.

마루이시산업의 한국지사장인 무라다 지로(村田次郎·65)씨와는 수년 전 도봉산에서 처음 만나서 길 안내를 해준 인연으로 그 동안 여러 차례 같이 산행을 즐긴 적이 있는데, 자기 친구들과 같이 다시 도봉산에 가고 싶으니 길 안내를 해줄 수 없느냐는 전화였다.

나는 이미 오봉(五峰)에서 암벽등반을 할 계획이 있었기 때문에 같이 갈 수는 없으나 동료를 소개하겠다고 약속을 하고, 오전 8시 30분에 할머니가게에서 만나기로 했다.

평소 도봉산에 같이 다니고 지난봄엔 부부 동반으로 도봉산 산행만 800회를 기록해서 화제가 됐던 이명재(李明載·61), 윤정자(尹正子·58)씨 부부에게 이들을 민초샘 위 능선까지만 안내해 달라고 하고, 그곳에서 망월사(望月寺)까지는 역시 도봉산을 매주 거르지 않고 찾는 정긍모(鄭兢謨·54), 박병순(朴炳順·51)씨 부부에게 또 부탁을 했다.

할머니가게에는 지난 달 만장봉을 안내했던 마운틴산악회의 탁용선(卓勇善·53)회장과 유근세(柳根世·43)씨 그리고 여섯 명의 일본인들과 이들의 안내를 맡을 일행이 속속 모여들었다.

9시 정각에 가게를 출발해서 일본인 일행은 이명재씨를 따라 제1휴식처 쪽 은석암 코스로 접어들고, 우리 오봉 암벽팀은 제4휴식처를 향해 서로 헤어졌다. 오봉 사거리를 지나 샘터에 이르니 어제 밤에 도착해서 야영을 한 마운틴산악회원 4명이 우리를 반갑게 맞이한다.

오봉 가운데서도 제1봉에서 제2봉까지는 별로 힘들이지 않고 쉽게 통과

할 수 있었다. 그러나 제3봉에서부터는 본격적인 암벽루트였다. 이곳에
서 우리는 안전벨트를 착용하고 장비를 점검한 후 제3봉 서쪽 사면으로
하강을 시도했다.

그런데, 갑자기 우리 옆에 초로의 등반객 7명이 줄을 내리더니 눈 깜짝
할 사이에 번개같이 하강을 마치는 것이다. 알고 보니 그들은 노익장을
자랑하는 노련회(老鍊會)팀이었다. 그들은 총무 안봉섭(安奉燮·60)씨외
6명인데, 평균 연령이 60세가 훨씬 넘는 분들이 다람쥐같이 잽싼 동작으
로 바위를 훨훨 난다.

지난 달 우리는 만장봉에 올라본 경험이 있어서인지 모두들 처음보다는
긴장이 덜 되는 것같다. 탁용선회장이 맨 먼저 카메라를 메고 능숙하게
하강을 시작했고, 그 뒤를 같은 회원인 차필성(車弼成·36)씨를 비롯해
서 우리 모두가 어렵지 않게 하강을 마쳤다.

다음은 제4봉이 우리 앞을 가로막고 있는데, 초보자인 우리에게는 아무래도 힘이 들 것같아 몹시 겁이 났다. 마운틴산악회의 김영일(金榮一·33)씨와 박균례(朴均禮·27)씨가 선등해서 확보를 봐주고, 밑에선 송지현(宋智鉉·31)씨가 우리들의 안전벨트에 차례로 줄을 걸어 주었다.

우리는 좌측 슬랩을 오르기로 하고 장백건설의 이길헌(李吉憲·48) 사장이 선두에 나섰다. 체중이 90kg가 넘는 이사장은 무척 힘이 드는지, 고전을 하다가 떨어질까 봐 불안한지 위를 쳐다보며 계속 줄을 당겨달라고 다급한 목소리로 '줄 당겨'를 외쳐댔다. 이들이 힘겹게 올라가는 모습을 보고 있노라니 아무래도 자신이 없다. 내 서툰 실력으로는 도저히 올라갈 수 없을 것만 같다. 그러나 용기를 내어 눈 딱 감고 첫발을 바위에 내디뎠다. 과연 생각보다 힘이 들었지만 안간힘을 다해서 간신히 기어올랐다.

어릴 때부터 부모님을 따라서 등산을 많이 했다는 대한보증보험에 근무하는 김영선(金永善·32)씨가 내 뒤를 따랐는데, 이어서 지난주 공룡능선을 같이 탔던 이영란(李英蘭·24)씨가 바짝 뒤따랐다. 맨 마지막에 김영준씨가 능숙하게 올라왔다.

잠시 숨을 다듬고 있는데 갑자기 건너편 능선에서 누군가가 큰소리로 내 이름을 부른다. 거리가 좀 떨어져 있어서 얼굴의 윤곽은 뚜렷이 보이지 않으나, 자세히 쳐다보니 이명재씨 부부를 비롯해서 강효원, 박원용씨가 일본인들을 민초샘 위 능선까지 안내한 뒤 우리의 암벽등반을 보기 위해 일부러 오봉쪽길을 택한 것 같았다. 반가워서 서로 양손을 크게 벌려 흔들며 환호했다.

바로 그때 우리들 옆으로 젊은 청년 둘이서 능숙하게 바위를 타고 올라오는 데, 어딘지 낯이 있기에 유심히 쳐다보니 종로5가 승희등산장비점의 서명수(徐明洙·31)씨였다. "여보, 당신은 참 좋겠어. 모든 장비를 마음대로 얼마든지 공짜로 쓸 수 있으니 말야" 하고 농을 거니까, 그는 한술 더 떠서 "무슨 말씀이세요. 저도 꼭 돈 내고 사는 걸요"해서 모두가 유쾌하게 한바탕 웃어댔다.

이곳에서 옆 바위로 이동하려면 브이(V)자 바위를 껑충 건너뛰어 넘어야 하는데, 만약 실수라도 하는 날이면 큰 사고가 날 아주 위험한 곳이다. 그곳을 조심스럽게 넘어온 뒤 우리는 제5봉이 바라다 보이는 널찍한

오봉의 제1봉에서
바라본 제
2, 3, 4봉.

바위에 둘러앉아 도시락을 풀었다.

 구름 한 점 없는 맑은 가을 하늘이 눈부셨다. 군데군데 조금씩 단풍이
물들었는데 10월말쯤이면 온 산이 붉게 타오를 것 같았다. 오후 2시 15
분. 다시 제4봉에서 하강을 시작하여 마지막 코스인 제5봉을 공격했다.
제5봉은 반침니와 슬랩으로서, 이곳 역시 우리 같은 초년병에게는 무리
한 코스였다. 침니에 등을 대고 계속 발을 바꿔 대면서 엉덩이로 밀면서
올라가야 하는데, 등에선 식은땀이 줄줄 흐른다. 천신만고 끝에 모두가
정상에 올라섰다.

 저 멀리 남쪽으로는 우이동까지 이어지는 연봉이 북한산과 맞닿았고,
북쪽으로는 사패봉 옆의 송이바위가 우뚝하다. 다시 올라왔던 바위를 하
강해서 제4봉과 제5봉 사이의 안부에 내려섰다. 안부에서 잠시 휴식을

오봉 샘터를 지나
능선에서 바라본
오봉의 위용.

취하면서 안전벨트를 모두 풀고 우리는 다시 오봉샘터로 향했다. 이곳에서 마운틴회원들은 텐트를 걷고 하산을 서둘렀다. 박균례씨의 배낭은 어찌나 크고 무거운지 그녀의 키보다도 더 큰 것 같았다.

 할머니 가게에 도착하니 뜻밖에도 무라다씨 일행과 그들을 안내했던 정 긍모·박병순씨 부부가 막걸리를 마시며 즐거운 대화를 나누고 있었다. 그들은 망월사에 들렀다가 하산한 후 우리를 만나고 싶어 다시 이곳까지 올라왔다는 것이다. 일본인들은 모두가 도봉산의 절경에 감탄을 하면서 한국의 막걸리 맛도 또 일품이라며 따르기가 무섭게 계속해서 잔을 비우는 것이었다.

道峰山 도봉산—⑫

우이동~의정부 주능선 종주

원통사. 경내의 나뭇잎이 떨어져 쓸쓸하다.

　입동이 지난 다음 일요일 아침은 초겨울의 스산한 바람과 함께 하늘마저 잔뜩 찌푸리고 있었다. 그 동안 도봉산을 부분적으로 나눠서 소개했지만, 이번에는 도봉산에서 가장 긴 코스를 종주하기로 하고 오전 8시 30분에 우이동 '그린파크 호텔' 앞에서 약속을 했다.

　늘 함께 산행을 즐겨온 팀외에도 이번엔 가정주부인 권오중(權五中 ·

50), 손기조(孫基祚·50)씨 그리고, 일년에 설악산에만도 20여 차례나 찾았다는 부평에서 올라온 박계순(朴桂順·51)씨도 합류했다. 이들은 모두 산행 경력이 20년이 훨씬 넘은 베테랑들이다.

8시 45분에 매표소를 통과해서 불과 25분만에 삼거리매점에 도착했다. 이곳에서 왼쪽으로 올라가면 속칭 끝바위, 할미바위, 기차바위 등을 거쳐 포대능선으로 이어지고, 오른쪽 길은 원통사(圓通寺)로 가는 길이다.

급경사 길을 숨을 몰아쉬며 올라가서 9시 30분에 원통사에 도착했다. 원통사는 신라 경문왕 3년(863)에 도선 국사가 창건한 사찰로서, 수많은 고승과 대덕 선조들이 소원 성취한 영험한 도량이다. 특히 춘성, 만공, 동산등 큰스님들이 깨달음을 얻은 곳이며, 무학대사와 조선 이태조도 수행한 곳이라고 한다. 이곳 원통사를 둘러싼 주위의 바위들은 108가지의 갖가지 짐승 모양을 하고 있어 장관을 이루고 있다.

주지인 혜안스님은 마침 출타중이라 중현(重玄)스님과 녹차를 들면서 마주 앉았다. 그 동안 줄곧 선방에서 공부만 하다가 한달 전에 이 곳으로 왔다고 한다. 중현스님은 불공보다는 오히려 공부가 더욱 중요하며 모든 불자는 부처님한테 가르침을 받아야 하는데, 요즘은 모든 사람들이 자기 소원만을 일방적으로 빌기만 한다고 안타까워한다.

도시에서는 사람들만을 접하니 마음이 약해질 수도 있지만 산에서는 순수한 자연만을 상대하니 산을 좋아하는 사람은 누구나가 다 착해지지 않겠느냐는 것이다. 모든 종교가 남에게 사랑을 베풀어야 하는데 요즘은 거꾸로 얻기만 하려는 풍조가 많으니 이것도 문제이고, 또 무조건 겉으로 큰 것만을 계획하는 것보다는 아주 작은 것부터 차곡차곡 실천해 나가야 될 것이라며 말끝을 맺는다.

10시 정각에 원통사를 뒤로 하고 바로 절 위에 있는 보문산장을 지나 15분만에 능선에 올라섰다. 왼쪽으로 계속 내려가면 조금 전에 통과했던 삼거리 매점이 나오고, 오른쪽 길은 포대능선쪽으로 가는 오르막길이다.

11시 30분, 주봉 옆을 지나 20분만에 민초샘 위 능선을 통과해서, 또다시 25분 후에 망월사 위쪽 안부에 내려섰다. 저 멀리 사패산의 암봉이 우뚝하게 보이는 지점에서 점심을 먹기로 하고 우리는 발길을 서둘렀다. 오후엔 비가 내릴 것이라는 일기예보가 아무래도 꺼림칙하기만 하다. 하늘은 잔뜩 찌푸리고 있어 금방이라도 비를 뿌릴 것만 같다.

포대능선 부근의 소나무 밑에서 한 등산객이 쉬고 있다.

12시 15분에 평평한 곳에 자리를 잡고 각자가 가져온 도시락을 풀었다. 권오중, 손기조씨가 준비해 온 도시락에 각종 산해진미가 쏟아져 나오니까 일행 중 누군가가 "역시 산행엔 여자 분이 끼어야 잘 얻어먹는단 말야"해서 모두들 유쾌하게 웃었다. 미도파 간부였던 이규연(李奎衍·56)씨가 가져온 코냑으로 반주를 몇 잔씩 곁들이니 몸이 훈훈해지는 것이 참 기분이 참 좋다.

오후 1시10분, 다시 배낭을 꾸리고 불과 10분만에 4거리 안부에 도착했다. 오른쪽 내리막은 회룡사(回龍寺)로 이어지고, 왼쪽 길은 송추유원지로 가는 길이다. 지난번 이 곳을 왔을 때는 다리를 새로 놓고 길도 말끔히 정리해서 곧 등산로를 개방한다고 했는데, 길을 막았던 철조망이 걷힌 것을 보니 등산로를 다 정비하고 이제는 개방이 된 것 같다. 곧바

만추의 우이암,

로 전진해서 2시45분에 사패산 위에 섰다.

 사패산에 서니 갑자기 바람이 세차게 불더니 빗방울이 후드득 떨어진다. 모두 우의를 꺼내 입고 그 옆의 송이바위를 왼쪽으로 끼고 돌아 걸음을 재촉했다. 얼마쯤 가니까 앞서 가던 박계순씨가 "어머, 이 꽃 좀 봐" 하고 갑자기 큰 소리를 지른다. 모두 박여사가 가리키는 곳을 쳐다보니 길 옆에 진달래꽃 몇 송이가 활짝 피어있는 것이 아닌가. 아니, 초겨울에 진달래가 피다니… 모두들 한동안 신기하게 그 꽃을 쳐다보았다.

 비가 많이 내리기 전에 서둘러서 하산해야겠기에 우리는 더욱 빨리 걸었는데, 이곳부터는 사람이 거의 다니지 않은 탓인지 길이 아주 희미하다. 대한보증보험의 김영선씨는 마치 어린 소녀같이 깡충깡충 뛰면서 "이렇게 호젓한 산행을 해보기는 도봉산에서 처음"이라며 마냥 즐거워한다. 얼마후 발 아래 저 멀리 의정부에서 벽제로 이어지는 꼬불꼬불한 길이 내려다보이는 지점의 널따란 바위에서 사진도 찍으며 휴식을 취했다.

 나는 언제나 산에 오를 때마다 늘 갈림길에 표지판이 제대로 안되어 있는 것이 안타까웠다. 어떤 곳에는 별로 필요 없는데도 위험하다며 많은 돈을 들여 철제 구조물을 박아서 오히려 자연을 훼손시켜 놓은 경우도

있다. 그 돈의 수백 분의 일만 가져도 모든 갈림길에 간단한 표지판을 세울 수가 있을 텐데 하는 안타까움이 일었다.

지난 번 함께 산행했던 장다름산악회의 김영준씨가 영동의 천태산(天台山)에 간다기에 그곳 배상우(裵相佑·66)씨께 전화를 걸어 소개했더니, 그는 약국 경영에도 바쁜데 등산로 입구까지 일부러 나오셨더란다. 나는 전국 어느 산을 오르거나 한 번도 배상우씨의 생각을 안해 본 적이 없었다.

천태산의 경우 갈림길이 나타날 때마다 어김없이 표지판이 자세히 길을 안내해주고, 또 조금만 위험하다 싶으면 꼭 로프를 설치했으며 자세한 등산안내지도까지 인쇄해 놓은 그를 나는 정말 잊을 수가 없다. 이번에 그곳을 다녀온 장다름산악회원 모두도 세상에 그런 분이 어디 또 있겠느냐며 나와 똑같은 심정이었다고 입을 모았다.

휴식을 마친 우리는 다시 걸음을 재촉해서 3시 정각에 마을 옆 버스길까지 내려왔다. 장장 6시간 30분의 도봉산 종주를 마친 우리는 의정부 쪽으로 가는 시내버스에 몸을 실었다.

약간은 나른한 몸을 의자에 기대어 살며시 눈을 감으니 그 동안 약 800회나 누비고 다닌 은석암 옆 냉골의 아기자기한 바윗길과, 문사동 계곡의 붉게 타오르는 진달래 숲길, 여름에 그토록 호젓했던 원각사에서 사패산으로 이어지는 풀내음 짙은 오솔길 그리고, 늘 유익한 말씀만 들려주시던 천축사 원공(圓空)스님 외 여러 스님들의 인자하신 얼굴들, 그리고 지난달 꿈에만 그리다가 마침내 오른 만장봉과 오봉의 위용들이 마치 주마등처럼 내 머리를 스치고 지나간다.

北漢山 북한산—❶

세계에 자랑할 만한 서울의 진산(鎭山)

"이 분은 신라호텔의 총지배인 보좌역인 스치다 가즈오(土田一夫 · 44)
씨인데 우리들과 2년동안 함께 산행을 즐기다가 지난달 본국의 오쿠라호
텔로 전임한 도야마 노리시게(外山範茂)씨의 후임으로 오신 분입니다.
그리고 그 옆의 신라호텔 판촉지배인인 노구호(盧久鎬 · 31)씨는 재일교
포입니다. 또 다음 분은 닛쇼이와이(日商岩井)상사 부장인 데라이 노리
오(寺井則夫 · 48)씨 그리고, 그 옆이 한국 파카홍산의 이사 이시하라 아
쓰시(石原厚志 · 48)씨입니다. 그리고……."

내가 일본인들을 차례로 소개하고 있는데, 택시에서 급히 내려 손을 흔
들며 뛰어오는 사람은 후지(富士)텔레비전 서울지국장인 고바야시 호나
미(小林穗波 · 47)씨였다.

대설이 지나고 동지가 며칠 안 남은 일요일 아침, 정릉의 청수장을 조
금 지난 북한산국립공원 매표소 앞의 너른 광장에 모인 우리들은 오래
전부터 산행으로 우의를 다져온 일본인 친구들과 반가운 인사를 서로 나
누었다. 오전 9시 10분에 우리 일행은 보국문을 향해서 낙엽이 수북이
쌓인 계곡길을 걷기 시작하였다. 오늘 산행은 도봉산에서 만나 알게 된
무하산악회 회원들이 안내하기로 되어 있다.

"오늘의 코스는 우선 보국문에서 대동문과 북한산장을 거쳐서 백운대를
오른 다음 백운, 인수, 그리고 우이산장을 차례로 지나 우이동으로 내려
가게 됩니다." 무하산악회 등반대장인 전창길(全昌吉 · 54)씨가 설명한
다. 산행경력이 무척 오래된 전씨는 네덜란드계의 에이비엔 암로
(ABN · AMRO)은행에 근무하다가 퇴임후 일산에서 통나무집 건립사
업을 시작했다. 널따란 등산로를 오르니 오른쪽으로 날카로운 칼바위능
선이 나타나는데 현재 이곳은 휴식년제로 입산이 금지되어 있다.

인수봉의 일출

　20분만에 첫 번째 옹달샘을 통과하고 9시 40분에는 두 번째 샘에 닿아 시원한 물로 갈증을 풀면서 샘 옆의 벤치에 앉아서 잠시 땀을 닦았다. 일본어에 아주 능한 최혁수(崔赫洙·67)회장이 일본인들에게 오늘의 등산코스를 간략하게 설명했는데, 북알프스만도 네 차례나 다녀온 최회장은 어찌나 정정한지 누가 봐도 50대로 보일 정도이다. 도봉산을 함께 자주 올랐던 동유물산의 감사 박세영(朴世英·63)씨는 무하산악회에서도 감사직을 맡고 있다.

　조금은 가파른 길을 올라 10시 15분에 보국문(輔國門)에 닿았다. 서울시 공무원이며 북한산성에 관해서 오랫동안 연구해온 조면구(趙勉九·47)씨가 펴낸 「북한산성」이란 책자에 의하면, 전에 사찰 보국사가 아래쪽에 있었기에 보국문이라 불렀던 것 같고, 당초에는 동암문이라 하였으며 대동문과 보국문 일대의 옛 지명은 석가령(釋迦嶺)이었다는 것이다.

 보국문을 출발한지 5분도 채 안되어 사방이 탁트여 전망이 아주 좋은 바위에 올라섰다. 박세영씨와 전창길씨가 바로 눈앞의 칼날능선에서 시작해서 저 멀리 까마득한 불암산과 수락산, 그 아래의 도봉동과 우이동 일대, 그리고 노적봉과 만경대를 비롯해서 그 뒤로 보이는 백운대와 인수봉을 차례로 가리킨다. 후지텔레비전의 고바야시씨는 전 세계 여러 나라를 돌아 다녀봤지만 수도권 안에 이처럼 아름다운 명산이 자리잡고 있는 나라는 한 군데도 없다면서 사방을 둘러보면서 계속 탄성을 연발했다.

 무하산악회의 하창효(河昌孝·53)씨와 한국산업안전공단 국제부장인 이종규(李鐘珪·50)씨와 즐거운 대화를 나누며 성곽을 따라 계속 걷다가 10시 40분에는 최근 복원된 대동문(大東門)에 닿았다. 대동문 근처에선 국립공원관리공단 북한산관리사무소 직원들이 15년 전에 땅속에 파묻었다는 쓰레기를 다시 캐내어 비닐 봉지에 담아서 이곳에서 하산하는 등산객들에게 저 밑 아카데미하우스까지만 날라주도록 부탁을 하고 있었다. 마침 이곳에서는 소장인 김영기(金榮起·50)씨와 운영과장인 박형규(朴炯圭·43)씨 그리고 수유분소장인 주왕업씨(45)와 조형래(趙炯來·48)씨등 여러 직원들이 추운 날씨에도 불구하고 땀을 흘리면서 작업에 열중하고 있었다.

 이때 10여명의 등산객이 쓰레기를 자청해서 받아 들기에 인사를 청했는데, 국민은행 을지로지점 직원 10명이 오늘 친선등반을 나왔다는 것이다. 이들중 서강수(徐康秀·52) 지점장, 김성철(金成澈·46) 차장과, 이점열(李點烈·40)과장 그리고, 여행원인 김선덕(金善德·30), 조경미(趙京美·28), 양은선(梁恩仙·23)씨들은 남보다도 한개씩을 더 들고 내려가겠다며 욕심을 부리고 있었다. 김영기 소장은 "많은 등산객들이 이처럼 자진해서 협조해주시니 뭐라고 감사해야 좋을지 모르겠다"며 고마움을 표했다.

 휘파람이 저절로 나올 것같은 아주 평탄하고 쾌적한 길을 20분쯤 걸으니 왼쪽 북한산장 앞의 너른 공터에 '보성교우등산회'란 커다란 현수막이 펄럭이고 있었다. 나는 이곳에서 뜻밖에도 20년 전부터 우정을 쌓아

하루재에서 바라본
인수봉과 백운대.

온 시사저널 부국장 조천용(曺千勇·57)씨를 만났다. 그는 보성교우등산회의 회장직을 맡고 있었다.

약간의 오르막을 오르는데 저 아래 태고사(太古寺)의 독경 소리가 온 계곡에 은은히 울려 퍼지고 있었다. 계속해서 북한산 계곡을 왼쪽으로 내려다 보면서 걷는데, 저만치 아래쪽에는 상운사(祥雲寺)가 그림처럼 자리잡고 있으며, 염초봉과 원효봉이 나란히 줄을 잇고 있다.

정오에 위문(衛門)에 도착했다. 백운대 초입인 이곳에는 많은 인파로 붐비고 있었다. 오르내리는 사람들로 인해 오래 기다렸다가 백운대 정상을 밟았다. 백운대 정상에는 일년내내 태극기가 바람에 휘날리고 있는데, 오랜 세월동안 이 곳을 지켜온 박현우(朴玄雨)씨가 주말마다 이 곳에 올라와 사진도 찍고, 기념 배지도 팔면서 이 곳을 깨끗하게 관리하고 있는 것이다. 평일에는 미아 8동에서 백운현수막 공장을 운영하고 있는 그는

한 등산객이 보국문으로 들어서고 있다.

백운대를 지키는 영원한 파수꾼이다.

백운대 연습바위 밑 양지바른 곳에서 각자의 도시락을 풀었다. 즐거운 점심을 마친 우리는 오후 2시가 넘어서 백운대를 출발, 백운산장과 인수 산장을 거쳐 도선사 옆을 지나 우이동 버스 종점까지 내려왔다. 도봉산 쪽 입구에 있는 무하산악회의 단골 집인 '대한상회'에 마주 앉아 때마 침 석양을 받아 눈부시게 빛나는 백운대와 인수봉을 바라보면서, 즐거운 대화를 나누었다.

北漢山 북한산—❷

백화사~부왕동암문~비봉~승가사코스

용출봉 부근의 성벽.

　"이제 생후 8개월 째인 동하(東夏)가 커서 30년쯤 후에 산에 갔을 때, 누가 등산 경력을 물어온다면 29년이나 되었다고 대답할 테니 다들 깜짝 놀라겠지요?" 아버지 최성순(崔成淳·36)씨의 등에 업혀서 생글생글 웃고 있는 만 한 살도 채 안된 꼬마 등산가를 제일 먼저 소개하는 의료직 공무원 이상년(李相年·48)씨의 익살에 우리 모두가 활짝 웃음보를 터뜨렸다.

대한을 며칠 앞둔 일요일 아침, 구파발 지하철역 근처는 원색의 등산복 차림 산꾼들로 몹시 붐비고 있었다. 북한산성행 버스를 탄지 10분도 못되어 백화사 입구에서 하차한 우리는 깨끗이 포장된 길을 따라 천천히 걷기 시작했다. 잠시후 백화사(百華寺)를 통과해서 철조망 옆을 돌아 계곡을 오른쪽으로 끼고 걷다가 15분 후에는 넓은 바위 앞에 둘러서서 오늘 처음 만난 일행들과 반가운 악수를 나누었다. 도깨비산우회 전임 회장인 이상렬(李相烈·55)씨의 인사에 이어 회장 이상년씨가 회원을 차례로 소개했는데, 조흥은행 업무개선실장 출신인 시인 김은남(金殷男·55)씨로부터는 그의 두 번째 시집 「산음가(山吟歌)」 한 권을 선물받았다. 등반대장인 이영호(李永鎬·45)씨가 맨앞에 서고, 조흥은행에 근무하는 박세용(朴世龍·34)씨, 차광덕(車光德·36)씨, 노상현씨등 세 명의 등반부대장들이 우리들 사이사이에 끼여 섰다.

발목까지 빠지는 낙엽 쌓인 길을 걸어 의상봉(義湘峰) 밑쪽에서 잠시 걸음을 멈추었다. 고문 오문찬(吳文贊·63)·한상희(韓相姬·55)씨 부부가 따라주는 따끈한 보리차로 몸을 녹이며 잠시 애기를 나누다가 다시 가시덩굴이 우거진 길 아닌 길을 헤치면서 계속 올라 오전 11시 25분에 가사당암문(袈裟堂暗門)에 이르렀다. 이곳에서는 백운대, 만경대 그리고 노적봉이 한 눈에 들어오고 그 왼쪽으로는 염초봉과 원효봉이 길게 뻗어 이어져 있다.

세찬 바람을 안고 11시 30분에 다시 오르막길을 오르자 두 손을 모두 사용해야 될 세미 클라이밍지대가 나타난다. 용출봉을 거쳐서 증취봉을 지나는데 저 멀리 앞에는 우리가 가야 할 사모바위 옆으로 비봉이 우뚝하고, 다시 눈을 오른쪽으로 돌리니 계곡 아래로 삼천사(三千寺)가 나직하게 보이기 시작한다. 길은 계속 오름과 내리막의 연속인데 등반대장인 이영호·이경희씨 부부의 딸인 명선양(14)은 어렵고 위험한 바위길도 마치 다람쥐처럼 잽싸게 통과해서 모두들 혀를 내둘렀다.

12시 15분에 부왕동암문(扶旺洞暗門)에 닿았다. 과거 이곳에는 원각사가 있었기에 이 암문은 원각문(元覺門)이라 불렸다고도 한다. 나와 이름이 흡사한 도깨비산우회 부회장이며 건축자재를 취급하는 경원종합상사 대표인 최성순(崔姓順·39)씨가 건네준 귤을 먹으며 고문인 박관주(朴觀胄·65)씨, 총무인 류남숙(柳南淑·38)씨 그리고 재무담당인 이은경(李

恩卿·37)씨와 더불어 즐거운 산행 경험담을 나누었다. 또 다시 성곽을 끼고 걷는데 12시 30분에 오른쪽으로 거대한 절벽을 끼고 도는 바위길을 돌아가다가 한차례 깔딱고개를 올라 12시 45분에 일명 장군봉에 우뚝 섰다.

 도깨비산우회는 1986년 12월에 창립해서 지난달까지 매달 한차례의 정기산행으로 드디어 100개의 산을 100회째 올랐는데 꼭 정상에서 산제를 올린다고 한다. 고문이며 금제(昑齊) 서예연구원장인 김종태(金鐘泰·56)씨가 제관이 되어 새해의 무사한 산행을 빌었는데, 그는 지난번 히로시마 아시안게임 마라톤 우승자인 황영조 선수에게 반야바라밀다심경, 여덟폭 병풍을 기념으로 증정해서 화제가 되었던 분이다. 추위도 녹일겸 반주를 겸한 점심을 즐겁게 마친 우리는 오후 1시 45분에 장군봉을 출발해서 15분만에 청수동암문(靑水洞暗門)을 지나 오른쪽 내리막길로 접어들었다.

은세계로 변모한 북한산.

신라 진흥왕순수비가 있는 비봉.

 얼마 후 승가봉(僧伽峰)을 지나고 다시 형상도 묘하게 생긴 사모바위를 지나 3시에는 비봉(碑峰)에 올랐는데, 정상에는 신라진흥왕순수비(新羅眞興王巡狩碑) 유적비가 우뚝 서 있다. 몸이 날아갈 듯한 겨울바람에 쫓기다시피 내려와 승가사(僧伽寺)밑을 지나서 갈림길 벤치에 앉아 쉬고 있는데 조흥은행의 김진채(金珍采·49) 차장과 변호사 사무실에 근무하는 유헌형(柳憲衡·50)씨가 옆에 앉은 이길종(李吉鐘·55) 고문에게 오늘이 몇 번째의 산행이냐고 묻는다. 25년전부터 산행을 시작해서 이미 산행 횟수가 1,100회가 넘었다는 그는 오는 4월에는 1,111회를 맞게 되는데 산행 횟수와 똑같은 숫자인 1,111m의 황악산(黃岳山)을 오를 계획이라니 그저 놀라울 따름이다.

 3시 55분에 구기매표소를 지나 이미 이상년씨가 예약해 놓은 '쉼터 산울림'이라는 깨끗한 식당 2층에 자리를 잡았다. 주인인 조영인(趙榮

仁) · 조복진(曺福眞)씨 부부의 정성어린 대접을 받으며 즐거운 식사를 계속하는데 꼬마인 동하는 피곤했는지 엄마 김향미(金香美 · 34)씨의 품에서 쌔근쌔근 잠자고 있다. 윤애라(尹愛羅 · 34)씨의 창(唱)과 최성순씨와 단짝인 추교숙(秋敎淑 · 38)씨의 수준급 노래가 취흥을 더욱 돋구는 가운데 자작시 '북한산'을 읊는 김은남씨의 잔잔한 목소리는 어둠이 서서히 깔리기 시작하는 북한산 계곡 일대에 조용히 울려 퍼졌다.

한북정맥 첩첩 산 딛고
마지막 이룬 절승

흰 구름 머리 두르고
하늘 솟은 백운대

인수봉
암봉의 백미(白眉)
넋을 뺏는 저 위용

옛부터 우리 조상
우러르던 신성한 뫼

라(羅)·려(麗)·제(濟)
넘나 들며
천하 다투던 그 요충

긴 세월
묵묵의 부동(不動)
도성 지켜온 삼각산

놓임새 그 앉음새
닦고 쌓은 높은 품새

산 첩첩 허다 하여도
어디에서 더 한 뫼를

푸른 꿈
천만 시민 가슴에
희망으로 빛으로

北漢山 북한산—❸

효자원~원효봉~상운사~위문~우이동코스

"아니,여기가 언제부터 이렇게 발전이 됐대유." 우리가 탄 승용차가 장
흥 유원지를 막 지나는데 밖을 쳐다보고 있던 김문식 화백이 그 구수한
충청도 사투리로 탄성을 지른다. 주말만 되면 대학생들이 몰려들던 이곳
이 몇 해 전부터 놀랄 만큼 번창해져서 이제는 마치 소도시를 방불케 하
고 있다. 봄의 문턱인 우수(雨水)를 불과 며칠 안 남긴 토요일 오후에
우리 일행은 경기도 양주군 광적면쪽으로 차를 몰았다. 장흥유원지를 지
나 예뫼골 앞에서 왼쪽 길로 접어들어 기산저수지를 지나 대성아파트 앞
에서 다시 왼쪽으로 차머리를 돌리니 얼마 후에 '통나무수련장 딱따구리
입구' 라고 쓰인 안내판이 눈에 띈다.

 이 곳에서 3분쯤이나 달렸을까. 저만치 숲이 우거진 산자락에 평화스럽
게 자리잡고 있는 통나무집들이 시야에 들어온다. 오늘 동행한 제우(濟
宇)산업(주) 대표이사 김세두(金世斗 · 49) 사장의 친구인 '통나무수련장
딱따구리' 사장 신필호(申必浩 · 49)씨의 따뜻한 영접을 받은 우리는 회
의실에 앉아서 차를 마시며 담소를 나누었는데, 예약 현황판에는 각 기
업체의 연수생교육 예약 상황이 적혀 있었다. 7만평의 넓은 부지에 27개
동의 숙소와 또 420평이나 되는 3층 본관 건물에는 2층 소강당에 150
명, 3층 대강당에는 400명이나 수용할 수 있다고 한다.

 저녁식사를 마친 우리는 오솔길로 산책을 나섰는데 우거진 잣나무숲 위
로 떠있는 둥근 달이 사방을 환하게 비추고 있었다. 김세두 사장의 부인
인 이순자(李順子 · 47)씨와 용미(22) · 현미(19)자매 그리고 막내 용현
군(17) 일가족은 정말 오랜만에 맛보는 시골 경치가 너무나도 좋다면서
무척 즐거운 표정들이다. 또 이연(利延)패션의 이해순(李海順 · 34) 대리
도 이렇게 아름다운 풍경은 처음이라며 마치 소녀처럼 즐거워한다.

밤이 으슥해서 잠자리에 들었지만 통나무에서 풍기는 은은한 목향(木香)과 또 창문을 통해 교교히 흐르는 달빛에 취해서인지 좀처럼 잠을 이룰 수가 없다. 실로 오랜만에 들어보는 '꼬끼요-'하는 닭울음소리에 잠을 깨었을 때 창문 밖은 이미 어슴프레 밝아오기 시작했다. 이른 새벽인데도 신필호 사장은 여러 가지 체육시설이 갖추어진 널따란 운동장을 열심히 달리고 있었다. 그와는 새벽 일찍 수련장 뒤에 있는 노고산(老姑山·400m)에 오르기로 이미 약속이 되어 있었다. 수련장 관리과장인 김종근(金宗根·39)씨와 윤혜정(尹惠正·23)씨의 안내로 수련장을 왼쪽으로 끼고 울창한 잣나무군락을 지나서 넓은 잔디밭을 가로질러 오르는데 약간 가파른 능선길이 나타난다.

 땀을 흘리며 정상에 올라서니 이미 해는 동녘에 솟아 있었고, 겹겹이 쌓인 산너머로 저 멀리 북한산과 도봉산의 연봉들이 아련히 가물거리고 있

대서문과 원효봉

었다. 우리는 신선한 공기를 듬뿍 들이마신 뒤 하산을 서둘러 1시간만에 새벽 산행을 끝마쳤다. "제 아우가 장흥유원지 못미처 돌고개마을에 '자연과 우리' 라는 아담한 레스토랑을 개업했는데, 아침식사는 그곳에 가서 드시지요" 하는 신사장의 제의에 따라 우리는 '통나무수련장 딱다구리'를 떠나 어제 오던 길로 되돌아갔다.

예뫼골을 조금 지나 오른쪽 석현리 돌고개 마을에 도착했는데, 도무지 인가라고는 있을 것같지 않게 사방이 모두 산으로 둘러싸인 분지에 수많은 현대식 건물이 들어차 있었다. '자연과 우리' 라는 레스토랑을 운영하는 신평호(申平浩·40)씨는 동안(童顔)에 수염을 기르고 있었다. 우리는 각종 품위 있는 조각물로 장식된 아담한 홀에서 아침식사를 마쳤다. 뜰에 나와보니 3,000여 평의 넓은 잔디밭에 14개 동의 통나무집과 각종 조각품이 전시되어있는 조각공원이 아름답게 조성되어 있었다.

약속 시간이 얼마 남지 않아서 우리는 서둘러 이곳을 떠나 북한산유원지 입구인 156번 버스 종점으로 향하였다. 연전에 일본 북알프스를 함께 다녀왔던 정긍모(鄭兢謨·55)·박병순(朴炳順·51)씨 부부가 우리들이 타고 온 차를 얼른 알아보고 손을 흔들며 다가온다.

대서문 부근의 매화밭, 무릉도원을 연상케한다.

98

'수련장
딱다구리' 뒤
노고산에 오르면
북한산이
바라보인다.

  10시 35분에 효자원을 가로지르는 길을 따라 걷기 시작하여 11시 정각에 서암문(西暗門)에 닿았다. 원효암과 덕암사로 갈라지는 이곳에서 우리는 산성을 따라 오르는 계단길로 올라섰다. 15분 후에는 아주 전망이 좋은 바위에 올라섰는데, 최성순씨가 저 멀리 앞쪽의 상장봉(上將峰)을 손으로 가리킨다. 다시 10분 후에는 원효암(元曉庵)에 도착해서 바위틈에서 흐르는 시원한 약수로 목을 축였다.

  조금은 가파른 길을 따라 원효봉으로 오르는데 내 뒤를 따르던 신필호 사장은 그 동안 사업에 쫓겨서 등산을 전혀 못했다면서 가쁜 숨을 몰아쉰다. 신사장은 국내 대학원에서 정치학을 전공한 후 일본의 명문인 게이오(慶應)대학에서 4년간 수학하고, 또 다시 미국으로 건너가 8년간이나 회사의 임원으로 근무하면서 롱아일랜드대학에서 역시 정치학을 전공한 학구파이다. 11시 55분에 원효봉에 올랐는데, 수백명이 앉을 수 있는 널따란 정상에서의 경치는 누구나 감탄을 자아내게 한다.

  암릉미가 수려한 노적봉과 백운대 그리고 인수봉을 바라보며 간식을 드는데, 김문식 화백이 옆에 앉은 정긍모씨에게 "좋은 소식이 들리던데요?"라며 빙긋이 웃는다. 알고 보니 그 동안 사진촬영에 심취했던 정씨가 최근 진로유통 영상컨테스트에 출품한 두 점의 사진이 특선과 입선의 영예를 차지했다는 것이다. 우리는 정씨의 수상을 축하하는 축배를 든 후 12시 30분에 원효봉 정상을 떠나 잠시후 북문(北門)을 거쳐 상운사(祥雲寺)로 내려왔다. 여기서 신필호·평호 형제는 저녁때 기업체 연수생 200명이 2박3일 예정으로 들어오기 때문에 가봐야겠다며 우리들과 아쉬운 작별을 하였다.

오후 1시 45분, 수많은 등산객으로 붐비는 위문(衛門)에 도착하여 ,지난주 코오롱등산학교를 정규 27기로 입교해서 백운대 밑 슬랩에서 암벽교육을 시작한 내 아우 최승우(崔昇佑·58,예비역 소장)를 찾았다.

"형! 내가 암벽을 배우리라고는 정말 꿈에도 생각 못 했어. 참 내가 1조의 조장으로 뽑혔지..". 육사를 21기로 졸업하고, 17사단장과 육본 인사참모부장을 역임한 아우가 10,000명이 넘는 장병을 호령하던 사단장 때 보다도 겨우 다섯명의 쫄병을 거느리는 조장이 되었다고 활짝 웃으며 얘기하는 그의 얼굴은 너무나도 행복하고, 밝은 표정이었다. 이용대(李容大·61)교장, 담임강사인 윤재학(尹在學·48), 선우인식(鮮于寅植) 세 선생님과 1조원인 이길헌(48),장세복(37),조구일(31),최준식(28) 그리고,막내인 최성운(24)씨들과도 반가운 악수를 나눈 후 도선사 쪽으로 하산을 서둘렀다.

北漢山 북한산—❹

구기동~비봉능선~대남문~중흥사지~대서문~구파발코스

겨우내 땅속에서 움츠렸던 개구리도 고개를 내민다는 경칩이 지난지 한 주일째인 일요일 아침, 구기동 근처는 등산복 차림의 행렬이 줄을 잇고 있었다. 우리는 오전 9시 20분부터 세검정초등학교가 있는 삼거리에서 구기터널 쪽으로 '산' 다방과 소방서를 조금 지난 지점에 있는 '설악냉면' 이라는 식당 옆골목에서 산행을 시작하였다.

좌우로 빽빽한 잡목 사이를 지나 20분만에 능선에 올라섰다. 이곳에서 우리는 둥글게 모여서 인사를 나누었는데, 먼저 거봉(巨峰)산악회의 한상철(韓相哲·51) 회장이 고문 임창룡(任昌龍·70)씨,이사 강신도(姜信道·55)씨와 등반대장인 이원태(李元泰·42)씨 그리고 김영진(金榮鎭·44)씨를 차례로 소개했다. 뒤이어 내가 조흥은행 출신인 김이곤(金伊坤·61)씨와 김희선(金喜善·51)씨 그리고 황규성(黃珪星·58)·유정순(劉貞順·50)씨 부부를 소개했다. 서로 얼굴을 익힌 우리는 다시 솔밭 사이 오른쪽으로 휘어지는 길을 따라 걷기 시작했다.

얼마 후에 사방이 트인 전망이 좋은 바위에 올라섰는데, 이원태씨가 앞쪽 저 멀리에 우뚝 솟아 있는 보현봉(普賢峰)에서 그 왼쪽으로 길게 펼쳐진 대남문의 성곽과 문수봉, 장군봉, 사모바위 밑의 승가사 그리고 비봉과 향로봉 등을 차례로 설명한다. 잠시 숨을 돌리고 다시 오르막길을 오르는데 등산을 시작한지 겨우 한 달밖에 안된 김희선씨는 조금은 위험한 암릉길도 거뜬히 올라가서 우리 모두를 놀라게 하였다. 바윗길은 계속 싫증이 나지 않는 오름과 내림의 연속이다.

10시에는 또다시 사방이 확 트인 바위에 올라서서 비봉능선의 절경을 바라보는데, 김문식 화백이 3월 29일부터 4월 4일까지 일주일동안 인사동 네거리에 있는 '갤러리 도올' 에서 아홉번째의 기획 초대 개인전을 연

다고 알려준다.

 산행 경력이 30년이 넘는다는 임창룡씨는 젊은이 못지 않게 노익장을
과시하며 앞장을 섰는데, 지난번 설악산에서 펼쳐진 산악마라톤대회에
출전해서 3시간 30분만에 긴 코스를 완주했다는 강신도씨 그리고 김영
진씨가 그 뒤를 따른다. 계속 솔밭 사이로 이어지는 길을 걸어 11시에
보현봉 아래쪽 암릉에 올라서서 땀을 닦는데 저만치 문수사(文殊寺)가
시야에 들어온다. 주변의 경치를 바라보며 이야기를 나누던 중 황규성씨
는 내가 피난시절 대구에서 다녔던 양정고등학교의 후배가 된다고 해서
다시 한 번 반가운 악수를 나누었다.

 잠시후 갈림길이 나왔다. 곧장 오르면 보현봉으로 올라붙는 험한 바윗
길이고 그 왼쪽 길은 대남문(大南門)으로 이어지는 평탄한 길이다. 김이

곤 그리고 김희선씨는 나와 함께 왼쪽 길을 택하고 거봉산악회팀과 김문식 화백은 보현봉쪽으로 올라섰다. 약 10분 후에 우리는 계곡길로 올라오는 등산객들과 마주치고 다시 5분 후에는 대남문에 도착하였다. 보현봉과 문수봉 사이 해발 663m의 높은 곳에 위치한 이 대남문은 대동문(大東門)과 그 구조가 흡사하여 육축 위의 마루는 판석으로 깔려 있고, 문루기둥은 팔각의 장주형으로 세워져 있다. 최근 새롭게 복원된 이 대남문 근처는 수많은 등산객들로 몹시 붐비고 있었다. 30분쯤 걸려서 보현봉쪽 암릉길로 올랐던 일행이 도착하였다.

우리는 12시 정각에 대남문을 출발해서 대성암터를 지나 30여분만에 중흥사지(重興寺址)에 도착했다. 마침 이곳에서는 대구 경북중고교 출신 재경 산악인 모임인 경맥(慶脈) 산악회(회장 김경수)의 시산제가 열리고

보현봉 아래쪽에서
바라본 대남문.

있었다. 같은 대구 출신인 한상철씨는 이들과는 매우 친한 사이인 듯 반
갑게 인사를 나누더니 우리 일행까지 소개하였다. 부회장 정무수(鄭戊
壽·59)씨, 총무 신숙(申叔·53)씨 그리고, 국민대학교 과장인 김기오
(金基悟·53)씨와 반갑게 손을 잡았다. 일행은 아래쪽에 자리를 잡고 각
자의 도시락을 풀었는데, 김기오씨가 계속해서 고기며 술 등을 날라다
주어서 뜻하지 않게 푸짐한 잔치가 벌어졌다.
 원래 노적봉 남쪽 기슭에 자리잡고 있던 이 중흥사는 고려때 창건되었
으며 숙종 39년에 100간을 중건하여 135간이나 되는 대찰(大刹)이었다
고 한다. 그런데, 1904년 8월에 화재로 절이 모두 소실되었고, 그후 또
다시 1915년의 대홍수로 마침내 완전히 폐허로 변하고 말았다는 것이
다. 지금은 초석으로 보이는 돌과 기와조각들만 여기저기 흩어져 있다.
가만히 앉아 주변의 산봉우리를 바라보고 있노라니 지난달 현대시조문학
상을 받은 김월한(金月漢·64) 시인의 수상작인 '산의 묘리(妙理)'가 문
득 떠올랐다.

    직렬(直列), 병렬(竝列), 순렬조합(順列組合)
    높고 낮은 위계질서(位階秩序)

    크고 작은 나무들도
    섰는대로 말이 없고

    골 물도
    제 소릴 내며
    낮은 데로만 흐르고

    제일 높은 봉우리 하나가
    발 밑으로 내려와서

    무수한 골짜기와
    주름진 능선들을

눈 아래
펼쳐 놓고선
천년토록 말이 없다.

 2시 정각에 이곳을 떠나 30분 후에는 중성문을 지나고 3시에는 대서문을 통과했다.

 "오늘 뜻밖에도 선배님도 만났으니 산행의 끝마무리는 제가 짓지요"라며 황규성씨가 앞장선다. 그가 안내한 곳은 수표동 판코리아 옆골목에 위치한 설렁탕으로 이름난 '서울 깍두기식당'이었는데, 알고 보니 그의 부인 유정순씨가 경영하는 식당이었다. 우리 일행은 육질이 좋은 수육과 맛있는 김치, 그리고 직원들의 친절함에 취하는 줄 모르고 계속 잔을 돌리면서 시간가는 것도 잊은 채 즐거운 대화를 나누었다.

北漢山 북한산—❺
삼천사~부왕동암문~부왕사터~중흥사터~대동문~우이동 코스

"모든 것은 인연 따라 나타나고 또 인연 따라 가는 것입니다. 오고 감이 다하는 곳에 항상 즐거움이 있으니 오는 인연을 막지 말고 또 가는 인연도 잡지 않아야 합니다. 그리고……"

20년 전 북한산 삼천사(三千寺) 주지로 부임한 후 인근에 주둔하고 있는 군부대의 장병들에게 깊은 이해와 많은 사랑을 베풀고 계신 성운(聖雲)스님은 諸法從緣生(제법이 종연생이요) 諸法從緣滅(제법이 종연멸이라) 生滅滅己(생멸이 멸이하면) 寂滅爲樂(적멸이 위락이라) 하시면서 조용히 말끝을 맺는다.

청명과 한식이 지난 맑게 갠 일요일 아침, 구파발 전철역에 모인 우리는 북한산성행 156번 버스를 타고 불과 7분만에 삼천사 입구에서 내렸다. 우리는 북한산성 연구가인 조면구(趙勉九·47)씨의 안내로 북한산성 성내 유적지를 탐방하는, 역사기행을 곁들인 산행을 오래 전부터 계획했다가 이날 실행하는 것이다. 스님의 인자한 미소를 뒤로 하고 아쉬운 작별인사를 드린 우리는 절뒤 계곡 바위 밑에 감실을 파고 새긴 큼직한 입불(立佛)인 마애불상 앞에 둘러섰다. 보물 제657호인 삼천사지마애여래입상(三千寺址磨崖如來立像)은 고려시대 불상 중 대표작으로 꼽히고 있다는 조면구씨의 해박한 설명은 계속 이어진다.

"머리 광배는 겹둥근 무늬로 새겼으며, 눈을 가늘게 뜨고 입을 오무려 파격적인 미소를 띠게 한 것은 고려 불상의 한 특징으로서 퍽 인상적인데, 신체는 비교적 장신이지만 안정된 모습입니다." 이렇듯 상세한 설명을 듣고 보니 평소 같으면 무심코 그냥 지나칠 뻔한 마애불의 미소가 더욱 가슴깊이 와 닿는 것 같다.

선두에는 도깨비산우회 이상년 회장 일행이 서고 한국심미치과기공소

(소장 남상국) 직원들, 그리고 성동구청 총무과 김종백(金宗白·45)씨와 부인 성기자(成耆子·42)씨외 직원들이 줄을 이어 뒤따랐다.

 맑게 흐르는 계곡을 오른쪽으로 끼고 아주 호젓한 길을 오르는데 앞에 젊은 부부와 아이들이 즐거운 대화를 나누며 오르고 있다. 데이콤에 근무한다는 안태문(安泰文·37)·박경자(朴庚子·36)씨 부부와 조카 정찬(17) 그리고 아들인 준현군(9)인데, 아버지의 등에는 3살 짜리 둘째아들 준수가 생글거리며 업혀 있었다. 이들은 결혼 전부터 함께 산을 올랐다는데, 북한산에서 이렇게 조용하고 깨끗한 곳은 아마 없을 것이라며 매주 이 길을 찾는다고 한다.

 11시 35분, 갈림길이 나왔다. 여기서 곧바로 올라야 되지만 잠시 왼쪽 길로 가서 삼천사터를 보아야 한다며 조면구씨가 앞장을 선다. 불과 5분만에 삼천사터에 올라섰다. 삼천사는 임진왜란 때 소실되었다고 하는데

부왕동암문 못미처
계류가에 핀
진달래꽃

옛 삼천사 터에
남아 있는
대지국사탑비의
귀부.

현재 삼천사터에는 거대한 석축과 주춧돌, 기단석, 석등받침등 석조물이
사방에 널려 있어 그 옛날 웅장했던 자취를 말없이 알려 주고 있다. 또
이곳엔 대지국사탑비(大智國師塔碑)의 귀부(龜趺)가 있으며, 비록 탑비
는 보이지 않으나 거북모양의 비석받침과 조각도 선명한 운룡문(雲龍紋)
으로 가득 찬 탑머리는 원형을 그대로 유지하고 있다. 조면구씨는 이렇
듯 귀중한 유물들이 산 속에 그냥 방치되어 있으니 몹시 가슴 아프다며
당국의 대책이 시급하다고 안타까워했다.

　이곳에서 바라보는 증취봉(甑炊峰)의 모습은 무척 아름답다. 우리는 다
시 발길을 돌려 정오에 계곡에 있는 흰바위에 앉아 간식을 들면서 휴식
을 취했다. "조선생님! 「북한산성」책을 사려고 했더니 품절됐다던데요"
라며 최성순씨가 물으니 새로운 증보판이 4월말쯤 나온다고 조면구씨가
알려준다. 조씨는 바쁜 공직생활로 틈이 없는데도 이렇게 연구에 몰두할
수 있었던 것은 답사 때마다 자료를 챙겨주며 격려해준 아내의 협조 덕

등산객이 노적봉
밑에서 위문으로
향하고 있다.

분이라면서 옆에 앉은 부인 안영옥(安英玉·42)씨에게 모든 공을 돌렸다.

다시 12시 15분에 발길을 옮겨 잔솔밭 사이를 지나 15분만에 넓은 바위에 올라 돌고래처럼 생긴 큰바위에서 잠시 땀을 닦았는데, 차광덕(車光德·36), 노상현(盧相鉉·35)씨와 기공소팀인 김우진(金祐珍·43)씨는 정말 경치가 좋다며 감탄사를 연발한다.

낙엽이 쌓인 경사길을 숨을 몰아 10분쯤 오르니 소남문이라고도 하는 부왕동암문(扶旺洞暗門)이 나온다. 부왕동암문 왼쪽으로는 증취봉, 용혈봉(龍穴峰)을 지나 의상봉(義湘峰)으로 이어지고, 오른쪽은 나한봉(羅漢峰)과 청수동암문(青水洞暗門)으로 오르는 길이다. 우리는 그대로 직진하여 낙엽이 수북히 쌓인 평탄한 내리막을 내달아 10분만에 부왕사터(扶旺寺址)에 이르렀다. 부왕사터 초입에는 높이 1.7m, 둘레가 2.4m나 되는 거대한 초석이 3열로 16개가 서있는데, 옛날엔 그 위에 누문(樓門)형태의 법당이 있었다고 한다. 이 절은 북향인 것이 특이하며 이성계가 조선을 개국하기 전 백일기도를 올린 곳이라고 한다.

우리는 부왕사터 바로 맞은편 헬 기장에 자리를 잡고 도시락을 펼쳤다.

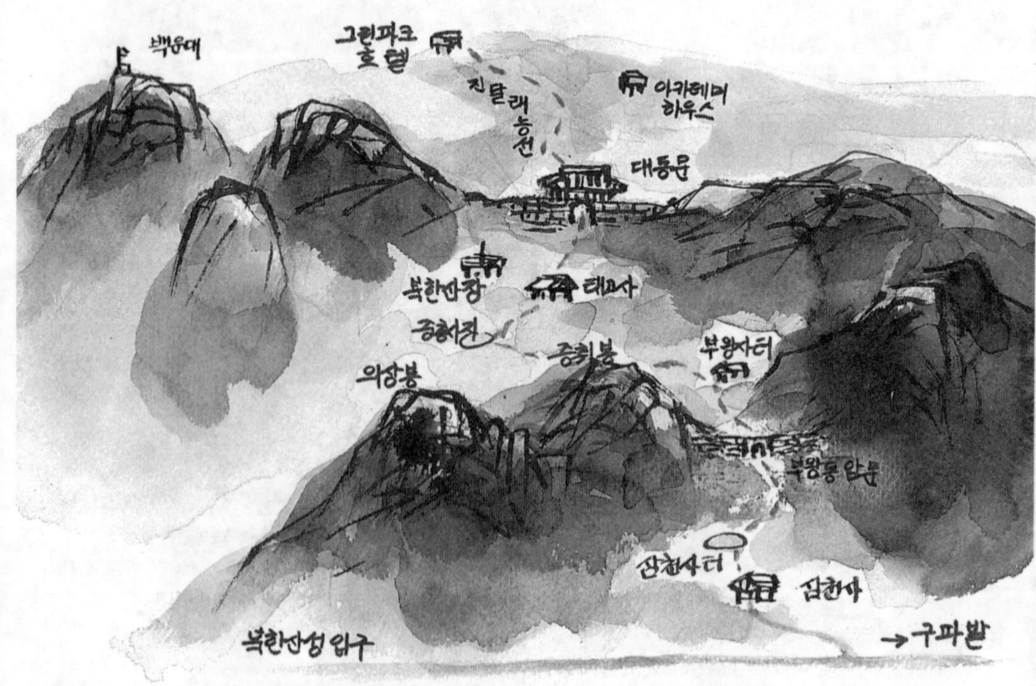

수문출판사의 이수용(李秀用·56) 사장이 비상용으로 갖고 다니는 위스키 잔을 돌리는데, "오늘은 건배할 건수(件數)가 많겠는데요"라며 이상년씨가 빙긋이 웃는다. 먼저 우리는 며칠 전에 아홉 번째 개인전을 성황리에 끝마친 김문식 화백을 위해 잔을 부딪치고, 다시 도깨비산우회 고문이며 금제(昑齊)서예연구원의 김종태(金鐘泰·55) 원장이 펴낸 「물소리 새소리」란 시조집의 출간을 축하하면서 또 한번 '쨍—', 그리고 오늘이 마침 조면구·안영옥씨 부부의 결혼 20주년이 되는 날이라고 해서 또다시 '쨍—'. 이렇듯 즐거운 점심을 마친 우리는 오후 2시에 자리를 떠서 5분 후에는 맑은 계류를 건너 산영루(山映樓)터가 있는 비석거리에 닿았다. 이 산영루터에는 장주형 초석 10개만이 남아 있을 뿐이다.

 다시 발길을 옮겨 15분 후에는 중흥사터(重興寺址)를, 또 10분만에 태고사(太古寺)를 지나 2시 50분엔 봉성암(奉聖庵)을 지났다. 10분쯤 오르막길을 오르니 능선인데 왼쪽은 북한산장쪽이고 오른쪽 길은 대동문(大東門)으로 이어진다. 3시 20분에 대동문을 통과해서 하산을 하는데, 붉게 타오르는 진달래 숲속을 지나니 며칠 전 한국캠프(회장 박태수)와 함께 다녀온 선운사(禪雲寺)의 천연기념물 제184호인 동백꽃과 미당(未堂) 서정주(徐廷柱) 시인의 그 유명한 시가 떠올랐다.

　　　선운사 골짜기로
　　　선운사 동백꽃을 보러 갔더니
　　　동백꽃은 아직 일러
　　　피지 안했고
　　　막걸리집 여자의
　　　육자배기 가락에
　　　작년 것만 상기도 남았습니다.
　　　그것도 목이 쉬어 남았습니다.

北漢山 북한산—❻

인수봉 숨은벽 릿지 코스

계절의 여왕이라는 5월의 첫째 일요일은 마침 부처님이 오신 날. 도선 숨은벽 릿지
사 앞 광장에는 부처님의 자비와 은덕을 기리는 수많은 신도들과 등산객
들로 발디딜 틈조차 없이 혼잡했다. 이날 우리는 제령(齊嶺)산악회(회장
김영호·55)의 안내로 북한산에서도 그 경치가 빼어나고 이름 그대로 인
수봉 뒤편에 꼭꼭 숨어 있는 '숨은벽 릿지'를 오르기로 한 것이다. 제령

114

산악회 회원들과는 오래 전부터 도봉산을 오르내리면서 서로 얼굴을 익혔던 사이로, 특히 이사 김선겸(金善謙·44)씨와는 여러해 전 설악산 공룡능선에서 처음 만난 후 계속 교분을 맺어 왔었다.그는 제령산악회 지주이며 산악회 발전을 위해 많은 공헌을 하고 있는 열성 산악인이다. 매표소를 통과해서 우이산장을 지나는데 '최선생님!―'하며 누가 황급히 뛰어나온다. 북한산관리사무소에 근무하는 손영임(孫英任·36)씨였는데 여러 해만에 만나니 무척 반가웠다.

10시 5분에 하루재를 지나서 신록이 우거진 쾌적한 숲길을 몇 차례나 휘어 오르내리다가 10시 55분엔 샘터에서 시원한 물로 목을 축였다. 우리보다 먼저 와서 기다리고 있던 등반대장인 양석만(梁錫萬·51)씨와 합동카독크 대표인 노진산(盧鎭山·48)씨와도 이곳에서 합류하였다. 파릇파릇한 나뭇잎 사이로 상장봉(上將峰)너머 오봉이 멀리 보이고 그 오른쪽으로는 자운봉, 만장봉 그리고 선인봉이 우뚝하다.

11시 30분에 능선에 올라섰는데, 이제부터는 칼날같은 바위능선을 타게 되는 것이다. 맨 앞에는 양석만 등반대장이 서고, 정헌근(鄭憲根·45), 류문희(柳文喜·30), 김상채(金相彩·47)씨 그리고, 경기도 양주군 회천농협의 우정규(禹正圭·52) 전무 등이 뒤따르고, 맨뒤는 힘이 장사인 최대범(崔大範·42)씨가 맡기로 하였다.

전임회장이며 고문인 최석조(崔石祚·63)씨는 농협에서 정년 퇴임했는데, 위험한 바위길도 날렵하게 넘으면서 노익장을 과시한다. 힘들고 또 위험한 바위길을 몇차례 넘어 11시 35분에는 숨은벽 슬랩 바로 아래 넓은 바위에서 참외를 깎아 먹고 얼마후 슬랩 밑에 닿았다.

까마득히 올려다보이는 바위를 쳐다보니 얼마전에 코오롱등산학교를 정규 19기로 입교해서 정말 힘들게 백운대, 인수봉 그리고 노적봉 등 깎아지른 암벽을 오르내리던 때가 떠올랐다. 우리 1조의 담임이며 한국대학산악연맹의 사무국장인 전두성(田斗聖·46)씨가 하와이 민속악기인 우크렐레를 능숙한 솜씨로 튕기면서 가르쳐준 '숨은벽 찬가' 가 나도 모르게 절로 입에서 흘러나왔다.

　　　아득히 솟아오른 바위를 보며
　　　숨결을 고르면서 계곡에 잠겨

인수봉, 숨은 바위
정상에 선 본
모습이다.

자일과 함머 하켄 카라비나로
젊음을 끓여보세 숨은벽에서

크랙도 침니들도 오버행들도
우리의 땀방울로 무늬를 지며
울리는 메아리에 정을 엮어서
젊음을 노래하세 숨은벽에서

바위여 기다려라 나의 손길을
영원히 변치않을 산사람 혼을
찬란한 햇볕들과 별빛을 모아
젊음을 불태우세 숨은벽에서

숨은벽 릿지의
인수봉과 백운대
사이를 등산객이
빠져 나가고 있다.

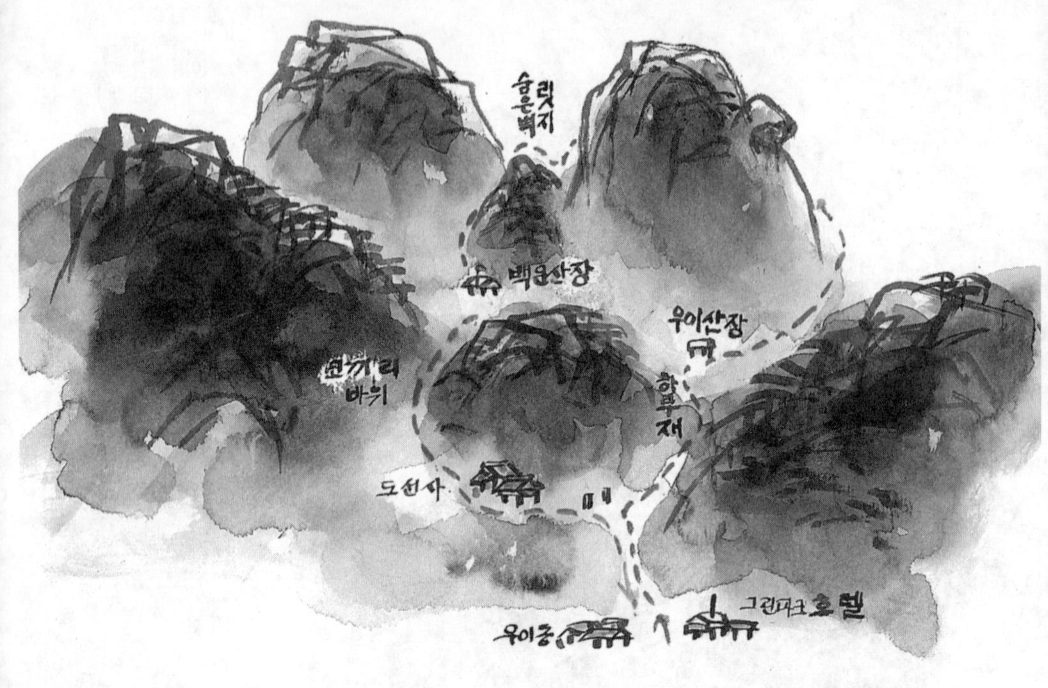

투박한 가죽등산화를 신고 온 김문식 화백이 겁도 없이 첫발을 내딛더니 그냥 미끄러진다. "아이고ㅡ. 우습게 봤더니 그게 아닌데요"하며 혀를 찬다. 마침 김선겸씨가 준비해온 여분의 암벽화가 있어서 그것으로 갈아 신은 김화백은 이젠 됐다면서 힘차게 바위를 차고 오른다. 나 역시 오래간만의 바위이고, 또한 이곳이 초행이라 조금은 긴장이 된다.

자일을 걸기는 했으나 굳이 확보까지는 안해도 될 것 같아서 조심스럽게 바위에 붙었는데 처음엔 몹시 불안했으나 별 어려움없이 오를 수가 있었다. 모두가 무사히 슬랩을 오른 후 잠시 숨을 돌리고 있는데, "아니 뭐라구? 명수가 떨어졌다구!" 하며 무전을 받던 양석만 대장이 소리를 지른다. 순간 우리 모두는 너무나도 놀라서 숨을 죽이고 귀를 기울였다.

우리보다 먼저 이른 아침에 올라와서 인수봉을 오른 다음 백운산장에서 우리 팀과 합류키로 되어 있는 바위꾼인 박남수(朴南洙 · 39), 유미영(柳美英 · 29) 그리고 서명수(徐明洙 · 31)씨 일행 중 서씨가 인수봉을 오르다가 그만 추락했다는 것이다. 나중에 안 사실이지만, 인수봉 궁형길이었는데, 하켄에 박혀 있는 고정 슬링이 터지면서 그냥 20m나 떨어졌다는 것이다.

숨은벽 릿지를 다 오른 후 마지막 바위에서 가쁜 숨을 가다듬고 있는데 우리보다 한 발 앞서 올라온 두 명의 바위꾼이 수고했다며 음료수를 권한다. 이들은 김상철(金相喆·50), 서재탁(徐載卓·53)씨로 산행경력이 무려 30년 가까이나 된 산악인이었다.

서둘러 발길을 돌려 내려가 보니 서명수씨는 백운산장에 누워 있었다. 정말 목숨을 잃을 뻔한 큰 사고였는데도 그만한 것은 모두 부처님의 은덕이라고 위로를 하며 안도의 숨을 내쉬었다. 서씨는 종로 5가 승희산악장비점 사장인 서병수(徐丙洙·43)씨의 동생인데, 작년에 한국등산학교를 졸업하기도 했다.

마침 이곳에서 순찰중인 북부경찰서 북한산 산악안전구조대장인 정성안(丁成安) 경장을 만났다. 경찰구조대에는 이기언, 김홍연, 김지태, 박종두 그리고 김종환 등 다섯 명의 구조대원과 또 정대장과 교대로 김병기(金秉起) 경장이 근무하고 있는데, 산악인의 안전을 위해 불철주야 헌신하고 있는 이들의 노고에 그저 감사할 따름이다.

이곳에서 이미 만나기로 약속이 되어 있는 일본인 야스무라 준(安村淳·51)씨 일행과도 재회의 기쁨을 나누었다. 작년부터 친분을 맺어온 야스무라씨는 세계 여러 나라의 이름난 암벽을 오른 산악인이다. 그의 소개로 미야네 가스요(宮根勝代·51), 도이 도미코(土井富子·63), 다카야나기 교코(高柳京子·59), 가시와사키(柏崎 節·41) 그리고 야스무라씨의 부인인 야마스가 마리(山菅万里·40)씨들과 차례로 반가운 인사를 나누었다. 해마다 인수봉을 오르기 위해서 한국을 찾는 야스무라 준 씨 일행은 인수봉과 백운대의 수려한 암벽에 홀딱 반했다고 한다. 일본으로 떠나기 전날 시내에서 저녁식사를 초대하기로 약속을 하고 그들과 작별을 하였다.

당초 우리의 계획은 만경대 릿지까지 할 예정이었으나 뜻밖에 서씨의 부상으로 오늘은 그만 하산키로 하였다. 수유동까지 나와서 강북구청 사거리에서 우이동쪽에 위치한 '구미(口味) 소금구이집'에 둘러앉아 주인인 김영재(金永在·43)씨와 조카 박영수(34)씨의 정성어린 대접을 받으며 우리는 서명수씨의 조속한 쾌유를 빌었다.

北漢山 북한산─❼

향로봉~부왕동암문~중흥사지~용암문~대동문~사자능선~구기터널 입구 20㎞

대동문 쪽에서
바라본 북한산의
위용.

"아이고 최선생님! 말도 마세요. 정말 대단한 분들이에요. 그 팀과 함께 가시려면 아마 혼 좀 나실걸요…"

서울 종로 5가의 동진 레저에 등산 장비를 사러 갔다가 다음주에는 명동산악회와 취재산행을 갈 것이라고 얘기했더니 이철남(李哲男·50) 상무가 고개를 설레설레 흔들던 생각이 문득 떠오른다.

풍년을 비는 기풍제(祈豊祭)를 올리며 여인들은 창포에 머리감고, 그네를 뛰는 등 예로부터 설, 한식, 추석과 함께 우리 민족의 4대 명절로 내려오던 단오가 지난지 첫 번째 일요일 아침, 불광동 국립보건원 정문 앞

120

탕춘대 성곽 위에서
본 대남문과
보현봉.

에서 일행을 기다리는 동안 도대체 이 사람들이 얼마나 산을 잘 타기에 이상무가 그처럼 애기했을까 무척이나 궁금하면서도 또 한편으로는 슬그머니 겁까지 나는 것이었다.

10여 명의 일행이 모두 모이자 우리는 오전 9시 정각에 보건원 옆 골목 주택가를 지나서 10여 분만에 은평구청에서 아주 잘 가꾸어 놓은 체력단련장에 닿았다.

"제 옆이 이명재(李明載·61)·윤정자(尹正子·59)씨 부부인데 15년 전부터 등산을 시작, 현재 도봉산을 800회나 넘게 올라서 화제가 되었던 분들이고, 그 옆이 김문식 화백 그리고 다음이 김희선(金喜善·51)씨입니다."

나의 소개가 끝나자 명동산악회의 고(故)김계태(金桂泰) 회장이 신영광(辛榮光·59) 부회장과 변무현(卞武鉉·60) 등반대장을 비롯해서 일행을 차례로 소개했다. 서로의 얼굴을 익힌 우리는 잠시후 첫 번째 능선을 지나 9시 45분에는 전망이 아주 시원하게 펼쳐진 바위에 올라섰다.

"오늘 우리의 산행코스는 맨 처음 향로봉을 오른 다음 비봉과 사모바위를 지나서 왼쪽 삼천리골로 내려가다가 다시 부왕동암문(扶旺洞暗門)으로 올라 부왕사지, 비석거리와 중흥사지(重興寺址) 그리고 노적봉 밑을 통과해서 용암문, 대동문, 보국문과 대성문 그리고 대남문을 지나 다시 보현봉을 오른 다음 사자능선을 타고 내려가다가 구기터널 입구에서 산행을 마치는데, 그 거리는 20km가 넘으며 아무리 빨리 걸어도 8시간 이상이 소요되기 때문에…." 김회장이 코스를 상세히 설명했다.

10시에 탕춘대성의 암문을 지나 성곽을 따라 오르다가 30분만에 향로봉 바로 밑에서 잠시 땀을 닦았다. 선두에는 김계태 회장이 서고 감사 박성호(朴成浩·60)씨, 조종현(曺鐘鉉·51)·강혜자(姜惠子·47)씨 부부, 강영진(姜英鎭·62) 부회장 그리고 정용수(鄭龍洙·56)씨, 총무이사 박무(朴茂·58)씨와 연락간사인 김해성(金海成·51)씨 순으로 바위에 올라 붙었다. 경사는 거의 수직이었으나 다행히 손잡을 데가 있어서 그리 어렵지 않게 향로봉 정상에 오를 수가 있었다.

이명재씨가 "김회장님, 오늘까지 향로봉은 몇번째 오르시지요?"라고 물었다. 산행 경력이 30년이나 되는 김회장은 한국전쟁때 학도병으로 참전해서 포병소위로 임관한 후 수많은 전투에서 사선을 넘어 혁혁한 무공을 세운 역전의 용사로서, 그 동안 향로봉에 오른 것만도 940여 차례가 넘는다고 한다.

우리는 사모바위를 조금 지나서 왼쪽 삼천사가 있는 삼천리계곡으로 내려섰다. 사람의 발길이 뜸한 계곡길은 아주 깨끗하고 조용했다. 앞서 가던 일행들이 눈 깜짝할 사이에 시야에서 사라진다. 처음에는 우리 때문에 속도를 덜 내던 이들의 실력이 드디어 나타나기 시작한 것이다.

11시 40분에 맑게 흐르는 계류 옆 널따란 바위에서 잠시 쉬고 있는데, "여보 변사또! 이 달 18일의 산악마라톤 출전준비는 잘 되고 있지요?"라며 김회장이 변무현씨에게 묻는다. 명동산악회는 대부분 50대 후반인데도 작년에 열린 설악산 국제마라톤 대회에 박성호(60) 감사와 정용수(56)씨 외 5명이 출전해서 오색~대청~희운각~비선대 코스를 3시간 30분대에 주파했으며, 또 이연희(李然姬·38)씨는 챌린저부분에서 1등을 차지했다고 한다.

다시 12시 20분에는 부왕동암문을 지나서 부왕사터와 비석거리, 용학사와 중흥사지를 차례로 지나 태고사(太古寺)의 은은한 독경 소리를 들으며 오후 1시 20분에 노적봉 바로 밑에서 배낭을 풀었다. 부회장인 김향술(金香述·61)씨, 남진토건 대표인 허남일(許南壹·61)씨, 은행 간부인 송천식(宋千植·59)씨와 정문상(鄭文祥·59)씨들과 함께 어울려 즐거운 점심식사를 마치고 쉴 틈조차 없이 1시 50분에 자리를 떴다.

용암문을 거쳐 대동문을 지나는데 순찰중이던 북한산 국립공원 동부관리소장인 김영기(金榮起)씨와 마주쳤다. 관리공단이 이번에 정릉골짜기에 난립한 건물들과 수영장을 모두 깨끗이 철거시킨 것은 정말 어려운 용단이었다며 김계태 회장은 그의 노고를 치하했고, 북한산 국립공원이 이번에 입장객수로 기네스북에 오른 것을 다함께 박수로 축하하였다.

대동문을 떠나서 보국문(輔國門)으로 향하는데 앞쪽에서 올라오던 청년이 "아니, 최선생님 아니세요?"라며 다가온다. 지난해 어렵게 졸업한 코오롱등산학교 정규 19기 동기생인 이유춘(李裕椿·36)씨였다. 그는 직장인 대한투자신탁의 산악회 회원들과 함께 왔다면서 역시 17기인 이충

실씨(35)와 20기인 이병열(33), 오재찬씨(36) 그리고 이선희씨(27)을 차례로 소개했다.

이제부터는 사자능선을 타고 내려가는 코스만이 남은 것이다. 조금은 위험한 곳도 있어서 모두가 조심스럽게 암릉에 올라섰다. 동일상사 대표인 권병오(權炳午·50)씨와 새한익스트랜스 대표인 정한식(鄭漢植·50)씨 그리고, 이기복(李基福·42)씨들과 즐거운 대화를 나누며 내리막길을 걸었다.

오른쪽으로 승가사(僧伽寺)가 뚜렷이 보이는 전망이 아주 좋은 바위에서 잠시 쉬고 있는데 김회장이 "깜박 잊을 뻔했네요. 여보, 최선생이 당신들 대학선배야 다시 한 번 정식으로 인사드려요"라며 변무현, 신영광씨를 가리킨다. 알고 보니 신영광씨는 고려대학교 법대 출신이고, 변무현씨는 경영대학원을 나와 현재 서울시 산악연맹의 섭외이사이자 고경산악회의 부회장으로 산악인들을 위해 많은 헌신을 하고 있다고 한다.

우리 셋은 다시 한번 반가운 악수를 나누었다. 계속해서 걸음을 재촉하여 구기터널 입구 삼거리에 위치한 그 이름도 산악인에게는 무척 친숙하게 느껴지는 '알파인 캠프'에 도착하였다. 항상 맑은 웃음으로 손님을 대하는 이성진 (李晟鎭·42)사장이 우리를 반갑게 맞아준다. 산을 사랑하는 사람들에게 산행후 편안히 쉴 수 있는 공간을 제공하고 싶은 것이 그의 바램이었단다. 주방에서 맛있는 음식을 준비하는, 누구한테서나 '이모님'으로 통하는 구초숙(具蕉淑)씨는 뜻밖에도 음식과는 거리가 먼 미술대학 출신이란다. 음식의 맛이랑 시설도 모두 훌륭해서 우리는 장장 8시간이나 걸린 긴 산행의 피로를 이곳에서 말끔히 씻으며, 아주 편안한 마음으로 즐겁게 담소를 나누었다.

北漢山 북한산—❽

북한산성 13개 성문 일주산행

"최형! 어제는 어느 산엘 다녀왔어요?" 내 고향인 충청남도 예산의 제일병원 원장이던 서울대 의대 출신인 김기영(金基永)·김혜경(金惠敬) 씨 부부가 전화를 걸어왔다. 이들은 최근에 등산에 빠져서 하루가 멀다 하고 산을 찾는 광(狂)이 된 사람들이다.

순간 내 머리 속에선 어제 힘겹게 오른 북한산 염초봉의 위험한 릿지를 지나 백운대를 밟은 후 많은 성문(城門)을 차례로 통과한 다음 다시 의

126

상봉쪽으로 힘차게 내딛던 장면이 떠올랐다. 7월 중순의 일요일 아침 명동산악회, 도깨비산우회 그리고 지지(GG)산악회가 합동으로 몹시 위험하다고 알려진 염초봉 릿지를 거치는 13개 성문 종주산행을 계획하였다.

북한산성 입구에 있는 효자원을 가로질러 계단길을 오르니 15분만에 첫 번째 성문인 서암문(西暗門)이 나타난다. 일명 시구문(尸柩門)이라고도 불렸던 이 문은 원효봉으로 오르는 길목이다.

우리는 오전 8시 30분에 원효암 바로 밑에 있는 전망이 아주 좋은 너른 바위에서 서로 인사를 나누었다. 먼저 명동산악회의 고(故) 김계태(金桂泰) 회장이 신영광 부회장, 변무현 등반대장, 박성호씨, 김해성씨, 정용수씨, 조종현·강혜자씨 부부, 마종석씨, 박무씨를 차례로 소개했고, 지지산악회에서는 임덕신씨와 김자경씨에 이어 내가 인천 (주)세명공영의 김영일(金永一·51) 사장과 중구청에 근무하는 산악인 홍성한(洪性漢·50)씨를 소개했다.

불과 5분만에 원효암(元曉庵)에 닿았는데, 조선 영조 10년에 작은 암자로 창건된 이 절은 의상봉과 마주하고 있으며, 바로 밑 깎아지른 절벽 아래로는 대서문 일대가 훤하게 내려다보인다. 이가 시리도록 찬 약수로 목을 축이고 이미 10여 차례나 이 코스를 오른 김계태 회장이 앞장서서 깎아지른 암릉을 기어올라 9시 15분에 원효봉에 올라섰다.

저 멀리 앞쪽에는 이제부터 올라갈 염초봉)과 백운대가 그 위용을 자랑하고 있으며, 오른쪽으로는 의상봉의 연봉들이 길게 이어져 있다. 잠시 숨을 돌린 다음 10분만에 두 번째 문인 북문(北門)에 닿았다. 북문은 몹시 파손되어 있었는데 문루(門樓)는 오래 전에 소실되고, 장대석은 전부 무너져 내렸다. 이제 북문을 지나 악명(?)높은 염초봉을 올라야 하는데 여러 친구들이 미리 겁을 줘서 그런지 무척 긴장이 된다.

슬랩을 어렵게 오르고 또다시 힘든 하강 코스를 몇 차례 반복하다가 10시 20분에 잠시 휴식을 취하였다. 먼저 올라온 바위꾼과 인사를 나누었는데, 그는 서울경제신문 산업 2부 기자 문병언(文炳諺·35)씨였다. 그는 거의 매주 이 바위에 매달린다고 하는데 어느새 재빠른 동작으로 바위를 타고 쏜살같이 사라진다.

정말 힘든 암릉을 오를 때마다 김계태 회장은 "자! 오른발은 여기를 디디고 왼발은 이쪽으로, 그리고 오른손은 요렇게 잡고…"라며 자상하게

가르쳐주었다.

 10시 55분에는 가장 위험한 말바위 앞에서 걸음을 멈추었다. 왼쪽으로 바위를 끼고 한 사람 정도 간신히 기어서 가는 바윗길인데, 오른쪽은 천야만야한 절벽이어서 아찔한 구간이다. 김계태 회장을 비롯해서 몇몇 진짜 꾼들만이 이곳으로 통과하고 나머지는 자일을 잡고 바위를 넘어갔다. 얼마 후 하강 코스에서는 인원이 많다 보니 시간이 무척 오래 걸렸다.

 때마침 우리 뒤에 올라오던 최수회(崔壽會·50)씨가 고맙게도 자일을 내려주어서 훨씬 빨리 하강을 마칠 수 있었다. 그는 아들 용진군(16)과 함께였는데 이토록 어려운 코스를 아직 어린 아들을 데리고 온 것이 여간 대견스럽지 않았다.

 다시 10분 후에는 호랑이굴을 지났는데, 그리 위험하지는 않았지만 배낭을 앞으로 밀면서 완전히 포복 자세로 전진해야 하기 때문에 무척 힘이 드는 구간이다.

백운대 뜀바위에서
사방의 경치를
살피는 등산객들.

항상 사람으로 붐비는 대남문.

공작산 정상을 향해 숲속을 걷고 있다.

충남 가야산. 서산 운산면에서 해미읍으로 이어지는 산길.

구름에 싸인 용두산 정상.

남성미 넘치는 북한산국립공원의 우이암.

초여름의 도봉산 전경.

만수봉 정상부의 거송지대를 통과하고 있다.

고풍어린 보광사의 목어(앵무봉).

눈내린 삼각산(인수봉, 백운대, 만경대)

그림으로 그린 북한산 등산지도.

어답산, 장대비가 억수같이 쏟아지는 하산길.

용천봉 입구, 설악면 가일리의 냇가 풍경.

염초봉에서
백운대로 가는
바위능선

11시 20분에 드디어 백운대 정상에 우뚝 섰는데, 저만치서 박현우(朴玄雨·52)씨가 얼른 알아보고 반갑다고 쫓아온다. 그는 오래 전부터 이곳에 태극기를 게양하고, 정상을 지켜온 백운대의 파수꾼이다. 수많은 등산객 사이를 비집고 위문(衛門)으로 내려섰다. 백운봉암문(白雲峰暗門)으로 불리는 위문은 백운대와 만경대 사이에 있으며 출입구는 네모난 형태이고 문루는 없으나 문짝을 달았던 흔적은 남아있다.

우리는 발길을 재촉해서 노적봉 옆을 지나 쾌적한 숲길을 따라 걷다가 용암문을 통과하고 12시 20분에 북한산장에 도착했다. 모두가 새벽 일찍 집을 나왔기에 몹시 시장하여 서둘러 이곳에서 자리를 잡고, 점심을 먹기로 하였다.

막 자리에 앉으려는데 "최선생님—"하고 저쪽에서 나를 부른다. 그들은 뜻밖에도 종로 5가에 있는 '승희산악' 식구들이었다.

"아니 승희네가 이리로 이사를 왔나?" 라는 나의 농담에 모두가 웃으면서 자리를 권한다. 서병수(徐丙洙·44)사장과 부인인 김금자(金今子·43)씨, 남매인 승희(15)와 민기(12) 그리고, 동생인 서명수씨와 김춘호(金春浩·37)씨 온 가족이 오늘은 큰맘 먹고 가게문을 닫고 왔다는 것이다. 승희장비점의 상호는 큰딸의 이름을 따서 지은 것이다.

오후 1시 정각에 다시 산행에 들어갔는데 이제부터는 콧노래를 부르며

갈 수 있는 탄탄대로이다. 20분만에 대동문(大東門)에 닿았다. 해발 540m에 위치한 이 성문에서 북한산 진달래능선이 시작되는데, 최근에 새롭게 복원했다. 잠시 후에는 정릉이 내려다보이는 보국문(輔國門)을 거쳐 또다시 보현봉(普賢峰)과 연결된 대성문(大成門)을 지나서 2시에 대남문(大南門)에 이르렀다. 대남문은 보현봉과 문수봉 사이 663m지점에 위치하고 있는데 여기도 최근 문루와 성곽이 복원되었다.

이제부터는 의상봉을 향해서 또다시 암릉에 매달려야 한다. 모두 피곤한 몸을 이끌고 문수봉과 나한봉 사이에 있어 승가사(僧伽寺) 뒤의 비봉(碑峰)과 연결되는 곳에 자리한 청수동암문(靑水洞暗門)을 지났다. 이 문 역시 네모난 출입구가 있는데 문짝을 달았던 흔적이 남아 있다. 청수동암문 바깥은 장대석 위로 성돌을 3단 높이로 쌓고, 그 위에 다시 여장(女墻)을 쌓았으며 문 안쪽에는 성돌을 1단만 쌓아 바깥이 안쪽보다 높게 하여 경사를 이루게 함으로써 방어가 용이하게 하였다고 한다.

나한봉(羅漢峰)과 나월봉(羅月峰)을 차례로 넘으니 곧 부왕동암문(扶旺洞暗門)이다. 이곳에서 왼쪽 계곡으로 내려가면 삼천사(三千寺)가 나오고 오른쪽은 부왕사터로 이어진다. 원래 이 문은 원각문(圓覺門)이라 불렸다고 한다.

우리는 증취봉(甑炊峰)을 넘어 계속 바위로 이어진 용혈봉(龍穴峰)과 용출봉(龍出峰)을 지나서 가사당암문(袈裟堂暗門)에 도착했다. 원래 국녕문(國寧門)이라고도 불렸던 이 문은 규모가 청수동암문과 흡사하다. 우리는 이제 마지막 봉우리인 의상봉(義湘峰)을 밟은 후 오른쪽 급경사를 내려와 오후 4시 33분에 마침내 마지막 목표인 대서문(大西門)에 도착했다.

대서문은 북한산성의 중심이 되는 성문으로서 해발 150m에 위치하고 있다. 홍예식 문루와 육축은 무사석(武砂石)으로 수축하였고, 육축위에는 몸을 숨기고 총포를 쏠 수 있는 문루여장(門樓女墻)이 전면에 10개가 있다. 이제는 흔적도 안 남은 수문(水門)터를 머리 속으로만 그리며 장장 9시간에 걸친 북한산 13성문 대종주를 무사히 끝마친 우리는 또 다시 수많은 인파 속으로 묻혀 들어갔다.

北漢山 북한산—❾

탕춘대성 기점 유적답사 코스

"지금 여러분이 서 계신 이 성곽이 탕춘대성(蕩春臺城)입니다. 조선 숙종 37년(1711) 4월3일 착수한 북한산성 축성공역이 6개월 여만에 이루어졌으나 행궁(行宮)과 장대(將臺), 그리고 수많은 시설 등은 2년후인 숙종 39년 가을에 가서야 비로소 완공을 보게 된 것입니다. 그리고……." 우리 일행은 북한산성 연구가인 조면구씨의 해박한 설명을 들은 후 둥글게 모여 서서 상견례를 가졌다.

먼저 연세대학교 산업대학원 고위자과정 18기인 제우산업의 김세두(金世斗·49) 사장이 동기생 회장인 이명범(李明範·55)씨, 총무 김화겸(金和謙·53)씨, 문봉수(文俸洙·49)씨와 유성길(劉成吉·43)씨를 차례로 소개했고, 지지(GG)산악회에서는 부회장인 정기영(鄭基泳·57)씨가 김상태(金相泰·67) 회장, 변무현(卞武鉉·60)씨, 최영훈(崔榮勳·58)씨와 총무 박상준(朴商俊·45)씨를 그리고, 국민신용카드(사장 이기웅)의 김봉식(金奉植·53) 관리부장이 이윤경(李潤卿·39), 김종섭(金宗燮·28)씨를 인사시켰다.

명동산악회의 고(故)김계태(金桂泰) 회장은 "내가 6·25 동란때 군에서 중대장을 했었는데 오늘은 완전히 중대병력이네요. 내가 다시 한 번 중대장 노릇을 해야겠는데요"라고 해서 모두 즐겁게 웃었다.

말복(末伏)이 지나고 처서(處署)가 불과 며칠 안 남은 일요일 아침, 지난번 장장 9시간에 걸친 북한산 13개 성문 대종주에 이어 오늘은 또 다시 북한산 성문 안에, 지금은 형체조차 찾을 수 없는 행궁터(行宮址)등 수많은 유적지를 답사하기 위해서 조면구(趙勉九·47)씨의 안내로 오전 10시 정각에 구기터널 입구의 '알파인 캠프'를 떠나 탕춘대성에 이른 것이다.

  10시 50분에 향로봉(香盧峰) 바로 밑에 도착한 우리는 잠시 숨을 가다듬고 조금은 어려운 바위에 매달려 11시 15분에 정상에 올라섰다. 얼마 후 비봉(碑峰)에 올라 진흥왕순수비 유지(眞興王巡狩碑遺址)를 보았는데 조면구씨의 설명에 의하면 국보 제3호인 이 순수비는 1,400여년이란 긴 세월동안 풍우에 시달려 훼손이 극심해져서 1972년 8월에 국립중앙박물관으로 옮겨졌고, 그 자리에 지금의 기념비를 대신 세웠다고 한다.

  우리는 다시 내리막길을 걸어 12시 10분에 승가사(僧伽寺)에 닿았다. 이 승가사는 신라 때 창건된 고찰로 임진왜란 때는 승병(僧兵)의 은거지라고 해서 왜병에 의해 불태워지는 수난을 겪기도 했다고 한다.

  일제 말기인 1941년 도공(道空) 선사에 이어 도원(道圓) 스님이 계셨고, 1971년에 현재의 석상륜(釋相侖) 스님이 주지로 취임하시면서 20여년 동안 수많은 불사를 이룩하셨다고 한다.

133

시봉(侍奉)스님인 석현담(釋炫潭) 스님으로부터 승가사의 내력을 상세히 들은 후 주지 상륜 스님께 인사를 드렸다. 인자하신 미소로 우리를 맞아주신 스님께 평생의 좌우명을 여쭤봤더니 '上求菩提 下化衆生(위로는 보리지혜를 구하고 아래로는 모든 중생을 제도한다)'라고 써주신다. 여러 가지 좋은 말씀을 더 듣고 싶었으나 갈 길이 바빠서 서둘러 작별인사를 드리고, 또 다시 승가봉을 거쳐서 문수봉(文殊峰)쪽으로 가다가 왼쪽 청수동암문(靑水洞暗門)으로 발길을 옮겼다.

사모바위 옆을 지나는 등산객.

도봉산에 늘 함께 다니던 무하산악회의 박세영(朴世英·65) 감사와 지지산악회의 이봉자(51), 김자경(51), 이광호(40), 남용두씨(53)들과 숨을 헐떡이며 청수동암문에 도착하였다. 우리는 바로 아래 넓은 터에 자리를 잡고 각자의 배낭을 내려놓았다.

점심을 먹는 동안 스텔라 인터내셔널의 정기영 사장이 대한사료(주) 김상태 사장의 산행 경력을 소개했는데, 그는 대학 재학중인 1950년도 초에 이미 도봉산의 선인봉과 북한산의 인수봉을 오르내린 원로 산악인이다. 우리는 김사장으로부터 그 당시엔 무거운 군용화를 신고 암벽을 탔으며 굵고 무거운 밧줄로 하강을 했다는 원시시대에 가까운 등산 경험담을 아주 흥미롭게 들을 수 있었다.

 약간의 반주도 겸한 즐거운 점심을 마친 우리는 1시간이 채 못 걸려 우거진 잡목과 숲풀속에 깊이 숨어있는 행궁터에 도착하였다. 별궁(別宮) 또는 이궁(離宮)이라고도 불렸다는 이 행궁은 전란시 왕의 피난처로 사용하기 위해서 건립한 것이다.

 총 120여 간이나 되던 이 행궁터에는 지금은 주춧돌, 기단석 그리고 기와 조각만이 낙엽 속에 파묻혀 있거나 뽑힌 채 뒹굴고 있어 폐허를 방불케 했다. 호국의지의 표상이며 조상들의 피와 땀으로 이룩된 문화유산이 도무지 옛모습이라곤 조금도 떠올릴 수 없을 만큼 너무나도 처절하게 황폐한 모습을 바라보는 우리의 가슴은 마냥 메어졌다.

 200년 동안 잘 보존되었던 이 행궁은 불과 80년전인 1915년 8월의 대홍수때 완전히 무너져내려 이렇듯 흔적조차 없이 사라지고 만 것이다. 무거운 걸음으로 다시 아래쪽으로 발길을 돌려 계류옆의 상창터(上倉址)에 이르렀다.

 이곳 냇가에서 더위도 식힐 겸 휴식을 취했는데 산악서적을 주로 발간하는 수문출판사의 사장이며 우이령보존회 사무국장인 이수용(李秀用·56)씨가 최근 우이령보존회의 활동을 잠시 소개했다.

 현재 정부에서 추진중인 양양의 양수발전소는 강원도 인제군 기린면 진동리의 방태천 최상류 해발 920m 지점에 상부댐을, 또 양양군 서면 공수전리 남대천 상류 해발 135m 지점에 하부댐을, 그리고 서면 영덕리에는 지하 옥내식발전소를 건설한다는 것이다. 이것이 이루어질 경우 자연의 훼손 뿐만 아니라 생태계의 파괴 등 이루 헤아릴 수 없는 심각한 현상이 일어나기 때문에 우이령보존회에서는 이미 수차례나 전문가들과 현장답사를 통해 그 부당성을 지적하여 반대운동을 펴고 있다며 여러 산악인의 동참을 호소하였다. 이에 부응하여 도깨비산우회의 이상렬 전임회장과 이상년씨 그리고 최성순씨는 즉시 회원으로 가입을 했고, 20,000원의 연회비까지 납부해서 우리 모두의 큰 박수를 받았다.

문수봉에서 바라본
문수사와 대남문.

상창터에서 대남문쪽으로 조금 오르니 금위영 유영터(禁衛營留營址)가 나오는데 이곳 역시 잡목속에 거대한 석축만이 보일 뿐이다. 이곳은 당초 대청 18간, 내아(內衙) 6간, 양곡창고 54간 등의 규모로 건립되었다고 조면구씨가 설명했다.

또 다시 발길을 돌려 금위영이건기비(禁衛營移建記碑)를 둘러보고 20분 후 우리는 어영청유영터(御營廳留營址)로 올라갔다. 대성암(大成庵)이 자리잡고 있는 이곳도 커다란 단추형 주춧돌 9개가 보이며 전면의 텃밭에는 작은 주춧돌 6개가 있고 샘터 부근에는 건물 기단과 함께 둘레에 주춧돌이 9개나 묻혀 있다는 것이다.

대성암을 출발한지 30분만에 야호 샘을 거쳐 다시 대남문에서 계곡길을 걸어 구기동까지 내려왔다. 이날 우리는 잊혀졌던 조상의 얼을 가슴깊이 되새겨준 조면구씨의 노고와 또 유적지 답사에 동참한 연세대학교 산업대학원팀, 지지산악회 그리고, 도깨비산우회와 모든 분들께 감사하는 뜻으로 김계태 중대장의 제의에 따라 모두 소리 높여 건배를 외쳤다.

北漢山 북한산—⑩
백화사 기점 성내유적답사 코스

"최선생님! 아니 저분들과는 어떤 사이길래 '야 임마' 또 '너'라고 막 부르면서 서로 반말을 하세요. 무척 친하신 분들인가보지요?" 아까부터 우리 다섯 명의 대화를 듣고, 커다란 눈이 더욱 둥그래진, 경원(京元)종합상사 대표인 최성순(崔姓順·39)씨가 내 귀에 대고 넌지시 묻는다.

순간 스물이 갓 넘은 40여년 전 가을, 논산훈련소에서 이들과 고통을 함께 나누며 힘에 겨운 훈련을 받던 생각이 생생하게 떠오른다. 김익한(金益漢·65), 안춘하(安春河·64), 이재완(李載琬·66) 그리고 원봉식(元鳳植·65)씨 등 우리 다섯은 한 이불 속에서 나란히 살을 맞대고 한 달 반을 같이 지내다가 훈련을 마치고 뿔뿔이 각자 다른 부대로 배치되었는데, 그후 제대한 뒤에도 40년이나 변함없이 우정을 이어온 특별한 관계인 것이다.

이 말을 들은 스텔라 인터내셔널의 정기영(鄭基泳·57) 사장과 대우해상(代友海商)의 이사 박상준(朴商俊·45)씨는 "아니 몇 년을 함께 근무한 것도 아니고 단지 한달 남짓 훈련만 같이 받은 사이인데 이렇듯 40년이나 끈끈한 정을 간직해 오시다니……"라며 무척 부럽기도 하고 또 한편 놀라는 표정이다.

추석이 지난 일요일 아침, 구파발 전철역에서 모인 우리 일행은 지난번 북한산 13성문 대종주와 행궁터(行宮址) 답사에 이어 또다시 성내 유적지를 탐방하기로 한 것이다. 버스를 타고 불과 10분도 채 못되어 백화사(白華寺) 입구에서 내려 조면구(趙勉九·47)씨로부터 유적지 답사 코스에 대한 상세한 설명을 들었다.

"오늘은 백화사를 지나 의상봉을 끼고 돌아 가사당암문, 국녕사터, 법용사와 중성문을 거쳐 노적사에서 점심을 마치고, 다시 훈련도감 유영터를 돌아본 다음 위문, 백운대, 백운산장을 지나서 인수산장, 도선사 쪽으로 내려가게 됩니다."

조면구씨의 이같은 설명을 듣고 우리는 조씨의 동료 직원인 조남문(趙南文·38), 권창석(權昌碩·38), 정용해(鄭龍海·36) 그리고 최형대(崔炯大·41)씨 순으로 인적도 뜸한 계류를 오른쪽으로 끼고 아주 쾌적한 솔밭길을 따라 걷기 시작하였다. 불과 얼마 전까지만 해도 30℃가 훨씬 넘는 폭염에 시달렸는데, 며칠 사이에 이제는 시원한 바람이 솔솔 부는 완연한 초가을 날씨가 된 것이다.

11시 30분에 가사당암문(袈裟堂暗門)에 닿았다. 의상봉(義湘峰)과 용출봉(龍出峰)사이 해발 448m에 위치하고 일명 국녕문(國寧門)이라고도 불렸다는 이 암문은 상부의 여장과 토축한 부분이 무너져 내려 있었다. 11시 45분에 가사당 암문을 출발, 5분 후에는 국녕사터(國寧寺址)에 이르렀다. 원래 국녕사는 86간의 규모였으나 오래 전에 소멸되고 30여년 전

백운대 오름길에서 바라본 인수봉.

에 지은 암자마저도 4년전에 소실된 뒤 지금은 천막 속에 부처님을 모시고 있었다.

　이곳에서 시원한 샘물로 목을 축이고 잠시 환담을 나누었다. 동보전자(東寶電子) 대표인 이광호(李光鎬·40)씨와 부인인 이해득(李海得·38)씨는 아들이 둘인데, 특이하게도 세종대왕의 '훈민정음'을 따서 각각 훈민(12)과 정음(8)으로 이름을 지었다는 것이다. 우리는 다시 자리를 떠서 깨끗한 계류를 따라 법용사를 지나 12시 40분에 중성문(中城門)을 통과, 10여분만에 노적사(露積寺)에 도착하였다. 노적봉 아래 울창한 숲속에 자리한 이 절은 옛날엔 진국사(鎭國寺)라고도 불렸으며, 조선 숙종 때 당시 팔도도총섭이던 성능화상이 창건했다고 한다.

　약 20년 전에 주지로 부임하신 종후(宗厚)스님으로부터 유익한 말씀을 많이 들었다. 절 아래 너른 마당에 자리를 잡고 각자의 도시락을 풀었는

노적봉 밑에
자리잡은 노적사,
가사당암문에서
바라본 모습.

백운산장에서
단풍이 든 백운대로
등산객이 오르고
있다.

데, 스님께서는 황송하게도 갖가지 산채며 맛있는 반찬까지 준비해 주셔서 정말 성대한 점심식사를 마칠 수 있었다.

작별인사를 드리다가 다시 한 번 좋은 글귀를 부탁드렸더니

天上天下無如佛 천상천하에 부처님 같은 이 없고

十方世界亦無比 이 세상에 부처님과 비교할 자 없으며

世間所有我盡見 있는 모든 것을 다 보았지만

一切無有如佛者 일체가 부처님같은 이가 없더라

라고 하시며 조용히 합장을 하신다.

우리는 다시 10분만에 무법대(戊法臺)라고 새겨져 있는 바위를 지나 훈련도감 유영터(訓練都監留營址)에 닿았다. 뒤로는 노적봉의 거대한 수직벽이 하늘에 닿을 듯 올려다 보이는 이곳에 옛날에는 적석사(積石寺)라는 절이 있었다고 전해지며, 주위엔 아주 깨끗한 연못과 잘 보존된 기단과 주춧돌 등이 울창한 수목 속에 숨겨져 있었다.

정교하게 축조된 6~8m 높이의 석축 위에는 약 500평은 됨직한 가로 50m, 세로 25~35m의 터가 있는데, 대지 중간에 2m 높이의 석단을 쌓고 그 위에 여러 채의 건물을 배치했던 흔적으로 건물 기단과 19개의

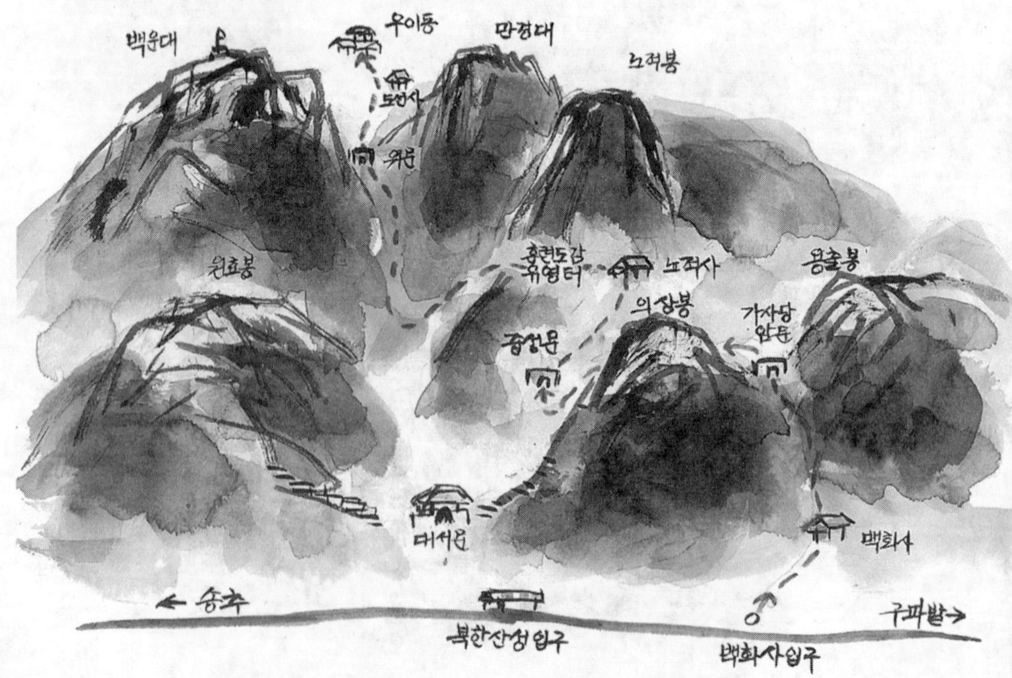

주춧돌을 발견할 수가 있었다. 당초 대청 18간, 양곡창고 60간, 무기고 16간 등 삼군문 중에서도 그 규모가 가장 컸다는 이곳을 떠나 오후 3시 5분에는 대서문에서 올라오는 길로 나와서 40분 후에는 약수암 샘터를 지나 4시 10분에 위문(衛門)에 도착하였다.

 백운대 정상을 아직 못 올랐다는 김광수(金光洙 · 42)씨의 친구인 일본 마루베니(丸紅) 서울지점에 근무하는 백연수(白蓮壽 · 42) 부장 등은 백운대 정상으로 향하고 나머지는 백운산장으로 내려가서 통나무 의자에 앉아 즐거운 얘기를 나누는데, "자 — 모두들 목이 마르실 텐데 시원한 맥주라도 드시지요"라며 스텔라 인터내셔널의 정기영 사장이 캔 맥주를 하나씩 돌린다.

 백운대에 다녀온 김광수씨가 백연수씨에게 "백형! 최선생님이 대학교 대선배님이셔, 다시 한 번 정식으로 큰 절을 해야겠는데요" 하기에 새까만 후배와 반갑게 악수를 나누었다.

 갈 길이 바빠 백운산장을 떠나 경찰구조대와 인수산장을 거쳐 내려가는데 해는 이미 만경대 뒤쪽으로 그 모습을 감춘지 오래이고, 하루재에서 도선사 광장으로 내려가는 계곡 길에는 어느덧 어둠이 서서히 내리고 있었다.

北漢山 북한산—⑪

인수산장~경찰구조대~노적봉~용암문코스

온 산에 단풍이 곱게 물들며 노란색 국화가 활짝 피고, 또 잡귀를 쫓는 　노적봉의 가을.
다고 여인네들이 머리에 자줏빛 수유(茱萸) 열매를 꽂고 다녔다는 한로
(寒露)가 지난 토요일의 늦은 오후, 이미 약속된 우이산장에서 김문식
화백과 나는 북한산국립공원 관리사무소 직원인 손영임(孫英任·36)씨
가 끓여 준 따끈한 커피를 마신 후 하루재를 향해서 발길을 옮겼다.

이날 우리는 인수산장 바로 위에 있는 북부경찰서 산악안전구조대에서 하룻밤을 지낸 후 이튿날 아침 일찍 마운틴산악회 회원들과 합류해서 노적봉을 오르기로 되어 있었다.

경찰구조대에 도착하니 구조대장인 정성안(丁成安·38) 경장이 반갑게 내 손을 잡는다. 이곳 경찰구조대에는 다섯 명의 전경들이 구조활동을 하고 있는데, 마침 이날 비번인 김병기(金秉起·40) 대장과 정대장은 서로 24시간씩 맞교대로 근무하고 있다고 한다. 김지태, 박종두대원 등 동갑내기인 이들은 도선사 광장으로 부식과 연탄을 지러 내려갔고 이기언, 김홍연, 그리고 김종환 대원이 능숙한 솜씨로 칼질을 하면서 저녁준비를 하고 있었다.

저녁식사를 마친 우리는 인수산장으로 내려 갔더니 마침 김정순(金貞順·53)씨는 위쪽에 있는 수덕암(修德庵)에 갔다고 해서 다시 그곳으로

하루재에 쉬고 있는 등산객들.

올라갔다. 40년전 박도분(朴道分)보살이 창건한 이 암자에는 박보살이 타계한 15년 전부터 구세지행(具勢至行)보살이 주지로 있다.

또 다시 인수산장으로 내려가서 25년이란 긴 세월동안 이 곳을 떠난 적이 없는 김정순씨와 마주앉아 얘기를 나누었다. 26세 때 네살 위인 이경구(李慶九·57)씨와 결혼해서 지금까지 인수산장을 지켜온 김씨는 오랜 세월동안 수많은 산꾼들을 대해 왔는데 기뻤던 일보다는 슬픈 사연이 훨씬 더 많았다면서 말문을 열었다.

지금도 생생하게 기억에 남는 것은 약 23년전, 인수봉에 자주 오르던 김능희(28)란 청년이 인수봉 하늘길 마지막 피치에서 그만 추락해서 사망했는데, 얼마 후에 그의 부모가 찾아와서 아들이 그린 그림이라고 유화(油畵)한 점을 가져왔었다며 한쪽 벽을 가리켰다. 순간 그녀의 눈언저리에는 이슬이 맺혔다.

그때 "아주머니, 저 왔습니다"라며 힘차게 문을 열고 들어오는 청년에게 김정순씨는 "아이구, 어서오세요. 황원장님"하며 몹시 반색을 한다. 그는 연세대 치대출신으로 고 1때인 20년 전부터 바위에 매달리기 시작한, 길음동 연세치과의원의 황준(黃俊·40)원장이었다. 타오르는 촛불과 함께 산장의 밤은 점점 깊어만 가는데 "예전에는 그래도 서로가 깊은 정이 오고갔는데, 요즘에는 세상 탓인지 그런 정이 차츰 메말라가는 것 같아요"라며 김정순씨는 말끝을 맺는다.

반평생을 인수산장만 지켜오던 김씨와 그의 남편인 이경구씨는 국립공원관리공단이 발족된 후 작년 8월부터 공단측이 인수산장을 인수하면서 졸지에 김정순씨는 인수산장에, 또 남편인 이경구씨는 북한산장에 근무하는 이산가족(?)이 된 것이다. 그리고 백씨인 이영구씨(65)는 계속 백운산장을 운영하고 있다.

구조대로 돌아오는 길목에 텐트를 치고 야영준비를 하고 있는 산악인들과 인사를 나누었다. 석화(石和)산악회(회장 이왕수) 회원들이었는데, 그들은 서울암벽교실의 대표강사이며 등반대장인 안강영(安江榮·36)씨로부터 내일 암벽등반에 대해 여러 가지 주의 사항을 듣고 있었다. 둥글게 둘러앉은 가운데에 커다란 스티로폴 상자가 놓여 있기에 무엇이냐고 물었더니 충청남도 홍성(洪城)읍사무소에 근무하는 황규향(黃圭香·30)씨가 가져온 '대하'라며 맛 좀 보라고 우리에게도 권한다.

많은 등산객들이
백운대에 오르고
있다.

마침 인터콘티넨탈 호텔의 김진희(金鎭姬·32)씨는 내일이 마침 근무일이라서 이곳서 함께 야영만 하고 새벽 일찍 내려가야 된다고 한다. 허주회(許州會·31),김소연(金昭延·26)씨와도 시간가는 줄 모르고 암벽등반에 관해서 얘기를 나누다 보니 어느덧 자정이 가까워졌다.

그 동안 전기시설이 없어 촛불로 지내던 구조대에는 지난 4월부터 전기가 들어와서 무료한 밤을 즐겁게 보낼 수 있게 되었다며, 태양열 발전시설과 비상용 발전기를 설치해 준 북부경찰서 박만순(朴萬淳) 서장에게 대원들은 모두 마음 속 깊이 감사하고 있었다.

새벽 일찍 일어나서 백운산장을 거쳐 위문(衛門)에 닿았다. 이른 시간인데도 백운대에서 세 명의 등산객이 내려오는데, 각자의 손에는 커다란 비닐봉지에 쓰레기가 가득히 담겨 있었다.방배동 삼호유리 대표인 김재섭(金在燮·48)씨, 농민신문사의 김상현(金相鉉·48)씨와 강북구청에 근무하는 이승환(李承煥·48)씨였는데, 남원이 고향인 이들은 매주 일요일이면 어김없이 백운대 정상까지의 왕복길을 걸으며 쓰레기를 줍는다고 한다.

오전 8시 정각에 노적봉 삼거리에서 마운틴산악회의 유근세(柳根世·43), 김영일(金榮一·33) 그리고 김원명(金元明·38)씨와 반갑게 재회를 하였다. 우리들은 노적봉 오른쪽 크랙코스를 오르기로 하고 출발지점으로 옮겨 가 안전벨트를 착용하고, 헬멧 끈을 조인 후 9시 30분에 암벽에 붙기 시작했다.

선등은 김영일씨가 그 뒤를 유근세씨, 세 번째에 내가 따르고 이어 김문식 화백, 그리고 마지막으로 김원명씨가 후등을 맡기로 하였다.

맨처음엔 슬랩을 오르다가 첫 번째 난관인 직벽 크랙을 4m정도 정말 어렵사리 통과한 후 계속 이어지는 크랙과 슬랩을 올라 무사히 테라스에 도착하였다. 제2피치는 40m정도의 반침니였는데, 김문식 화백은 무척 힘이 드는지 위를 처다보며 계속 "줄 당겨"를 외치고 있었다.

마지막 정상까지의 3피치는 경사도가 그리 심하지 않은 40m 슬랩이어서 별로 힘들이지 않고 총 3시간 여만에 노적봉 정상을 밟을 수 있었다.

잠시 휴식을 취한 다음 도선사쪽으로 걸음을 옮겼는데, 뜻밖에도 도선사 광장에서 그 동안 여러 차례 북한산을 함께 올랐던 산행 경력이 무려 20년이 넘는 (주)씨큐어테크에 근무하는 박찬복(朴贊福)씨를 만났다.

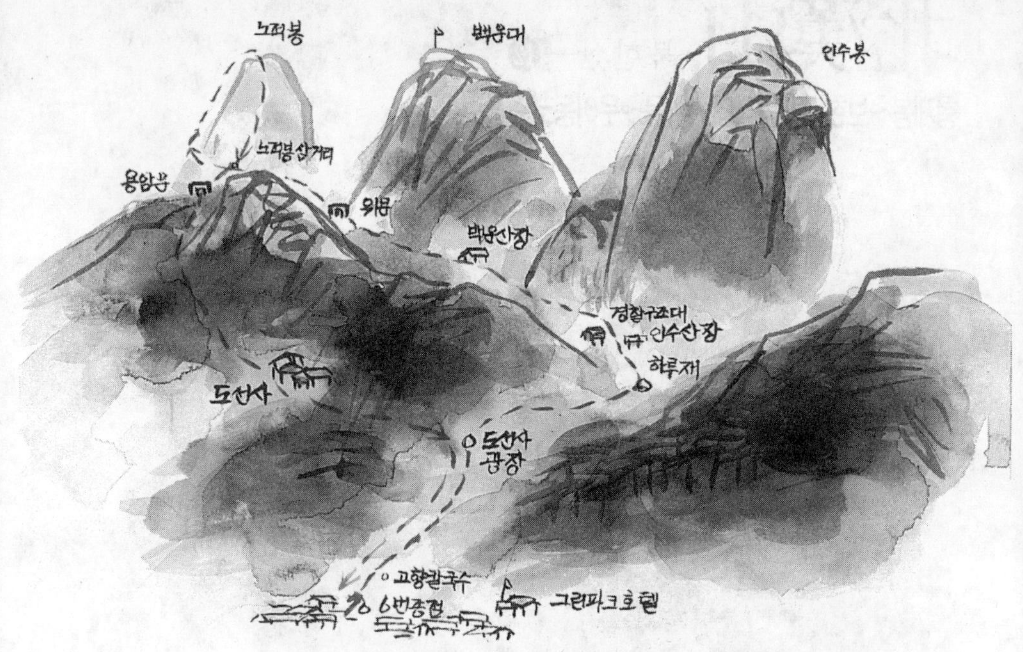

　즐거운 애기를 나누며 걸어 내려와서 그냥 헤어지자니 좀 섭섭하다고 했더니 박찬복씨가 아주 좋은 집을 소개하겠다며 앞장을 선다. 6번 버스를 타고 수유역에서 내린 우리는 강북구청 서쪽 4거리에 위치한 맥반석 자갈구이 전문점인 '농부네 식당'으로 들어섰다. 언니 이인숙(李仁淑·38)씨는 남편인 김승식(金承埴·42)씨와 그리고 여동생인 이인옥(李仁玉·35)씨도 역시 남편인 이재식(李載植·38)씨와 서로 힘을 합쳐 개업하였단다. 이 집은 원적외선을 발생시키는 도자기에 맥반석을 심은 불판에 고기를 굽는데 연기나 냄새가 전혀 안 나니까 아주 깨끗해서 좋았다. 시간가는 줄 모르고 즐겁게 대화를 나누는데 저 멀리 우뚝 솟은 인수봉과 백운대에는 어느덧 저녁 노을이 붉게 타고 있었다.

北漢山 북한산—⑫

형제봉~보현봉~동장대~위문~우이동코스

일선사. 형제봉에서 본 모습.

“이번 취재산행이 12월호를 위한 것이니까 그림산행 북한산편은 이것이 마지막회가 되는 거지요?”

정릉 버스 종점에서 만난 서예인산악회의 이길종(李吉鐘·56)씨가 묻는다. 오늘 우리는 정릉에 있는 국립공원 북한산 동부관리사무소의 김영기(金榮起·51) 소장실에서 오전 9시에 모두가 만나기로 이미 약속되어 있던 것이다.

관리사무소 정문을 들어서니 벌써 무하산악회의 박세영(朴世英·64)감사와 전창길(全昌吉·55)등반대장이 저만치에서 기다리고 있었다. 우리는 함께 소장실로 올라가서 관리과의 박인숙(朴仁淑·32)씨가 내온 녹차를 마시면서 환담을 나누고 있는데, 원로 산악인인 오윤섭(吳允燮·72)씨와 박병순(朴炳順·51)씨 그리고 연신내에 있는 호연(湖然) 서예학원의 이선민(李宣旻) 원장이 차례로 들어선다.

얼마 후에는 스텔라 인터내셔널의 정기영(鄭基泳·56)사장이 급하게 올라오더니 마침 피치 못할 결혼식이 있어서 함께 못 간다며 정상주(頂上酒)로 한 잔씩 나누라면서 양주 한 병을 내놓는다.

우리가 9시 30분에 관리사무소를 막 떠나려는데, "참! 우리 박인숙씨는 늘 사무실만 지키고 있어서 바깥 바람을 쐴 기회가 별로 없었으니 오늘은 마침 순찰도 돌 겸해서 이분들과 함께 다녀오는 게 어때요?"라며 김영기 소장이 그녀의 얼굴을 쳐다본다.

관리사무소 아래에 있는 다리를 건너서 형제봉 표지판을 따라 걷기 시작했다. "아니 전에는 저쪽에 커다란 풀장이 있었고, 또 많은 건물들이 즐비했는데 아주 깨끗이 모두 정리가 됐네요"라며 박병순씨가 놀라는 기색이다.

그동안 국립공원 안에 있는 수많은 불법건축물 때문에 늘 골치를 썩어 왔는데 김영기 소장이 부임한 뒤 숱한 난관을 무릅쓰고, 과감히 이를 정리해서 1개의 풀장과 무려 14개나 되는 매점 등을 철거하고 또 등산로도 새롭게 다듬었다고 박인숙씨가 귀띔한다.

계곡에는 새 다리도 놓였고 현재 조경공사도 활발히 진행되고 있었다. 아름드리 참나무 숲을 지나 10분 후에 '신성천' 약수터에서 각자의 수통을 채운 후 우리는 다시 샘터 왼쪽 오르막길로 접어들었다.

10시에 전망이 아주 시원한 바위에 올라섰는데 오른쪽으로는 칼바위능선이 길게 뻗어 있다. 잠시 후에 형제봉으로 이어지는 사잇길로 들어서서 15분만에 형제봉에 올라섰다. 일선사 뒤에 우뚝 솟은 보현봉 왼쪽으로는 향로봉과 수리봉이, 그리고 오른쪽에는 새하얀 성곽이 길게 이어지면서 대성문이 올려다 보인다. 대성문 주위에 펼쳐진 아름다운 경치를 바라보고 있는데 도깨비산우회 고문인 오문찬(吳文贊·64)·한상희(韓相姬·56)씨 부부가 가파른 길을 올라온다.

151

  10시 25분에 형제봉을 떠나 계속 오르막길을 올라 일선사(一禪寺)에 도착하였다. 20대 초인 40년 전부터 이곳에 계셨다는 정덕(定德) 주지 스님은 마침 출타중이셨고, 정관(定觀) 스님, 이무석(李武錫·51)씨와 마주 앉아 절의 내력을 상세히 들었다. 일선사는 신라 도선국사(827~898)가 창건해서 보현사(普賢寺)라 하였는데, 1592년 임진왜란 때 소실되었다가 1600년경에 다시 복원되었고, 1940년에는 관음사 라고도 불렸다고 한다.

  그후 1957년에 일선사(一詵寺)로 바뀌었고, 또다시 1962년에 지금의 일선사(一禪寺)로 개칭되었는데, 정관스님은 원래 창건 당시 이름인 보현사라고 해야 옳다고 주장한다. 현재 불사중인 대웅전은 앞으로도 1년쯤 더 가야 완공을 보게 될 것이라는 스님께 작별인사를 드리고 우리는 절 옆 가파른 길을 올라 11시 40분에 보현봉(普賢峰) 정상에 올라섰다.

북한산장 부근에서
본 만경대
능선과 인수봉.

북으로는 문수사(文殊寺) 뒤로 문수봉이 우뚝한데, 의상봉(義湘峰) 능선 옆으로 향로봉과 수리봉이 한눈에 들어오고, 또 오른쪽으로는 저 멀리 염초봉과 노적봉(露積峰) 너머로 백운대가 그 위용을 뽐내고 있다.

바로 우리 앞에서 쉬고 있던 한 무리의 등산객들과 얼굴이 마주쳤는데 이들은 뜻밖에도 지지(GG)산악회원들이었다. 그동안 여러 차례나 함께 산행을 즐겼던 박상준(朴商俊·45), 임덕신(林德信·47), 그리고 이광호(李光鎬·40)씨들과 반갑게 손을 잡았다. 이들의 소개로 대신중학교의 주경섭(朱炅燮·65) 교장을 비롯해서 남용두(南容斗·53), 유회동(柳會東·38), 정광규(鄭光奎·37) 그리고 김윤정(金尹靜)씨들과도 인사를 나누었다.

보현봉 정상에서 대남문으로 내려가는 칼날능선은 한 두 군데 어려운 코스가 있었으나 모두 무난하게 통과해서 12시 10분에 인파로 몹시 붐비는 대남문에 닿았다. 다시 발길을 대성문으로 옮기는데, 대남문에서 대성문에 이르는 256m의 성곽은 최근에 새롭게 복원이 되었다.

10분 만에 대성문에 도착한 우리는 양지바른 곳에 자리를 잡고 각자의 도시락을 펼쳤다. 오후 1시에 대성문을 떠난 우리는 15분 뒤엔 보국문(輔國門)을 지났는데 함께 왔던 박인숙씨는 끝까지 동행하고 싶지만 오늘 처리할 업무가 있기 때문에 이곳에서 그만 내려가야겠다고 양해를 구한다.

1시 35분에 해발 540m인 대동문에 이르렀다. 이곳도 최근에 문루와 주변의 성곽을 새롭게 복원했다. 다시 발길을 돌려서 10분 후에 동장대(東將臺)에서 걸음을 멈추었다. 장대란 그 옛날 장수들이 군사를 지휘하던 곳인데, 북한산에는 이곳 이외에도 남장대와 북장대가 있었다고 한다. 그 중에서도 규모가 가장 컸다는 이 동장대는 최근에 새로 복원되어, 옛 모습을 보게 되었다.

"아니, 최선배님 아니세요?" 저쪽에서 두 명이 다가오기에 쳐다보니 뜻밖에도 그들은 내가 피난가서 다니던 양정고교 후배인 안효범(安孝範·59)씨와 송광호(宋光浩·59)씨였다. 이들은 유명한 '양정산악부'에서 산을 배운 후 계속 산악활동을 하고 있는 산악인들이다. 이들과 함께 다시 발길을 돌려 북한산장에 들어서니 전에 인수산장을 운영하던 이경구(李慶九·57)씨와 북한산관리사무소 직원인 이상수(李相洙·39)씨가 일행을 반갑게 맞아준다. 뜻밖에도 이곳에서 차를 마시며 쉬고 있던 (주)씨큐어테크의 박찬복(朴贊福)씨와 친구인 의류제조업체 '베테랑' 대표인 박영희(朴永姬)씨를 만났다.

 또다시 용암문, 노적봉 삼거리, 위문을 차례로 통과하고 백운산장과 인수산장을 지나 하루재를 넘는데, 지난번 9시간에 걸친 13개 성문 대종주, 산자락 깊숙이 숨어 있는 옛 행궁터(行宮址)에서 눈시울을 붉혔던 일, 또 흔적조차 희미한 금위영 유영터(禁衛營留營址), 훈련도감 유영터(訓練都監留營址)와 어영청 유영터(御營廳留營址), 그리고 무너진 석축만 남아 웅장했던 옛 모습만을 말없이 알려주는 중흥사터(重興寺址), 삼천리골 옛 삼천사터(三千寺址) 깊은 골짜기에 나뒹굴던 대지국사탑비(大智國師塔碑)의 귀부(龜趺), 보기에도 흉하게 무너져내린 암문 주변의 성곽들… 이 모두가 생생하게 머리 속을 스치고 지나간다.

七寶山 칠보산

고찰 각연사 품은 괴산의 명산

12월 중순의 일요일 아침은 영하 7°C 를 밑도는 제법 쌀쌀한 겨울 날씨였다. 오전 7시 정각에 서초동 법원 앞을 출발한 두 대의 버스에는 백산회의 백산제(百山祭)에 참가하는 80여명의 산악인들이 즐거운 표정으로 자리를 잡고 있었다. 어두운 시가지를 빠져나가니 차츰 창밖이 밝아오기 시작했다.

차창 밖으로 펼쳐지는 평화스러운 겨울 농촌 풍경을 바라보며 여러 생각에 잠기다보니 버스는 증평인터체인지를 벗어나 어느덧 괴산읍을 통과하고 있었다. 얼마 후에 산행 시발지인 태성리에 도착했다. 태성리에서 산행 기점인 각연사(覺淵寺)까지는 콘크리트도로 포장공사중이라 대형차는 들어갈 수 없어서 1시간쯤 걸어서 들어가야만 했다.

길옆에 우뚝 서 있는 아름다운 노송들을 감상하며 길을 걸어 중리마을을 지나 산제장소인 절 밑의 넓은 공터에 도착했다. 산행 경력이 30년이 훨씬 넘는다는 이종모(李鐘模·75)씨와 차익환(車益煥·73)씨의 걸음은 어찌나 빠른지 제법 빠르다고 자부하는 내 걸음으로도 따라가기가 힘들 정도여서 이 분들의 노익장이 정말 부러웠다.

제16회 백산제를 맞이한 윤백현(尹伯鉉·68)회장의 기념사를 읽는 음성은 각연사 골짜기에 우렁차게 메아리쳤다. 산악회의 발전과 회원 상호간의 화목에 이바지한 공로로 금년도 백산패(百山牌)는 외국어대 영어과 출신으로 기계, 건축 및 전자 등 공과대학의 교재를 출판하는 도서출판 보성각(普成閣)의 염일순(廉一淳·53) 사장에게 돌아갔는데, 그는 산행 경력이 근 30년이나 되는 베테랑 산악인이다. 염사장은 오늘의 영광이 늘 뒤에서 묵묵히 보살펴준 아내의 도움이라며 곁에 서 있는 부인 이진희(李鎭姬)씨에게 모든 공을 돌렸다.

각연사는 신라 법흥왕 2년(515년)에 유일 대사(有一大師)가 창건한 고
찰로서 경내에는 보물 제433호인 석조비로자나불좌상과 충북유형문화재
제125호인 비로전(毘盧殿)과 제126호인 대웅전이 있다.

9년전에 이곳에 주지로 부임한 종법(宗法)스님과 양지바른 요사채 마루
에 마주앉아 절의 내력을 들었다. 현재 다섯 분의 스님이 계신 이 절은
구참납자 스님들이 정진하는 선방이며, 새로 지은 아담하고 깨끗한 요사
채는 몇 해전에 완공하였다고 한다.

무슨 일이든 자기 본분을 잊지 말고 살아야 한다고 강조하시는 스님과
아쉬운 작별을 하고, 우리는 본격적인 산행으로 들어갔다. 경내 맑은 샘
터에서 이가 시리도록 차디찬 약수로 목을 축이고 비로전 앞을 지나 염
소 사육장을 왼쪽으로 끼고 돌면서 우거진 나무숲으로 발길을 돌렸다.

10여분도 채 못 가서 유형문화재 제2호인 통일대사탑비 앞에 섰다. 고
려 광종 9년(958년)에 세운 이 탑은 여의주를 물고 있는 용머리의 섬세

각연사 계곡. 이
계곡은 노송과
기암이 어우러져
있어 언제 찾아도
태고의 신비를 느낄
수 있다.

한 조각이 천년세월의 신비를 말없이 간직하고 있는 듯했다.

통일대사탑비에서부터는 계속 구슬같이 맑게 흐르는 계류를 따라 올라
가는데, 동행한 이영란씨는 그 동안 전국의 수많은 산을 올라봤지만 이
렇듯 깨끗하고 조용한 산은 처음이라며 몹시 즐거워한다.

하늘을 가리는 나무숲을 통과하며 40분만에 능선에 올라섰다. 이곳에서
왼쪽으로 가면 저 멀리 덕가산 정상으로 이어지는 능선길이고, 오른쪽
길은 칠보산으로 오르는 바윗길이다. 지금까지 올라온 평탄한 길과는 달
리 이곳에서부터는 뜻밖에도 기막히게 아기자기한 암릉길이 펼쳐지는 것
이 아닌가.

두 손을 모두 사용해야만 간신히 오를 수 있는 조금은 위험스러운 바위
를 통과하면서 약 30분을 오르니 정상이 저 멀리 보이는 암봉에 닿았다.
양지바른 바위에서 점심을 들기로 하고 모두들 배낭을 풀었다. "추운 날
씨에 몸을 녹이려면 반주가 없을 수 있겠느냐"며 공무원 출신인 권중웅

각연사 건물 일부와
눈 내린 칠보산
능선.

(權重雄·61)씨가 술잔을 권했다. 해외 등반만도 다섯 차례나 다녀왔다
는 김성봉(金聖奉·57)씨의 경험담을 재미있게 들으면서, 즐거운 점심을
마친 우리는 다시 정상을 향해 암릉길에 조심스럽게 발을 내디뎠다.

위험한 바위가 나타날 때마다 40세가 넘어서 한국등산학교 정규 11기
를 졸업한 차남철(車南哲·57) 부회장이 보조자일을 확보해 주어서 모두
들 안전하게 통과할 수 있었다. 그리고 아름다운 소나무가 이어진 암릉
길을 오르내리기 40분만에 정상에 우뚝 섰다.

염일순씨는 736m의 칠보산 정상에서 주변의 산들을 상세히 손으로 가
리키며 설명했다. 북으로는 청석골과 각연사가 발아래로 그림같이 펼쳐
져 있고, 그 너머로는 박달산이 우뚝 솟아 있다. 동쪽으로는 회양산이,
그리고 남으로는 장성봉이 한눈에 들어온다. 서쪽으로 눈을 돌리니 군자
산이 그 위용을 자랑한다.

바위와 함께 어울린 노송 사이로 펼쳐진 기막힌 주변 경관에 모두들 넋
을 잃고 있는데, "아니, 여기서 하룻밤 자고 갈 꺼야?" 하는 윤백현 회장
의 농담 섞인 재촉에 모두들 유쾌히 웃으며 하산을 서둘렀다.

그 동안 설악산만도 150여 회나 올랐다는 윤회장을 따라 내려가는 암릉
길 곳곳에는 노송 군락이 줄을 이어 있어 마치 한 폭의 동양화 속에 파

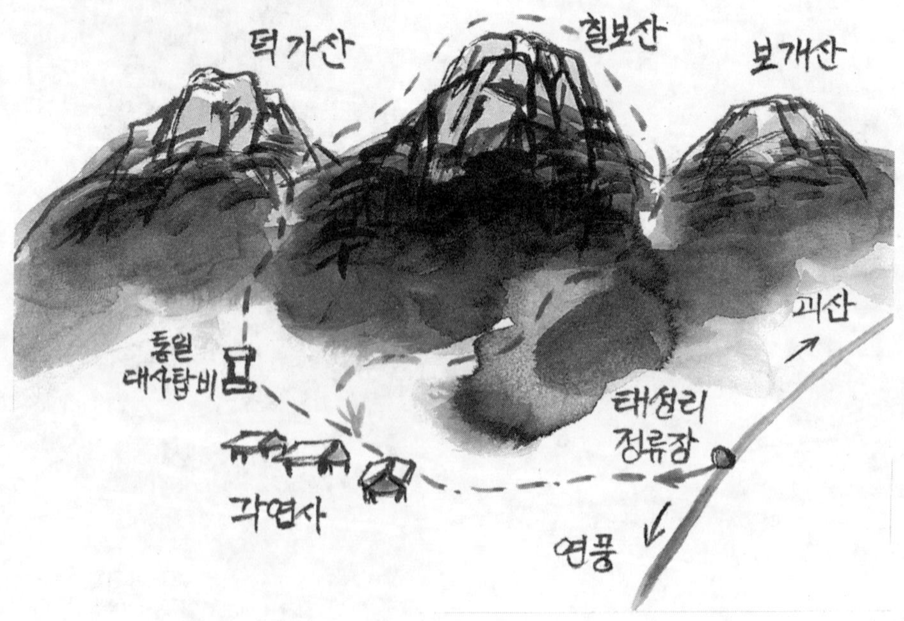

묻힌 기분이었다. 모두들 탄성을 연발하며 30분만에 송이버섯 감시막이 있는 안부에 내려섰다. 김문식 화백은 스케치에 열중하느라 일행과 떨어져서 보이지 않는다.

 이곳 안부에서 계속 앞으로 나아가면 보개산 정상으로 이어지는데, 모두들 그곳까지 능선 종주를 원했으나 오늘은 일행이 많아서 시간이 너무 오래 걸렸기 때문에 그곳까지는 무리일 것같아 다음 기회에 다시 오르기로 했다.

 "겨울철에는 암릉코스가 위험하니 내년 봄에 보개산에서 시작해서 칠보산을 거쳐 덕가산까지 완전 종주를 합시다." 윤회장의 제의에 모두들 큰 박수로 찬동을 했다.

 우리는 약간은 서운한 마음으로 발길을 오른쪽 내리막길로 돌렸다. 같이 온 김영선(金永善·32)씨의 즐거운 노랫소리를 들으며 낙엽이 수북히 쌓인 조용한 내리막을 40분만에 내려오니 어느덧 각연사 앞이다.

 한 시간을 걸어서 태성리에 도착, 버스에 몸을 싣고 차창 밖을 내다보니 저 멀리 보개산이 내년에 꼭 다시 오라고 손짓을 하는 듯하다. 잠시 눈을 붙인다는 것이 깜빡 잠이 들어 증평 근처에서 눈을 떴는데, 백산패를 받은 염일순씨는 상받은 죄로 수많은 동료들로부터 받은 소주잔을 비우느라고 몹시 곤욕을 치르고 있었다.

伽倻山 충남 가야산

마애삼존불 등 도처에 문화재

"최사장님! 저 건물이 제가 어릴 때 다니던 원평국민학교입니다."

택시로 덕산 온천장을 떠나 봉림저수지를 지나서 비포장도로를 달리다

가, 양지바른 남향의 아담한 학교가 보이기 시작하는 곳에 이르니 김문

식 화백이 자기 모교를 손으로 가리키며 소개한다.

설날이 얼마 남지 않은 주말에 김화백과 나는 고향인 충청남도 예산의

덕산온천장에서 일박을 하고 아침 일찍 서산군 운산면을 향해 떠났다. 택시는 고풍저수지를 지나면서 왼쪽으로 꺾어 들어가 잠시 후에 용현리에 도착했다. 농촌지도자로 고향을 지키는 김화백의 계씨인 김웅식(金雄植·44)씨와는 미리 연락을 해서 학교 앞에서 같이 타고 왔는데, 용현리에는 이미 우리를 안내할 서산 동부산악회 회원들이 먼저 와서 기다리고 있었다. 김정부(金政夫·56)회장으로부터 회원들을 일일이 소개받았다.

오전 10시 10분, 우리는 용현리 가야산(678m) 입구를 떠나 바로 위쪽에 있는 일명 '고란사'라고도 불리는 작은 암자의 국보 제84호인 마애삼존불상(磨崖三尊佛像)을 보러 계단을 올랐다. 1961년 발견되어 일명 '백제의 미소'로도 알려지며 백제시대 최고의 걸작으로 일컬어지는 이 마애불상은 암벽을 조금 파고 들어가 불상을 조각하고 그 앞쪽에 나무로 집을 달아낸 마애석굴 형식이다.

이 삼존불은 가운데 부처를 중심으로 좌우에 보살입상(菩薩立像)과 반가사유상(半跏思惟像)이 배치된 특이한 삼존형식으로, "제작 시기는 아마 6세기말경으로 짐작된다"고 신기운(申基雲) 부회장과 박성래(朴成來)씨가 자세히 설명했다. 여래입상은 소발(素髮)의 머리에 작은 육계가 있고, 목에는 삼도가 없으며, 두손은 통인(通印)인데, 광배(光背)는 보주형(寶珠形)으로 내부에는 연화문(蓮花紋)이, 외부에는 화염문(火焰紋)이 양각되어 있다.

보살입상은 머리에 삼산관(三山冠)을 썼고 상반신은 나형(裸形)이며, 두 손을 앞에 모아 보주를 잡고 천의(天衣)는 두팔에 길게 늘어져 발등을 덮었다. 또한 반가상은 관대(冠帶)와 보발(寶髮) 옆으로 늘어졌으며 상반신은 나형이다. 신비스러운 미소를 머금고 있는 이 마애불상의 높이는 본존여래상이 2.8m, 그리고, 보살입상과 반가상이 각각 1.7m와 1.66m이다. 김경태(金敬泰·50) 홍보부장의 자세한 설명을 들으니 우리는 1,300년 전 조상의 돌 다루는 솜씨에 저절로 머리가 숙여졌다.

가야산을 향해 오르는 깨끗하게 정돈된 길을 조금 더 올라가니 20분만에 오른쪽에 보원사지(普願寺址)가 보인다. 지금은 흔적도 없는 이 보원사 역시 6세기 중엽에 창건된 것으로 전해지는데, 보물 제104호인 5층석탑 그리고 보물 제105호인 보승탑(寶乘塔)과 106호인 보승탑비는 법인국사(法印國師)가 고려 경종(景宗) 3년 (978년)에 세운 것이다. 그는

신라 효공왕(孝恭王) 4년에 출생해서 고려 광종(光宗) 26년에 입적했다
고 한다.

 마을이 온통 유적지로 덮이다시피 한 용현리를 지나 11시에 주차장에
도착했다. 수천 평이나 되는 넓은 공터에는 편히 쉴 수 있는 나무의자와
간이 상수도 시설까지 갖추어져 있어 이곳을 찾는 탐방객 온 가족이 함
께 야영하기에도 좋을 듯 싶다. 주말에 번잡한 도심의 놀이터를 찾는 것
보다 자녀들을 데리고 이런 곳에 와서 선조들이 남긴 귀중한 문화유산을
둘러보는 것이 산 교훈이 될 것이라고 느껴졌다.

 동부산악회의 고문이며 현재 새마을운동 서산시지회 회장인 조규선(曺
圭宣·49)씨는 이 훌륭한 시설이 모두 임규환(林奎煥) 서산 군수가 부임
한 후 파묻혀진 문화재를 전국에 널리 알리고자 심혈을 기울인 것이라고
귀띔했다. 조규선씨는 선약이 있어 같이 산행을 못하는 게 아쉽다면서

보원사지. 당간지주
오른쪽으로 5층
석탑과 탑비 등이
보인다.

용현리 가야산
입구에서
가야산쪽으로
가다가 뒤돌아본
마애삼존불 일대의
경치. 불상은 왼쪽
보호각 안에 있다.

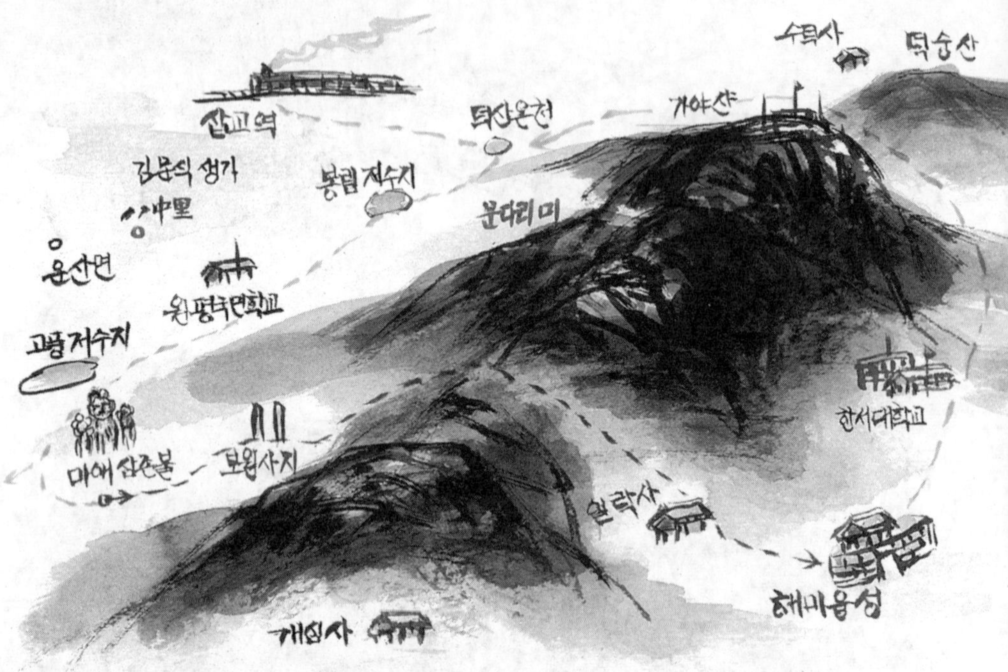

하산후 다시 만나기로 약속을 했다.

스케치를 하느라고 처진 김화백을 기다리는데 김경태씨가 배낭에서 커다란 술병을 꺼낸다. 집에서 직접 담근 좋은 술이라며 권하기에 모두가 한 잔씩 마셨는데, 한약재로 담근 술이어서 맛이 아주 훌륭했다. 술잔을 들면서 홍능희(洪能喜 · 47)씨와 최진범(45)씨는 "아니, 이렇게 좋은 술을 우리한테는 여태껏 숨기면서 맛도 안 보이더니만 서울에서 손님이 오니까 내놓는구먼"하고 농을 걸었다.

공터를 지나면서부터 시작되는 오르막길 옆에는 수백 그루의 나무를 심어 놓고 모든 나무마다 그 이름을 달았는데 산딸기나무, 독일가문비 등 낯선 이름들이 많았다. 오른쪽으로 흐르는 용천골의 옥류를 끼고 오르는 산길은 변형복(邊亨福 · 45) 등반대장과 권영길(權榮吉 · 42) 등반차장이 앞장을 섰다. 아침부터 내리던 빗방울이 제법 굵어지기 시작했다. 올 겨울에는 무척 추울 것이라는 기상청의 기상예보와는 달리 주말이면 눈 대신 비만 온다고 조한용(趙漢龍 · 35)씨가 불평을 한다.

12시 30분에 저 멀리 해미읍(海美邑)이 내려다보이는 능선에 올라섰다. 이곳에서 왼쪽으로 올라가야 우리가 목표한 가야산으로 이어지는데, 유

166

적지를 보느라고 시간을 너무 많이 소비한 데다 날씨마저 궂어서 가야산 정상을 거쳐 수덕사(修德寺)까지 가기엔 아무래도 무리일 듯싶었다. 또 학교 후배이며 수덕사의 신도회장인 김기상(金基相)씨가 오후에 열차 표를 가지고 예산 역에서 기다리기로 되어 있어 몹시 서운하지만 당초의 계획을 바꾸지 않을 수 없었다.

그 대신 우리는 일락사(日樂寺)쪽으로 내려가기로 의견을 모으고 한 시간도 못되어 절에 도착했는데, 마침 스님들이 출타중이라 만나지 못했다. 수덕사의 말사인 일락사는 신라 문무왕 3년(663년)에 의현선사(義賢禪師)가 창건하였으며, 조선 성종(成宗) 18년에 대수축하였다고 전한다.

아까 헤어졌던 조규선씨와도 한서대학교 못미처 산자락에 위치한 음식점 '산수원가든'에서 다시 합류했다. 산악회 감사인 성기영(成基榮·50)씨는 지난 연말에 제36회 충청남도 문화상을 수상한 조규선씨를 위해 축배를 들자고 제의했다. 늦은 중식후 우리는, 이곳까지 와서 해미읍성을 안 보고 그냥 갈 수 있느냐는 송낙만씨(45)의 의견에 찬동하고 다시 해미읍내로 차를 몰았다.

해미읍성은 조선 성종 22년(1491년)에 축성하였는데, 고종 3년(1866년) 대원군의 천주교 박해 때에는 천주교도가 1천여 명이나 순교했다고 한다. 사적 제16호로 지정된 이곳은 성곽의 길이가 1,800m, 높이는 5m이며, 그 면적은 52,669평이나 된다. 오늘 산행에 동행하지 못한 김태환(金泰煥)씨와 이건수씨(41)와도 이곳에서 인사를 나누었다.

우리는 해미읍성을 돌아보고 다시 덕산온천장에서 땀을 씻은 후 우연히 만난 김화백의 동창인 당진 동서건설의 김수팔(金壽八) 사장의 승용차에 편승해서 조영남씨의 노래로 알려진 삽교(일명 삽다리)를 거쳐 예산 역으로 향했다.

烏棲山 오서산

서해 절경 보이는 충남의 명산

오서산 정상 부근의 바위지대에서 한 등산객이 광천읍쪽을 바라보고 있다.

　우수(雨水)가 지난 휴일의 아침. 약간은 쌀쌀한 날씨 속에 국제산악회의 버스는 오전 7시 45분에 동대문운동장 앞을 출발했다. 오산에서 국도로 접어든 버스가 시원하게 펼쳐진 아산만과 삽교호를 지나서 나와 김문식 화백의 고향인 예산의 덕산온천장을 지나는데, 강해성(姜海聲·61) 회장이 "각자가 가져온 쌀을 모두 앞으로 가져오시오" 한다. 내 나름대로는 '아하, 이 산악회는 쌀을 미리 모아 하산지점의 농가에 부탁해서 밥을 미리 지어 놓을 모양이구나'라고 단정을 하였다.

오른쪽으로 길게 뻗어난 용봉산(龍鳳山·381m)을 끼고 달리는데, 온통 기암의 연속인 나지막한 산이 아침 햇살에 눈부시게 빛나고 있었다. 그러니까 10년 전쯤인가, 온양에서 경일전자를 운영하는 동창생 윤종구(尹琮九·64) 사장과 이 산을 오른 적이 있는데, 산은 작지만 아기자기한 능선과 암봉이 무척 인상적이었다. 높지는 않지만 재미있는 암릉길을 머리 속으로 오르락내리락하며 오래 전의 기억을 더듬고 있는 사이에 버스는 어느덧 홍성읍을 지나 광천을 향해 달리고 있었다.

11시 정각, 우리는 광천읍을 지나 오서산(烏棲山·790m) 입구인 상담 마을에서 하차했다. 머리를 바짝 젖혀 올려다보아야 할만큼 눈앞에 우뚝 솟은 검푸른 오서산의 위용이 우리를 압도하는 듯하다. 일본 북알프스를 10회, 대만의 옥산도 20회나 오른 강해성 회장이 앞장을 서서 마을 앞길을 따라 걷기 시작하는데, 갑자기 나타난 낯선 일행을 보고 온 동네의 개들이 일제히 짖어대기 시작한다.

도시에서 늘 소음에 시달려온 귀가 이렇듯 요란한 개 짖는 소리에는 오히려 친밀감을 느끼게 되니 웬일일까. 아마도 어릴 적 깊은 겨울밤에 저 멀리 개 짖는 소리가 들려올 때를 생각하는 향수 때문일까? 약 30분만에 송진냄새가 그윽한 소나무 숲을 지나서 절 주변이 온통 수령 수백 년이 넘은 듯한 느티나무 숲으로 뒤덮여진 정암사(淨巖寺)에 도착했다.

경내에 있는 깨끗한 샘터에서 시원한 물로 목을 축였는데, 다른 곳과는 달리 물 뜨는 그릇이 그 흔한 플라스틱 제품이 아니라 묵직한 도자기여서 무척 운치가 있었다.

백제 제26대 성왕3년(527년)에 창건된 것으로 전해지는 이 절은 그후 신라 제49대 헌강왕때 무염국사(無染國師)가 대중수(大重修)하였는데, 그후 몽고병의 침입으로 소실된 적도 있으며, 서기 1400년에는 무학조사가 백일기도를 드렸고 1595년 임진왜란 때는 서산대사께서 의승병(義僧兵)을 거느리고 저항하기도 했다고 한다. 7년전 이곳 주지로 부임한 지만(智滿)스님이 절집의 내력을 간단히 설명했다. 사람은 법(실정법이 아닌 인연)대로 사는 것이 순리라며 간략하게 말끝을 맺는 지만 스님과 작별을 하고 극락전, 범종루, 심검당 앞을 지나서 우리는 본격적인 산행에 들어갔다.

갑자기 가팔라지기 시작한 산길은 코가 땅에 닿을 정도로 급경사여서 앞서 가는 사람의 가쁜 숨소리가 몹시 요란하다. 20분만에 정암사가 저 밑에 내려다보이는 언덕에서 잠시 숨을 가다듬고 있는데 7명의 젊은 남녀 등산객들이 거친 숨을 몰아쉬며 올라온다. 국민은행 대천지점의 박용진(朴龍鎭·34)씨 일행인 이들은 매월 정기적으로 온 직원이 함께 산행을 즐기는데, 대천과 보령의 머리 글자를 따서 대보(大保)산악회라는 이름까지 지었다고 이희숙(李姬淑·28)씨가 알려주었다.

정암사를 떠난 지 40분만에 안부에 닿았다. 이곳부터는 기암의 연속인 주능선길을 지나는데 저 멀리 서쪽으로는 서해가 시원하게 한눈에 들어온다. 구슬땀을 흘리며 25분만에 오서산 정상에 우뚝 섰다. 등반대장인 정진국(鄭鎭國·52)씨와 양재윤(梁在潤·50)씨가 손으로 일일이 가리키며 서쪽으로 펼쳐진 원산도와 안면도, 북으로 길게 뻗어 내린 차령산맥의 연봉들, 그리고 동쪽으로 아련하게 내려다보이는 청양읍을 자세히 설명했다.

하산지점인 성양동의 헛간.

오서산을 찾은
일행의 선두가
정암사로 들어서고
있다.

잠시 휴식을 취한 우리는 12시 45분에 정상을 떠나 하산을 시작했는데 처음부터 앞장을 서오던 분에게 연세를 여쭤보니 그는 놀랍게도 79세란다. 누가 보아도 회갑을 조금 지난 것 같은데 79세라니…

현재 중구 저동에서 신현기세무사사무소를 운영하시는 신현기(申鉉琦·79)씨인데 산행 경력이 무려 50년이나 된다고 한다. 그는 부인 이경숙(李京淑·70)씨의 디스크도 산행으로 낫게 했으며, 20여전에 세무공무원을 정년퇴직하자 즉시 세무사로 일선에서 뛰면서 사회활동을 계속하고 있다는 것이다. 그는 동남항공사 사장인 외아들 신관순(申寬淳·51)씨를 어릴 적부터 매년 정월 초하룻날 새벽이면 백운대에 데리고 올라가서 장엄한 일출을 보게 했다고 한다.

요산회(樂山會)에 10년 개근을 해서 '등산대왕'이라는 호칭까지 얻었다며 젊은이 못지 않은 카랑카랑한 음성으로 유쾌하게 웃으면서 날렵하게 내려가는 신현기씨를 따라가노라니 마치 그가 30대의 청년처럼 느껴지기도 했다.

1시간이나 걸린 하산 길은 온통 낙엽으로 덮여서 발목까지 푹푹 빠진다. 오후 1시 35분에 성양동 버스종점에 도착하니 아까 버스 안에서 쌀을 거둘 때 내가 내린 단정은 전연 빗나가고 말았다. 국제산악회 총무인 박종희(朴鐘姬)씨와 8년간이나 함께 다닌 단골 운전기사인 세방관광 오필원(吳必元)씨가 김이 무럭무럭 나는 밥과 뜨끈한 국을 끓여 놓고 우리를 기다리고 있는 것이 아닌가.

놀랍게도 이들은 45명이 함께 식사할 수 있는 식기류 등을 모두 준비하고 있는 것이다. 마침 신명우(申明雨)씨가 꺼낸 양주를 반주로 삼은 점심은 정말로 꿀맛이었다 식사중 강회장의 해외등반 이야기도 들었는데, 말레이지아의 키나발루는 그 높은데도 산장 시설이 너무나도 훌륭했다고 칭찬한다.

버스는 10분도 못되어 광천역에 도착했는데, 강회장이 상경하는 열차표를 10여장 사놓아서 희망자는 열차로 갈아타기로 한 것이다. 먼저 내린 김문식 화백에게 누군가가 다가와서 인사를 하기에 혹시 아는 사이인가 했더니, 그는 광천산우회의 임원이라고 자기 소개를 하면서 마침 그곳을 지나다가 우리 버스를 보고 반가워서 왔다고 한다.

그는 이곳에서 축산업을 하는 이원갑(李元甲·51)씨였다. 서점을 운영

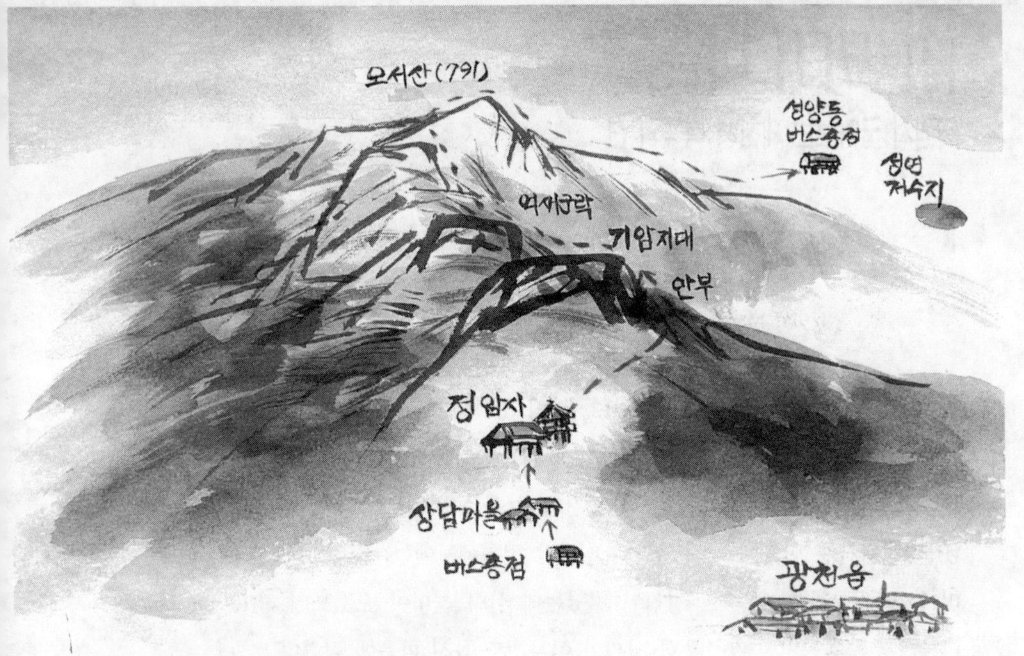

하는 유상진(兪相珍·57) 회장에게 전화를 하더니 마침 출타중이라며 극구 사양하는 우리를 다방으로 안내했다. 산을 좋아하는 사람들은 어디서나 이렇듯 정답고 따뜻하다.

 일행 모두가 버스에서 내려서 광천의 명물인 새우젓,어리굴젓과 김을 한아름씩 샀다. 이곳 새우젓은 온도가 일정한 토굴에서 숙성시키기 때문에 전국에서 제일로 치는 것이란다.

 광천 역에서 열차로 갈아탄 우리는 신명우씨와 신유정(申侑貞)씨, 그리고 일본의 명산만도 30개나 올랐다는 정재관(鄭在寬·70)씨와 마주 앉아 산에 대한 얘기로 꽃을 피우며 술잔을 기울이다보니 어느새 열차는 노량진 역을 지나 한강 철교 위를 힘차게 달리고 있었다.

龍頭山 용두산

의림지 굽어보는 제천시 북쪽의 산

개구리가 잠에서 깨어난다는 경칩(驚蟄)이 지난 휴일 아침의 날씨는 일기예보대로 잔뜩 찌푸리고 있었다. 오전 8시 동서울시외버스터미널에서 뿌리산우회(회장 조경휘)회원들과 반갑게 악수로 첫인사를 나누고 8시 20분발 제천행 버스에 몸을 실었다. 전날 일기예보에는 전국에 눈이나 비가 올 것이라고 했는데, '경칩이 지났는데 설마 눈이야 오겠느냐' 하고 나름대로 생각했지만 우중충한 날씨가 아무래도 몹시 마음에 걸렸다.

간간이 차창에 뿌리는 빗속을 달려 버스는 11시 10분경 제천에 도착했다. 제천시내에서 용두산(龍頭山·871m) 입구까지는 시내버스로 불과 10여분 거리이다. 지방기념물 제11호인 의림지(義林池)옆에서 시내버스를 내린 우리는 이슬비를 맞으며 걷기 시작했다.

의림지는 삼한(三韓)시대에 축조된 저수지로서, 그 연대는 명확하지 않으나 구전에는 신라 진흥왕 때 가야금을 만든 우륵(于勒)이 시축하였다고도 하고, 또 일설에는 그 7백년후 현감 박의림(朴義林)이 축조했다고 전해지기도 한다. 의림지는 오랜 세월에 걸쳐 보수되어 왔는데, 조선 세종 조의 관찰사 정인지(鄭麟趾)가 크게 보수했다고 한다.

1910년부터 5년간 다시 보수했는데 1972년 대홍수로 서쪽 둑이 유실되는 수난을 겪기도 했다. 의림지는 호안 둘레 1.8km, 만수면적 151,479㎡, 저수량 6,611,891㎥, 수심 8~13m인 대수원지로서 몽리면적 289정보의 농지를 관개한다고 한다. 이렇듯 긴 역사를 가진 의림지는 김제의 벽골제(碧骨堤),밀양의 수산제(守山堤)와 함께 삼한시대의 수리시설로 그 역사가 오래이며 특히 수구(水口)가 옹기(甕器)로 축조되어 있어 그 당시의 농업기술을 연구하는데 아주 귀중한 자료가 되고 있다고 한다.

한편 현재는 제천지방의 명승지로서 북으로는 용두산과 세명대학(世明

大學)이, 호수 둘레에는 노송과 수양버들이 서로 어울렸는데 순조 7년 (1807년)에 세워진 고풍스런 영호정(暎湖亭)과 함께 이 곳을 찾는 관광객의 좋은 휴식처가 되고 있다.

지난해 늦가을 어느 휴일에 김문식 화백은 북한산 원효봉에서 백운대로 가다가 난코스를 만나 진퇴양난의 위기에 처해 있었는데, 때마침 이곳을 지나던 뿌리산우회의 엄인숙·임승민·김상일·김시몬씨 일행을 만나 이들이 자일을 확보해 주어 위험한 바위지대를 무사히 통과할 수 있었다며 무척 고마워했는데 이러한 인연으로 이번에 함께 산행을 하게 된 것이다.

의림지 옆의 솔밭공원은 수만 평의 넓이에 온통 분재와 같은 노송군락이 어울려 그 항긋한 솔내음이 코를 찔렀다. 이곳의 경치는 정말 한 폭

175

구름에 싸인 용두산 정상부.

의 그림이었다. 12시 10분 용담사(龍潭寺)에 도착해서 주지이신 영호(永湖)스님으로부터 절의 내력을 들었다. 약 7백년 전에 이곳에 절이 있었다고 전해지는데, 현재의 용담사는 그의 선친인 보월(寶月)스님이 40여년전에 새로 지은 것이라고 한다. 인자한 미소를 만면에 띠며 자세히 설명하는 노스님의 얼굴은 아무리 보아도 팔십이 넘었다고는 믿어지지 않을 만큼 건강한 모습이었다.

경내에 있는 시원한 약수로 목을 축인 우리는 12시 15분에 용담사를 떠나 본격적인 산행에 들어갔다. 절 뒤 널찍한 공터에서 어느 산악회가 시산제 준비를 하고 있었다. 경기도 오산산악회(회장 박창규 · 朴昌奎)였는데, 오산시청 총무과의 이수영(李壽榮 · 39) 감사와 잠시 대화를 나누었다.

일명 '용두산 깔딱 고개'라고도 불린다는 직선의 고갯길은 정말로 코가 땅에 닿을 정도로 급경사여서 여간 숨이 차는 것이 아니었다. 한명섭(韓明燮 · 38) 부등반대장과 최우혁(崔祐赫 · 48) 전임등반대장이 선두에 서

176

고, 김갑순(金甲淳·40) 등반대장과 정경호(鄭景鎬·40) 총무가 중간에
섰다. 직장암 수술을 받고도 그후 계속 산에 올라 건강을 되찾은 조경휘
(曹景暉·54) 회장이 맨 뒤를 맡았다.

산 중턱부터는 눈이 쌓여서 몹시 미끄러웠다. 오후 1시 10분에 정상에
도착했는데 북으로는 백덕산의 줄기가 뚜렷하고, 동쪽에는 송학산이 손
에 잡힐 듯이 보이며, 남으로는 의림지 너머 제천 시내가 한눈에 내려다
보였다.

정상에서 사진을 찍으며 주변의 경관을 바라보고 있는데 갑자기 뒤에서
여자의 고음이 들리기에 돌아보니 부국상호신용금고의 유녕동(兪寧東·
50)감사가 부총무 엄인숙(嚴仁淑)씨와 국방조달본부의 이금숙(李錦淑)씨
를 눈 위에 넘어뜨리며 장난을 치고 있었다.

제2의림지 부근
계곡의 산죽과
바위.

점심은 정상에서 약 20분만에 비상도로로 이어지는 안부에 내려서서 들기로 했다. 바람이 세차게 몰아치는데도 각자가 준비한 도시락을 펼쳤다. 산이 너무나 좋아서 산과 결혼했다는 부회장 김을태(金乙泰)씨가 가져온 맛있는 고기 반찬을 서로 빼앗아 먹으며 지난날 산행 경험담으로 얘기꽃을 피웠다. 여러해 전 앵자봉에서 덫에 걸린 고양이를 구하려다 얼굴을 할퀴어서 혼이 났다는 조병환(曺炳煥·60) 전회장의 얘기며, 12 선녀탕 등반중 미끄러운 암반에서 실족, 복숭아 탕에 빠져 구사일생으로 구조된 신일도역리원장(申一道易理院長)인 신일도씨(54)의 아찔했던 경험을 들었다. 그리고 깃대봉, 대금산, 불기산 연속종주때 커다란 맹수용 덫에 걸려 심한 상처를 입고, 중도에 산행을 포기한 박덕규(朴德圭·58)씨의 고생담 등을 듣다가 3시 45분에 하산을 시작해서 불과 30여분만에 제2의림지를 끼고 돌아 버스정류장에 도착했다.

지난 달 동진레저 이철남(李哲男) 상무의 소개로 인사한 제천 매듭산악회의 김종희씨에게 자료를 요청하려고 전화를 했으나 부재중이어서 유체욱(柳體旭) 총무께 부탁했더니 일부러 제천역까지 나와서 우리를 기다리

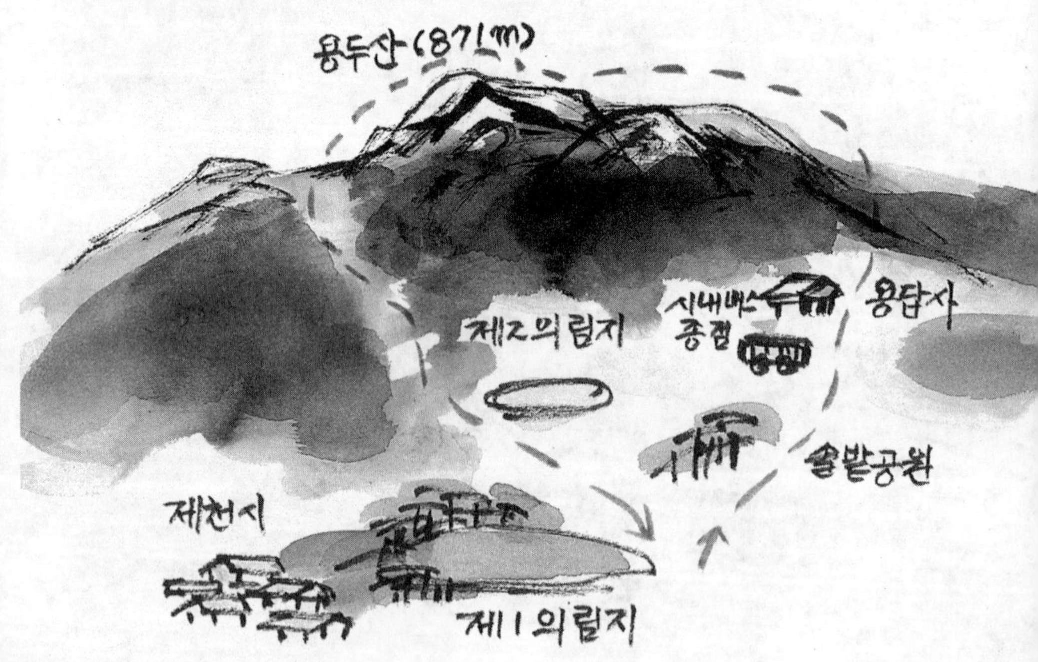

고 있었다. 열차를 기다리는 동안 짓궂은 유녕동씨는 새등산복을 입고
나온 박덕규씨에게 착복식을 하라며 강제로 1만원을 강탈(?)해서 열차
안에서 먹을 소주며 안주를 샀다.
 일행중 이경재(李敬宰·53)씨는 당초엔 단독산행을 즐겼던 분인데 산행
중에 뿌리산우회와 만나서 그후 계속 같이 다니게 되었다고 한다. 제572
회째 산행을 무사히 마친 우리는 열차에 올라서 저 멀리 북쪽으로 길게
이어진 연릉을 바라보니 머리에 하얀 눈을 이고 있는 용두산이 구름 속
으로 수줍은 듯 그 모습을 감추고 있었다.

고 있었다. 열차를 기다리는 동안 짓궂은 유녕동씨는 새등산복을 입고
나온 박덕규씨에게 착복식을 하라며 강제로 1만원을 강탈(?)해서 열차
안에서 먹을 소주며 안주를 샀다.
 일행중 이경재(李敬宰·53)씨는 당초엔 단독산행을 즐겼던 분인데 산행
중에 뿌리산우회와 만나서 그후 계속 같이 다니게 되었다고 한다. 제572
회째 산행을 무사히 마친 우리는 열차에 올라서 저 멀리 북쪽으로 길게
이어진 연릉을 바라보니 머리에 하얀 눈을 이고 있는 용두산이 구름 속

白岳山 백악산

계곡미 수려…바위경치도 뛰어나

"이용주씨는 애들이 몇이에요?" 라는 나의 물음에 그는 대뜸 "무남 무녀인데요."라고 대답해 버스 안에선 갑자기 폭소가 터져 나왔다. 오전 7시 30분에 동대문운동장 앞을 떠난 용마루산악회의 버스는 이 무렵 증평 인터체인지를 막 벗어나고 있었다.

봄기운이 완연해서 낮은 곳엔 이미 진달래가 활짝 피었는데도 신문에선

33년만의 4월 추위라고 할만큼 기온이 내려가 정말로 꽃샘추위가 며칠째 계속되고 있는 일요일 아침이다.

10시 30분에 산행기점인 충북 괴산군 청천면 입석마을에서 버스를 내린 우리는 입석초등학교 옆을 끼고 들어가는 농로를 따라 걷기 시작했다. 길 아래 왼쪽에는 새하얀 암반 위로 옥류가 흐르고 있었다. 선두에는 동광전기의 임경선(林慶善·36)씨가 서고, 후미는 성음전자의 최광술(崔光述·31)씨가 맡았다. 잘 다듬어진 길을 20분 가량 올라가니 왼쪽 계류 건너편에 송어양식장이 보인다. 그곳을 지나서 올라가도 백악산 정상으로 이어지지만 우리는 수안재쪽을 향해 직진했다.

이곳부터는 오른쪽 절벽으로 이어지는 바위지대를 끼고 길이 서서히 가팔라지기 시작한다. 솔밭 길을 오르다가 갑자기 급경사를 이루는 서남쪽 능선길을 밟으며 조금 더 올라가 11시 30분 수안재 능선에 닿았다. 능선에 오르니 동쪽과 서쪽이 탁 트여서 시원한 전망이 펼쳐진다. 이곳부터 정남쪽으로는 계속 바위지대가 이어지는데 15분쯤 오르니 몸이 간신히 빠져나갈 수 있는 침니지대가 나타난다.

침니지대를 간신히 통과해서 사방이 내려다보이는 바위에 올라 북쪽으로 보이는 낙영산을 바라보며 땀을 닦고 있는데 저 밑에서 등산객들이 숨을 몰아쉬며 올라온다. 이들은 자유총연맹 대전시 중구지부의 대들보산악회원 12명인데, 등반대장인 박남성(朴南星·46)씨가 선두에 섰고, 맨 뒤에는 미모의 채명자(蔡明子·47) 회장이 올라온다.

대들보산악회는 매월 2회의 정기산행을 하는데 전국의 명산을 두루 섭렵한다는 이들은 몇 해전 팔공산에서 갑자기 폭우를 만나 빗물에 밥을 말아먹은 것이 가장 추억에 남는다고 한다.

박남성씨는 여성회원들을 소개하면서 모두가 역대 미스코리아 출신이라고 해서 모두를 웃겼다. 그들과 즐거운 대화를 나눈 후 약 15분 동안 수림지대를 오르락내리락하니 둥근 바위로 이루어진 돔형 바위에 닿았다.

마침 우리보다 먼저 와서 쉬고 있던 유삼열(52)·윤영선(52)씨 부부가 건네주는 시원한 맥주로 갈증을 풀었는데, 유씨는 20년 전 큰 사고로 부상을 입어 몸이 몹시 불편한데도 이를 극복하고 부부가 휴일에 단 한 번도 산행을 거른 적이 없다고 한다.

12시 45분에 돔형 바위를 출발해서 조금 더 내려가니 세미클라이밍지대가 나타났다. 조심스럽게 한 명씩 이곳을 통과하여 20분쯤 오르막길을 올라가니 어느덧 정상이다. 백악산 정상에는 높이 2m, 폭이 3m 그리고 길이가 15m 가량 되는 바위가 남북으로 놓여 있어 자못 신기해 보인다.

산에서 만나 1990년에 결혼한 용마루산악회의 이용주(李龍朱 · 42) 대장과 그의 부인 남금자(南錦子 · 39)씨는 북쪽의 낙영산과 도명산, 그리고 계속 옆으로 이어진 군자산과 대하산, 또 동쪽으로 펼쳐진 청화산 아래 입석리를 우리에게 상세히 설명해 주었다.

저 멀리 도명산을 바라보고 있노라니 내 머리 속은 작년 여름 어느 비오던 날로 거슬러 올라갔다. 평소 함께 산행을 즐기던 원로 산악인인 오윤섭(吳允燮 · 72)씨와 고향 친우인 권혁세(權赫世 · 65) · 양금순(梁錦順 · 60)씨 부부 그리고 일년에도 수십 차례나 설악산을, 그것도 혼자서

182

183

만 찾는다는 부평의 박계순(朴桂順 · 50)씨와 함께 이 산을 찾았을 때 산행도중 갑자기 쏟아진 폭우와 또 귀청을 찢는 듯한 천둥 번개에 놀라 들고 있던 우산을 황급히 팽개치고, 장대 같은 빗속에서 길마저 잃어 무척 고생했던 일이 떠올랐다.

권혁세씨는 그때 고막을 찢는 벼락 소리에 놀라 급히 내버린 우산이 아주 비싼 것이라며 서운해하기에 "아니 권형! 목숨보다도 우산이 더 소중해요?"하여 다 함께 웃은 적이 있다.

정상에서 남쪽을 바라보니 길게 뻗어 나아간 속리산의 연봉이 손에 잡힐 듯하다. 조양흥산(朝洋興産)의 김의중(金毅中 · 56) 사장과 함께 내려오는데 길옆 빈터에서 젊은 청년 네명이 간식을 들고 있다가 그 곁을 지나는 우리에게 소주잔을 권한다. 이들은 처음엔 각자가 솔로로 등반을 즐기다가 우연히 만난 뒤 마음이 맞아 '산의 소리'라고 모임의 이름도 붙이고 함께 산행을 즐긴다는 수원의 채덕병(37), 최원석(37), 김학제(36) 그리고 김기대씨었다. 잠시 대화를 나눈 후 우리는 뒤따라 온 박중석(朴重淅 · 58)씨, 손홍대(孫鴻大 · 60)씨와 함께 오후 1시 20분에 이곳을 떠나 30분만에 헬기장에 도착했다.

헬기장에서 동쪽의 가파른 길을 따라 10여분 내려가니 삼거리가 나타났다. 여기서 북쪽인 왼쪽 길로 접어들어야 옥양동으로 이어진다. 이곳부터는 갖가지 잡목이 우거진 계곡길인데, 왼쪽으로 계류를 끼고 이어지는 내리막길은 낙엽이 수북히 쌓여 있어 길이 아주 폭신폭신했다. 약 1시간을 내려오니 오른쪽 계곡 밑으로 거대한 폭포가 나타났다.

폭과 높이가 각각 40m쯤은 되어 보이는 거대한 바위벽을 이룬 이 옥양폭포(玉梁瀑布)에는 물줄기가 시원하게 흘러내리고 있었다. 김문식 화백은 이 폭포를 스케치하느라고 여념이 없다.

옥양폭포를 지나 바로 아래 왼쪽 계곡엔 또 하나의 폭포가 있는데, 두께 2m, 길이가 20m쯤 되어 보이는 거대한 돌기둥이 옆으로 가로놓여 있고, 그 아래로 시원한 물줄기가 힘차게 쏟아지고 있었다. 이곳을 지나니 바로 옥양동 버스정류장이다. 먼저 내려온 남금자씨가 맛있게 찌개를 끓여 놓고 우리를 기다리고 있었다. 시장기를 느낀 우리는 뒤늦은 점심을 들면서 즐거운 대화를 나누고, 5시 정각에 옥양동을 출발해서 서울로 향하였다.

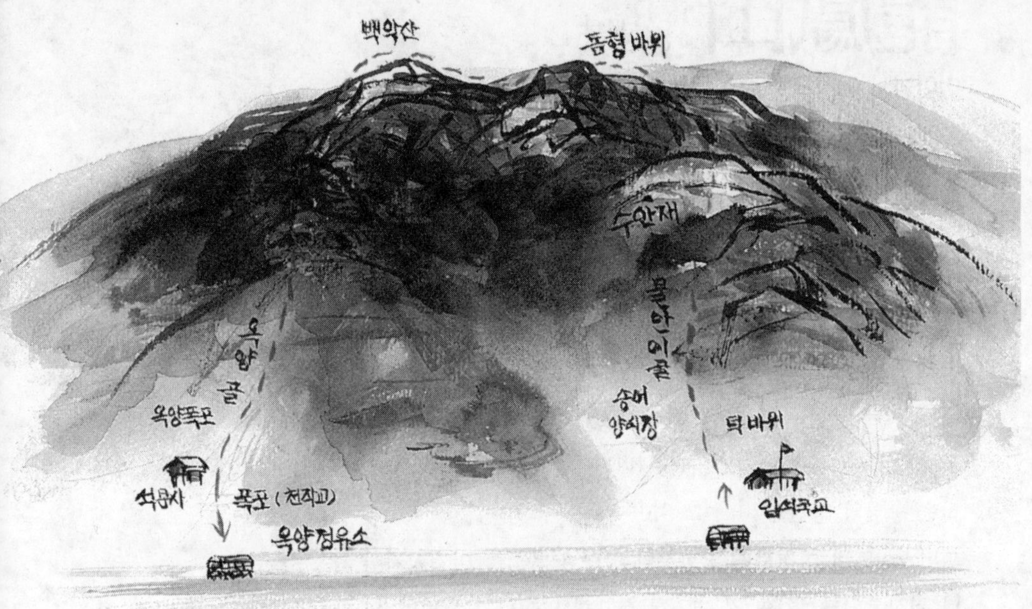

마침 뒷자리에 앉아 있던 산행 경력이 10년이 넘는다는 김병진(金炳珍·42)씨와 얘기를 나누다가 깜박 잠이 들었었다. 언뜻 눈을 떠보니 오후 7시가 지났기에 아직 서울까지는 절반도 못 왔을 것이라고 나름대로 짐작했는데, 옆자리의 남단우(南端祐·38)씨에게 물어보니 다행히 길이 별로 막히지 않았단다. 버스는 예상보다 이르게 서울 톨게이트를 벗어나 빠른 속도로 어둠 속을 달리고 있었다.

龍鳳山 용봉산

기암괴석 연이은 충남의 명산

"오늘 우리가 찾아가는 용봉산은 충남 예산군 덕산면과 홍성군 홍북면의 경계를 이루는 산으로, 높이는 불과 381m밖에 안되는 낮은 산이지만 막상 산행을 시작하면 연이어 나타나는 기암괴석이 많아 누구나 다 감탄하는 충남의 명산입니다. 그리고…."

피닉스산악회 이경란(39) 회장의 낭랑한 음성은 아기자기한 암릉길을 지나 덕산온천장까지의 긴 코스를 상세히 엮어나가고 있었다.

계절의 여왕이라는 5월 중순의 일요일 아침, 피닉스산악회의 버스는 예정시간보다 좀 늦은 오전 8시 40분에 동대문운동장 앞을 출발했다. 천안에서 고속도로를 벗어나 온양과 예산을 지나 홍성읍에서 조금 더 가니 산행기점인 홍북면의 용봉초등학교 앞이다. 11시 40분에 용봉초등학교를 오른쪽으로 끼고 걷기 시작하는데, 키를 넘는 대나무 밭과 표고버섯 재배장을 지나서 불과 10분만에 왼쪽 숲 사이로 미륵암이 보이고, 그 뒤편에 높이가 12m, 폭이 5m쯤 되어 보이는 석불입상(지방문화재 제87호)이 시야에 들어온다.

거대한 자연석을 이용하여 조각한 이 석불상은 고려시대의 토속적인 지방양식이 잘 드러나 있는데, 소발의 머리에 가늘고 긴 눈과 넓적하고 낮은 코, 그리고 비교적 작은 입 등이 얕게 부각(浮刻)된 모습이다. 평민적인 이 석불상은 안동 이천동석불상, 파주의 용미리석불상 등과 같이 자연석을 그대로 이용하여 불신을 조각한 것이 특징이다.

미륵암 뜰에서 수통에 물을 채우고 북쪽으로 난 길로 접어들었다. 얼마 안가서 높이가 20m쯤은 되어 보이는 수직 암벽을 오른쪽으로 끼고 돌아오르니 잠시 후 첫 번째 바위가 나타났다. 저 멀리 남쪽으로는 오서산이 뚜렷하고, 동남쪽에 보이는 높은 산이 봉수산(鳳首山)이라고 홍성중학교

출신인 이길헌(李吉憲·48)씨가 손으로 가리킨다.

낚시터로 유명한 예당저수지 옆의 봉수산은 내가 다니던 광시초등학교 뒷산이 아닌가. 봉수산을 바라보고 있노라니 어느덧 내 머리 속은 수십 년 전 코흘리던 시절로 거슬러 올라가고 있었다. 나는 여러 친구들과 이 산을 오르내리면서 뛰놀던 갖가지 추억과 함께 은사이신 시인 김광회(金光會) 선생님의 인자한 얼굴이 떠오른다. 몇 해 전 정년 퇴임하셨는데 자주 찾아 뵙지 못한 것이 늘 송구스럽기만 하다.

어릴 적 친구들의 얼굴을 하나씩 차례로 떠올리며 다시 능선길을 밟기 시작했다. 생활체육 서울시 등산연합회에선 유일한 여성회장인 이경란 회장이 버스 안에서 설명한대로 우습게 보던 이 산의 진면목이 이제 서서히 펼쳐지기 시작한다. 불과 40분만에 정상에 우뚝 섰다.

이경란 회장은 함께 온 가동초등학교 교사 정선희(鄭仙姬·44)씨와 의상디자이너인 김연화(金蓮花)씨에게 저 멀리 서북쪽 아래로 햇살에 반짝

187

미륵암. 홍성에서
시작하는 용봉산
산행의 기점이다.

이는 용봉저수지와 수덕사를 품고 있는 덕숭산, 그리고 그 뒤에서 웅장
한 자태를 뽐내고 있는 가야산을 상세히 설명하고 있었다.

북쪽으로는 좀 과장되게 얘기해서 설악의 공룡능선 못지 않다는 능선이
길게 꿈틀거리며 이어지고 있다. 산행경력이 화려한 차창현(60)씨의 걸
음은 어찌나 빠른지 우리가 도저히 따라갈 수가 없을 정도였다. 계속되
는 기암지대를 오르내리니 잠시 후 오른쪽으로 청석수련원으로 내려가는
갈림길이 나타난다. 그 부근엔 전에 없었던 깨끗한 정자가 몇 채 세워져
있고 또 통나무로 된 의자도 곳곳에 설치되어 있어서 산행중 쉬어가기엔
아주 좋은 곳이었다.

조금 더 간 갈림길에서 오른쪽으로 통나무 계단을 조금 내려가니 용봉
사 바로 뒤쪽 마애석불(보물 제355호)이 있는 넓은 공터에 이르렀다. 이
마애석불은 바위면을 감실형으로 움푹 파내고 돌을 새긴 고려시대 작품

188

용봉산 마애석불
(보물제355호).
오른쪽에 용봉사가
보인다.

인데, 머리부분은 입체감이 있으나 아래로 내려갈수록 양감이 약해져 균형이 잡히지 않았고, 얼굴은 인상이 원만하고 간략하면서도 도식화된 옷주름과 미숙한 조각수법 등에서 고려초기 마애불의 특징을 잘 나타내고 있다는 것이다.

마침 단체로 온 듯한 등산객들이 우리에게 시루떡을 권한다. 창립 4주년을 맞아 자연보호와 시산제를 겸해서 85명이 이곳을 찾았다는 인천제철 산악회원들이었다. 피닉스 산악회 이사인 정경택(鄭庚澤·57)씨와 이희덕(李喜德·56)씨, 세무사 사무소의 김현숙(金賢淑·37)씨 그리고 정국일(鄭國一·50)씨들과 재미있는 각자의 산행담을 들은 후 우리는 바로 아래에 있는 용봉사(龍鳳寺)를 찾았다.

용봉사는 그 유명한 수덕사(修德寺)의 말사이다. 주지인 중화스님은 출타중이라서 총무인 성오스님께 인사를 드렸다. 스님은 모든 것이 기도를 통해 이루어진다면서, 나라가 잘되고 또 모든 불자의 가정이 늘 태평하기를 빌면서 항상 기도로 생활한다고 한다. 스님에게 합장으로 작별인사를 드리고 우리는 다시 마애석불 옆을 지나서 능선 길로 올라섰다.

오후 2시가 조금 지나서 수암산(秀岩山)이 건너다 보이는 그늘진 곳에서 도시락을 펼쳤다. 우리 뒤를 따라 오던 피닉스산악회 고문인 이홍섭

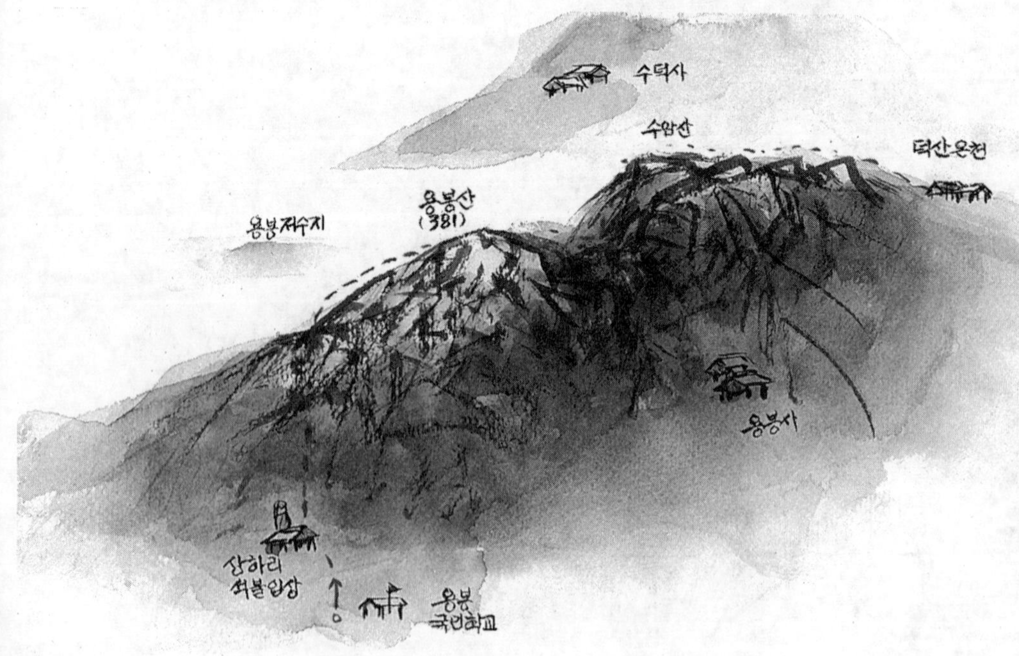

(李洪燮·60)씨와 아들 윤기군을 데리고 온 최재헌(崔在憲·48)씨와 갈증을 풀면서 각자의 산행 경험담으로 이야기꽃을 피웠다.

즐거운 점심을 마치고 2시 50분에 수암산을 지나 잔솔나무와 갖가지 나무가 줄지어 있는 능선 길을 따라 30분만에 마지막 능선에 올라섰다. 발 아래로는 덕산온천장의 지붕이 보이고, 그 너머 저 멀리 옥계지(玉溪池)가 한낮의 햇살에 반사되어 빛나고 있었다. 몹시 가파른 급경사 길을 내리달린지 30분이 채 못되어 덕산온천장 뒤쪽에 닿았다.

온천장을 향해 논두렁길을 걷는데, 누군가가 우리를 부르는 것 같아 쳐다보니 뜻밖에도 옛친구인 서정관(徐廷官·64)씨가 아닌가. 반갑게 손을 마주잡고 얘기를 들어보니 몇 해전 예당농지개량조합 덕산출장소장을 끝으로 정년퇴임을 했단다. 그는 곁에 있는 부인 김병희(金炳姬·60)씨와 덕산조기축구회장인 박운신(朴雲信·50)씨를 소개한다.

홍성의 용봉산악회 회원이기도 한 이들은 매일 새벽 5시에 모여 두시간 넘게 산행을 즐기는데, 정준희(60)회장과 신순금씨(60) 등 45명의 회원들이 하루도 거르지 않는다는 것이다.

얼마 후 온천장 옆에서 불고기 파티가 벌어졌다. 일명 술상무로 통하는 권영준(權寧俊·47)씨는 술이 떨어지지 않도록 계속 직책을 충실히 수행하고 있는데, 저쪽에선 이경란 회장이 빨리 떠나자면서 계속 손짓을 하고 있었다.

萬壽峰 만수봉

아름드리 송림 · 암반 계류 일품

용암폭포. 만수교로 하산하기 직전에 나타나는 이 폭포는 높이가 30m 정도 된다.

　신록의 계절이 어느덧 지나가고 여름의 문턱에 성큼 다가선 6월 중순의 일요일 오전 8시. 돌탑산악회 (회장 이기환)의 버스는 종로2가 탑골공원 앞을 출발했다. 방송통신대학 경영학과 졸업생과 재학생으로 구성된 이 돌탑산악회의 오늘 산행지는 월악산 남쪽 충청북도 제천군 한수면과 중원군 상모면 경계에 솟은 만수봉 (萬壽峰 · 983m)이다. 이 산은 유명한 월악산의 명성에 가려 잘 알려지지 않아서인지 조용하고, 또 깨끗함을 그대로 간직하고 있는 산이기도 하다.

일반대학에서는 선후배간의 연령 차이가 그리 많지 않은데 비해 방송통신대학은 그 특성 때문에 선후배 사이나 또는 같은 학년끼리도 많은 차이가 있다고 한다. 특히 대학을 이미 나와서 직장생활을 하다가도 전공을 더 배우고 싶어서 다시 방송통신대학에 입학하는 경우가 많으며, 또 졸업하기도 다른 대학보다 훨씬 까다롭다고 한다.

돌탑산악회는 매월 두 번 정기산행을 하고 있으며, 1988년부터는 매년 1월 1일 새벽에 북한산 정상에 올라 해돋이를 바라보며 새해 설계를 구상한다고 한다. 그리고, 또 매월 두차례씩 공인회계사와 세무사를 겸하고 있는 이기환(李基煥·36) 회계사무소 회장과 국오선(鞠五善·36) 회계사무소 소장으로부터 세법과 회계원리 등 필요한 과목의 특별강의를 듣는다고 한다.

시원스럽게 펼쳐진 평화스러운 농촌 풍경을 바라보며 여러 생각에 잠기다 보니 버스는 어느덧 수안보 온천을 거쳐 얼마후 만수봉 입구인 충북 중원군 상모면 미륵리에 위치한 미륵사지에 도착했다.

미륵사(彌勒寺)는 고려 초기에 창건된 것으로 추측되는데, 남북이 170m, 동서가 85m로서, 그 넓이는 4,300여 평에 달하고 있다. 기록으로 추정해 보면 몽고군이 고려 고종 41년(1254년)에 이곳을 공략하던 중에 소실된 것으로 보이며, 1950년경 서쪽에 암자를 세워 세계사(世界寺)라 일컬어 지금에 이르고 있다는 것이다.

미륵사지에는 보물 제96호인 석불입상(石佛立像)을 비롯 지방문화재 제19호인 석등(石燈), 보물 제95호인 5층 석탑 등이 있는데, 그 높이가 10.5m인 석불입상은 다섯 개의 돌을 이용하여 불상을 세우고 한 개의 얇은 돌로 갓을 삼았고, 얼굴은 둥글지만 평판적(平板的)인데 활모양의 눈썹, 긴 행인형(杏仁形)의 눈, 넓적한 코 그리고 두터운 입술 등은 고려 초기 거불(巨佛)의 지방화된 불상양식을 잘 반영하고 있다는 것이다.

돌탑산악회의 총무인 유천기획 대표 신용수(愼鏞壽·38)씨는 어찌나 성격이 자상한지 이 미륵사지의 역사적인 내력과 모든 자료를 꼼꼼히 준비해 와서 회원들에게 나누어 준 다음 아주 상세히 설명을 해 주었다. 바로 그 앞에 있는 6m 높이의 5층 석탑은 기단(基壇) 하부는 자연석을 그

대로 이용한 듯하며, 탑신부(塔身部)는 옥개석(屋蓋石)만 두 장일뿐 옥신(屋身)이나 다른 옥개석은 모두 한 장씩이다. 또한 석불 입상과 5층 석탑의 중간에 위치한 미륵리석등은 8각으로서 지대석(地臺石)만 4각 구조이며, 정상에는 8각의 상륜(上輪) 받침 위에 연꽃 봉오리형으로 보주(寶珠)를 삼았다.

 이밖에도 4각 연화석, 3층 석탑 등을 비롯해서 헤아릴 수 없는 유물들이 많이 출토되었다고 한다. 또 길이가 6.8m, 폭이 4.6m, 높이가 1.9m나 되는 국내 최대의 거대한 돌 거북이 발길을 멈추게 한다. 약 30분에 걸쳐 신용수 총무의 자상한 안내를 받은 우리는 다시 한 번 선조들의 슬기에 감탄하면서 산행기점인 만수교까지 걸어 나와서 정오에 산행을 시작했다.

 다리 아래로 내려서서 계류를 오른쪽으로 끼고 동쪽 계곡 길로 들어서

194

돌탑산악회의
선두가 만수봉 정상
못미처의 송림을
통과하고 있다.

는데 새하얀 암반 위로 흐르는 맑은 물이 보기만 해도 가슴을 시원하게 적셔준다.

 잎이 활짝 핀 숲 사이를 30분쯤 걸어 올라가니 왼쪽으로 올라가는 작은 등산로가 나타난다. 약간은 가파른 길을 15분쯤 올라 갑자기 시야가 탁 트이는 작은 능선에 닿았다. 저 멀리 올려다 보이는 암릉 뒤에 만수봉이 있다며 맨 앞에 섰던 등반대장인 김형권(金炯權·35·호텔 롯데월드 기획실)씨가 손으로 가리킨다.

 잠시 숨을 돌린 후 다시 발길을 재촉했다. 불과 10분만에 아주 잘 드는

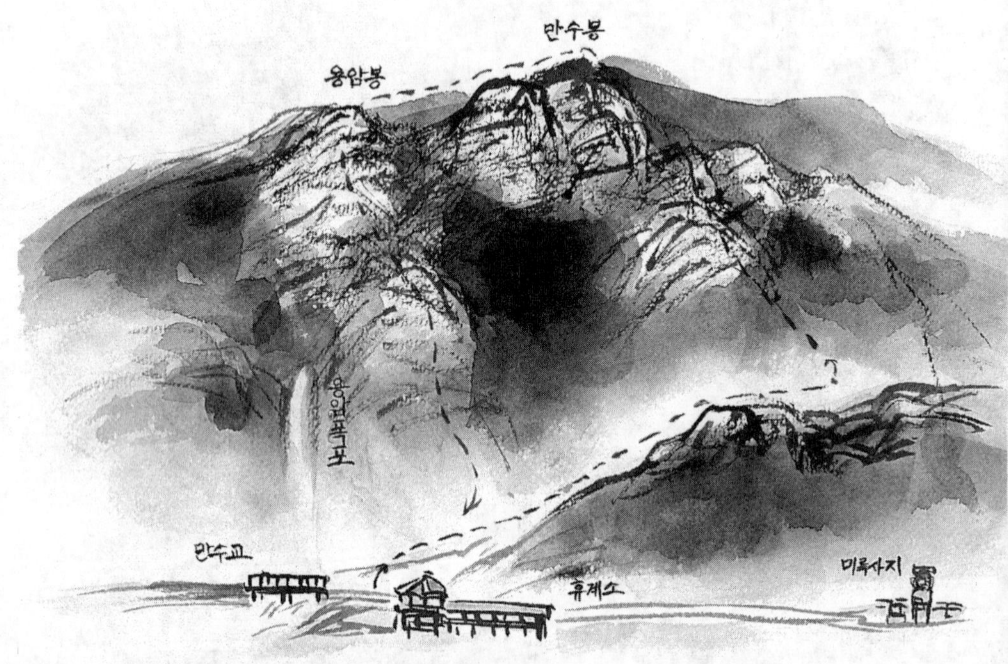

칼로 시루떡을 잘게 썰어서 포개놓은 것같은 기이한 형상의 바위지대를 통과했다. 좀 가파른 탓인지 내 뒤를 따라 오던 허원재(許元宰·34), 김순영, 황재정씨 그리고 문보홍씨(32·롯데 총무과)가 구슬땀을 흘리며 올라온다.

 "저기 북쪽에 보이는 산이 월악산의 연봉들이며, 오른쪽이 하설산과 문수봉이고 저 남쪽에 우뚝 솟은 산이 포암산, 그리고 이쪽이 마패봉과 신성봉이지요." 이기환 회장이 뒤따라온 허윤정(許允禎·49)씨, 박용숙(朴

龍淑·42)씨 그리고, 돌탑 총회장인 유재원씨 등에게 주위의 산을 상세
히 설명했다.

 그늘진 곳을 찾아 각자의 도시락을 풀었는데, 남자들보다는 아무래도
여성회원들의 반찬이 단연 인기가 있어서 모두의 젓가락이 일제히 한쪽
으로만 몰리자 "이거 교통정리 좀 해야겠는데요"라고 허원재씨가 농을
걸어서 모두가 유쾌하게 웃었다. 즐거운 식사를 마친 우리는 오후 2시
15분에 하산을 시작해서 25분만에 용암봉이라고 불리는 900m봉에 올라
섰다.

 하늘을 가리는 숲속을 권혁환씨, 김운영씨, 그리고 산행시 항상 웃음을
듬뿍 선사해서 좋은 분위기를 만드는 한옥래씨와 산행담을 나누며 함께
걸었다. 권혁환씨는 어떤 일이 있더라도 정기산행에 꼭 참석하는 열성파
이고, 김운영씨는 항상 뒤에서 산악회의 궂은 일을 묵묵히 도맡는 회원
이라고 신용수 총무가 귀띔해 준다. 등반대장인 김형권씨를 뒤따라 내려
가던 여성회원들 입에선 누가 먼저랄 것 없이 흥겨운 노랫소리가 흘러나
오기 시작했다. 아름드리 솔밭 사이를 내려오는 길은 아주 쾌적하고 또
한 즐거웠다.

 3시 30분에 산행기점인 만수교 옆 팔각정휴게소에 도착해서 쉬고 있는
데 '저 밑에 아주 좋은 장소가 있다'며 이기환 회장이 손짓을 한다. 우
리는 시원한 계류가 흐르는 곳에 자리를 잡고 시간 가는 줄 모르고 즐거
운 대화를 나누었다.

서산 八峰山 팔봉산

8개 암봉으로 이루어진 서해안 명산

"최형! 지난 일요일엔 어느 산에 다녀왔어요?".

주초에 만나는 나의 산 친구들이 으레 던지는 질문이다. 이번에는 팔봉산에 다녀왔다고 하니까 누구나 다 '아! 홍천의 팔봉산…' 하고 자기 나름대로 단정을 해버린다. 그러나, 홍천과 전혀 반대쪽인 서해안에 그 모습까지도 홍천 팔봉산을 꼭 닮은 또 하나의 팔봉산이 있다고 하면 산 깨나 탔다는 사람도 아마 고개를 갸우뚱할 것이다.

 소서가 지난 7월 중순의 일요일은 장마의 영향으로 잔뜩 찌푸린 날씨였다. 오전 7시 40분에 삼도(三道)산악회(회장 김황옥)의 버스는 동대문주차장을 떠나 9시 10분에 아산만 못미처에 있는 경기휴게소에서 잠시 멈추었다. 좌석 앞쪽에 조용히 앉아서 묵상을 하고 있는 수녀 한 분이 계셔서 모두들 신기한 눈길로 쳐다본다. 나 역시 오랜 산행 중 수녀와 함께 등산한 경험은 한 번도 없었으니 말이다.

 아산만의 긴 방파제를 지나 10분 후에는 삽교호를 통과했다. 일행들은 김문식 화백의 모습이 안 보이니까 몹시 궁금한 눈치였다. 김화백은 장인의 생신이 마침 그날이라 전날 미리 서산의 처가에 내려왔는데, 중도에서 합류하기로 이미 약속이 되어 있었다.

 버스가 당진읍 외곽도로 입구 주유소 앞에 도착하자 김화백이 부인과 함께 손을 흔들고 있었다. 김화백의 동창인 당진 동서건설의 김수팔(金壽八 · 49) 사장과 부인 이정순(李貞順 · 45)씨도 동행이었다. 이들 부부는 매주 이정순씨의 친구인 진경숙, 편명희, 한성자씨 등과 함께 수덕사 뒤의 덕숭산이나 용봉산을 오른다고 한다.

 버스는 서산읍을 지나 태안 쪽으로 달리다가 교통안내소에서 오른쪽 길로 접어들었고, 잠시후인 11시 45분에 팔봉면 팔봉리 산행기점에 도착

했다. 산길 오른쪽으로 팔봉산의 제1봉이 올려다 보인다. 잘 다듬어진
평탄한 길을 따라 솔밭 사이를 걷기 시작했는데, 선두는 등반대장인 이
사차씨(34)가 서고, 후미는 김형준씨(29)가 맡았다. 송진 냄새가 코를
찌르는 송림 속을 조금 올라가니 돌로 잘 다듬어진 계단길이 이어지고,
약 30분만에 제1봉과 제2봉 사이의 안부에 닿았다. 날씨가 더운 탓인지
내 뒤를 따라 올라오던 장은정, 이종애 그리고 김미영씨의 콧등에도 땀
방울이 맺혔다.

모두들 배낭을 내려놓고 왼쪽의 제1봉으로 올라갔다. 봉우리 전체가 바

위로 이루어진 제1봉에서는 북쪽으로 바다가 시원하게 바라보였다. 모
두들 바다를 배경으로 사진을 찍으며 즐거워한다.

바로 작년 여름 이맘때쯤 바닷가의 산을 목표로 해서 추월산을 시작으

팔봉산 정상에서
내려다 본 한가한
서해 풍경.

로 두륜산, 천관산, 팔영산 그리고 금산을 거쳐 삼천포의 와룡산과 그 앞 사량도의 지리산까지 1주일간 강행군을 했었는데, 과연 바다를 바라보며 걷는 산행의 묘미는 또한 색다른 것이었다.

모두들 안부로 내려와서 다시 배낭을 메고 제2봉으로 향하였다. 길은 갑자기 급경사로 변해서 물먹은 바위가 무척 미끄러웠다. 11시 55분에 첫 번째의 헬기장을 통과하고, 10분만에 빠져나가기가 몹시 까다로운 일명 '산모 바위'를 로프에 매달려 간신히 올랐다. 이 코스는 홍천의 팔봉산보다 훨씬 힘든 코스였다. 수녀님은 치렁치렁한 수녀복을 입고도 생각보다 쉽게 오른다. 12시 15분에 제3봉에 올랐는데 가파른 오름 길을 로프에 매달려 약간은 고전을 해야 했다.

제3봉 밑에서 양금순씨에게 수녀님을 소개받았다. 알고 보니 늘 산행을 함께 즐기는 고향 친구 권혁세(權赫世 · 65)씨의 부인인 양금순(梁錦順 · 60)씨의 동생이란다. 양요순(梁天順 · 비안네) 수녀는 1964년에 고려대학교 국문과를 졸업했다고 한다. 나보다 7년 후배를 만나니 무척이니 반

산모바위. 제4봉을 오르기전 꼭 통과해야 하는 난코스이다.

제1봉을 거쳐
제2봉을
오르고있다. 멀리
서해가 보인다.

201

가웠다. 양비안네 수녀는 대학교 졸업과 동시에 수녀원으로 들어가 로마
에서 다시 수학하고, 교편도 잡다가 현재는 고척동에서 결손가정의 아이
들을 돌보는 '만남의 집'을 운영하고 있다고 한다.

　정오가 넘었는데 앞서 가던 원로 산악인 오윤섭(吳允燮·72)씨가 '목이
말라서 못 걷겠다'며 발동(?)을 거신다. 시치미를 떼고 물을 드렸더니
물을 마시면 더 목이 마르다고 거절하는 것이 아닌가. 할 수 없이 배낭
에서 캔 맥주를 꺼냈더니 '그러면 그렇지' 하며 빙긋이 웃으신다.

　12시 45분 두 번째 헬기장을 통과했다. 저만큼 내 앞을 걸어가던 일행
이 갑자기 '아이쿠' 하며 주저앉는다. 놀라서 뛰어가 보니 물끼있는 바
위에 미끄러져서 발목을 다친 것 같았다. 마침 우리 뒤를 따라 오던 김
황옥(金黃玉·59) 회장이 빠른 동작으로 배낭을 풀더니 침을 꺼내서 그
의 발목을 여러 군데 찔렀다. 산행 경력이 무려 30년이 넘는 김회장은
사회체육지도자로서 스포츠 마사지와 침술에도 아주 능하다. 얼마 후에
그는 신기하게도 꼼짝 못하던 발목이 풀렸다면서 엉거주춤 일어서는 것
이 아닌가.

　우리는 걱정스럽게 지켜보고 있다가 환호성을 올리며 박수를 쳤다. 산
행 경력 20년째인 김성근(金成根·54)씨가 "우리 삼도산악회에는 이렇

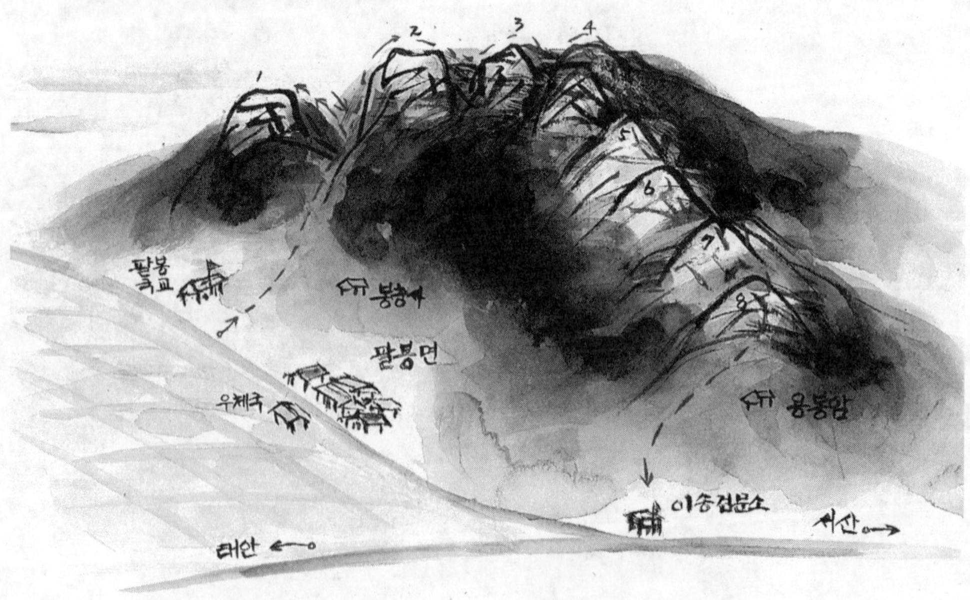

듯 명의(名醫)이신 김회장이 계시니 여러분들은 마음 푹 놓고 얼마든지 다치셔도 아무 걱정 없습니다."라고 크게 외쳐서 모두가 함께 유쾌히 웃었다. 또한 등반이사인 최규복(崔圭福·53)씨와 김항렬(金恒烈·53)씨는 모두 20년 등산경력인데, 간혹 경거망동하는 젊은이들에 늘 모범을 보이며, 예의바른 산행을 가르치는 분들이라고 한다.

제4봉에 도착한 시각은 12시 50분. 북쪽으로 올려다 보이는 제3봉이 자못 위압적이다. 급경사길을 내달려 제5봉을 거치고, 또 다시 제6봉을 단숨에 넘어 20분만에 감시초소가 있는 제7봉을 밟았다.

그곳에는 먼저 올라온 일행들이 휴식을 취하고 있었다. 김재영·최영순씨 부부는 삼도산악회에서 만나 3년전에 김황옥회장의 주례로 결혼식을 올렸다는 산악커플이다. 또 이흥기씨(43)와 그의 부인인 김지영씨(38)는 몸이 좀 불편한데도 거의 산행을 거르지 않는 열성파이고, 심장병으로 고생하다가 산에 다닌 다음부터 건강해졌다는 안형자씨(47)도 이들 못지 않다고 한다.

세 번째의 헬기장을 지나 마지막 봉우리인 제8봉에 우뚝 섰다. 날씨가 흐린 탓으로 조망이 신통치 않은 것이 몹시 아쉬웠다. 김황옥 회장은 전에 수십 번 왔던 산이라도 산행 예정일 전에는 반드시 다시 한 번 꼭 답사해서 만전을 기하는 자상한 회장이라고 누군가가 귀띔한다. 오후 2시 15분, 동네 마을을 통과해서 버스가 기다리는 검문소까지 걸어나왔다. 마침 취사하기 좋은 장소가 있어서 각자의 배낭을 풀었다.

총무 김지연(金知淵)씨는 몸이 허약했으나 산행을 통해 건강을 되찾은 뒤 산악회의 궂은 일과 힘든 살림을 묵묵히 꾸려나가는 훌륭한 여성이라고 김회장의 칭찬이 대단하다. 김총무가 끓이는 찌개의 구수한 냄새가 코끝에 닿으니 갑자기 시장기가 더 심하게 느껴졌다.

道高山 도고산482m

수도권에서 가까운 온천산행지

말복과 입추가 겹친 다음날인 8월 중순의 일요일 아침. 김문식 화백과 나는 오전 7시 35분발 장항행 무궁화 호에 몸을 실었다. 정말 오랜만에 맛보는 둘만의 오붓한 여행인 것이다.

장마가 그칠 것이라는 예보와는 달리 거의 매일 계속되는 비는 오늘도 예외가 아닐 것만 같다. 차창 밖으로 펼쳐지는 시원한 농촌 풍경을 바라

도고중학교 부근의 등산로를 따라가는 사람들.

보며 여러 생각에 잠겨 있는데 "천안명물 호도과자요" 하는 홍익회 판매
원의 목소리에 벌써 천안이 가까워진 것을 알 수 있었다.

　서울역을 떠난 지 1시간 40분만에 도고온천장 바로 뒤편에 있는 선장
간이역에 내리니 즉시 우리를 알아본 파라다이스 도고호텔산악회의 박종
표(朴鍾表·46) 회장이 반갑게 손을 내민다. 박회장은 도고산(道高山·
482m) 산행기점인 충남 아산군 도고면 시전리 도고중학교쪽으로 차를
몰아 10분도 채 안되어 태영상회 앞에 차를 세웠다.

　이곳에는 파라다이스 도고호텔의 김남철(金南喆·54) 사장과 여러 명의
산악회원들이 등산복 차림으로 우리를 기다리고 있었다. 시전교라는 다
리를 건너 도고중학교를 지나니 바로 오른쪽에 파라다이스 도고호텔의
'일사일산(一社一山) 가꾸기' 산인 도고산 입구 간판이 눈에 들어오는
데, 이곳부터 산행이 시작된다고 총무과장인 이희필(李熹弼·37) 부대장
이 알려준다.

　약간 가파른 길을 20분쯤 올라 자그마한 첫 번째 봉우리에 닿았다. 이
곳에서 올라오던 길쪽을 내려다보니 커다란 저수지가 길게 펼쳐져 있다.
"저게 유명한 도고저수지입니다. 29만평이나 되는 넓은 이 저수지에는
주말이면 수많은 태공들이 몰려오지요"라고 김남철 사장이 설명한다. 첫
봉우리에서 다시 완만한 능선을 따라 잡목을 헤치고 20분 정도 오르니
묘지를 낀 안부가 나온다. "이곳에서 오른쪽 길로 내려가면 하산지점인
시전리 2구로 질러서 내려갈 수 있다"는 관리부장 곽좌상(郭佐祥·40)씨
의 애기를 들으며 우리는 그대로 직진했다.

　하늘을 가린 울창한 숲을 통과하니 저 위에 정상이 보이기 시작한다.
이곳이 바로 정상과의 중간 지점인데, 왼쪽으로 급경사를 내려갔다가 다
시 가파른 오르막길을 오르니 새(鳥)모양을 한 까치바위가 나타난다. 서
울사무소 판촉주임 김경숙(金慶淑·40)씨는 오늘 일부러 이곳까지 내려
왔다는데 땀을 몹시 흘리며 올라온다.

　다시 크고 작은 바위와 울창한 수목을 헤치며 20분 가량 오르니 어느덧
도고산 정상이다. 이곳에는 옛 조선시대에 통신수단으로 사용했던 봉화
대 유적이 원형 가까이 남아 있었다.

탁 트인 서해 쪽을 가리키며 "저기가 삽교천과 아산만이고, 동쪽 멀리
검게 보이는 것이 유명한 광덕산이며, 남쪽 바로 앞에 있는 산너머에 예

산 읍이 있다"고 박종표 회장이 상세히 설명한다.

 나의 고향인 예산 쪽을 바라보고 있노라니 문득 은사이며 또한 시인이
신 김광회(金光會) 선생님의 '산행'이란 시가 생각난다.

　　　짐 하나 벗어 두고
　　　이만치 오니

　　　우리 목소리 발자국소리-

　　　발자국소리
　　　물소리 바람소리

　　　바람소리 숲소리
　　　숲소리 산새소리

열차가
도고온천장이
가까운 선장간이역
부근을 통과하고
있다.

　　　짐 하나 벗어 두고
　　　이만치 오니

도고산 정상
부근에서 바라본
도고산 제1봉과
도고 저수지 일대의
풍경.

산새소리 벌레소리
벌레소리 숨결소리

숨결소리 구름소리
구름소리 우리 목소리

우리 목소리 발자국소리-

어디를 가나
산은 하늘이랑 살더라.

　아침부터 잔뜩 찌푸린 날씨가 드디어 심술을 부리기 시작했다. 모두가
서둘러 비옷을 꺼내 입는데 "박회장! 배낭에 뭐 좀 넣어 가지고 온 것
없어요?"라며 김사장이 넌지시 웃는다. 간단한 안주에 소주잔을 기울이
는데 객실과에 근무하는 백선미(白善美·27) 총무와 제미라(諸美羅·
22), 그리고 강봉녀(姜鳳女·42)씨는 점심을 준비해야겠다며 서둘러 내

208

려갔다.

 빗방울이 차츰 가늘어지기에 우리는 하산을 시작했다. 내리막길은 잡목이 우거져서 한 사람씩 간신히 통과할 정도로 좁고 또 경사가 심했다. 특히 비온 뒤라 몹시 미끄러워서 모두들 조심스럽게 발을 내디디며 30분쯤 내려오니 앞서 가던 김사장이 "자! 여길 보세요. 마치 영화 「사운드 오브 뮤직」에 나오는 풍경 같지 않습니까?" 라며 앞쪽에 펼쳐진 경치를 가리킨다.

 잔솔이 이어진 평탄한 능선을 따라 계속 걸으니 30분만에 시전리 1구에 닿았다. 낯선 우리를 보고 동네 개들이 일제히 짖어댄다. 시전1리에는 옛날 가옥이 잘 보존되어 있다고 해서 하산로 오른쪽에 자리한 중요민속자료 제194호인 성준경 고택(成俊慶古宅)을 찾았다. 고택 입구에는 수령이 360년이나 되고 높이 32m, 둘레가 5.5m인 은행나무가 있다. 300년쯤 되었다는 이 고택은 선조들의 건축 양식을 그대로 볼 수 있는 훌륭한 집이었다.

 시전2리 감밭골을 지나서 산행 기점이던 도고중학교로 향하였다. 점심 준비를 위해 먼저 내려온 회원들이 포장을 쳐놓고 우리를 기다리고 있었다. 삼계탕이며 훌륭한 안주로 소주잔을 기울이며 갖가지 산행담으로 꽃을 피우는데, 오늘 근무 때문에 산행에 참가 못한 경영기획실의 김만성(金萬成·30) 감사와 용도과의 김태식(金泰式·29) 총무, 그리고 안재흥(安宰興·26) 씨가 뒤늦게 합류했다.

 25년간 관광사업에만 종사해 온 김남철 사장은 이곳에서 멀지 않은 홍성의 혜전전문대학에서 전임교수로 조리와 관광을 강의하고 있다고 한다. 자기 고장의 산을 아끼고 사랑하는 파라다이스 도고호텔 산악회원들은 도고산이 별로 알려지지는 않았지만, 그래서 더 깨끗한 이곳을 찾아 오겠다고 연락만 하면 언제든지 회원이 직접 안내해 주겠다고 한다.

 요즘엔 주말이면 더욱 길이 막혀서 어떤 때는 산행후 서울 도착이 자정이 넘는 경우도 많은데, 이렇듯 열차를 이용하면 1시간 30분이 조금 넘는 거리이고 또 아주 조용하고 깨끗한 산행을 마친 뒤 온천욕도 즐길 수 있으니 금상첨화일 것이란 생각이 든다. 김화백과 따끈한 온천물에 몸을 담그니 비에 젖은 피곤한 몸이 금세 풀리는 것 같았다.

大耶山 대야산931m
용추 등 명소 즐비한 새 명산

"오늘 우리가 찾아가는 대야산은 높이가 931m로 충청북도 괴산군 청천면과 경상북도 문경군 가은읍의 경계를 이룬 산으로서, 다른 곳에 비해서 오염이 덜된 아주 깨끗한 산입니다. 그리고…." 산수산악회 김대식(金大植·63) 회장의 상세한 설명을 듣고 있을 즈음 우리가 탄 버스는 막 음성 인터체인지를 벗어나고 있었다.

추석이 열흘 남짓 남은 일요일 오전 7시 30분 정각에 동대문을 출발한 관광버스는 8시 50분에 중원휴게소에서 잠시 멈추었다. 오랫동안 산을 찾았지만 오늘처럼 단 일초도 어김없이 약속된 시각 정시에 출발하는 산악회는 일찍이 본 적이 없다.

수안보를 지나 가은읍에서 불과 20여분만에 산행 기점인 벌바위마을에 도착했다. 김회장이 서쪽으로 병풍을 두른 듯이 감싸고 있는 산을 가리키며 "저 산이 대야산이다"라고 설명을 한다. 콘크리트길을 조금 걸으니 금세 왼쪽으로 깨끗한 계류가 나타난다. 잠시후 포장도로는 끝나고 수목 속으로 난 샛길로 접어들었다.

11시 40분에 유명한 용추폭포를 통과했는데, 새하얀 화강암 한가운데로 하트형인 윗용추와 그 밑에 다시 소(沼)가 하나 더 있었다. 20분 뒤에 넓은 반석 위에 다섯 개의 술상바위가 버티고 있는 월영대에 닿았다. 깨끗한 암반 위를 흐르는 맑은 물은 그냥 마셔도 될 만큼 아주 깨끗하게 보였다. 월영대에서 길은 두 갈래로 갈라지는데, 우리는 왼쪽으로 난 남쪽 길을 택하였다.

맨 앞에는 김회장을 비롯 산악회의 살림꾼인 김선숙(金仙肅·35) 총무가 서고, 후미는 구은례(具恩禮·29)·정혜(貞惠·31) 자매가 맡았다. 여름 내내 계속 된 긴 장마 때문에 한 번도 마음놓고 울어보지 못했을

매미의 울음소리가 온 계곡을 뒤덮을 듯 요란하다.

산죽군락이 계속되는 오르막길을 10분 정도 걸으며 표고 밭을 지나니 곧 떡바위가 나타난다. 차츰 멀어져가는 물소리를 들으며 12시 45분에 충청북도와 경상북도의 경계를 이루는 밀재에 닿았다. 산악회 고문인 신성우씨(72), 함용관씨(72) 그리고 13년간을 거르지 않고 개근하다시피 했다는 이호극씨(55)와 얘기를 나누었는데, 신씨와 함씨는 어찌나 건강한지 누가 보아도 칠십대라고는 믿어지지 않게 아주 젊게 보였다.

밀재 왼쪽 길은 그 이름도 괴상한 마귀할미통시바위로 이어지는데, 그곳까지 다녀오려면 시간이 너무 걸릴 것 같아서 우리는 그냥 오른쪽 오르막길로 올라섰다. 가파른 참나무 숲을 지나니 북쪽으로 대야산 정상으로 이어지는 암릉길이 보이기 시작한다.

한동안 숨을 몰아쉬며 오르고 있는데, 저만큼 앞쪽에 한 무리의 등산객

들이 쉬고 있는 모습이 보였다. 뜻밖에도 그들은 피닉스산악회 회원들이
었다. 몇 달만에 이경란 회장의 밝은 얼굴을 다시 대할 수 있었고, 이들
중 구면인 구리농협 수평지소의 강태준(姜泰俊·35)씨와 반가운 악수를
나누었다.

　잠시후 입석바위에 닿았는데, 이곳에는 충주 우리산악회(회장 박장열)
회원 10여 명이 쉬고 있다가 우리에게 반갑다며 말을 건넨다. 그들 각자
의 손에는 쓰레기봉지가 모두 들려 있었다. 옛날보다는 좀 나아졌다고는
하지만 아직도 곳곳에 쓰레기가 많이 보이는데, 이곳은 올라오는 도중에
전혀 쓰레기를 찾아볼 수가 없었다. 대야산은 교통이 좀 불편해서 많은
사람들이 몰려오지 않는 탓도 있겠지만 이렇듯 자기 고장 산을 사랑하고
아끼는 분들의 숨은 봉사정신이 있기에 산이 이토록 깨끗함을 간직하고
있는 것으로 생각되었다.

　오후 1시 40분에 정상 못미처 안부에서 간식을 서로 나누며 정담을 나

한 등산객이 대야산
정상에서 가을
단상에 젖어 있다.

누었다. 남자 가이드가 없어서 의아했더니 천성현(40), 신학근씨(41)가 오늘 피치 못할 사정으로 못 나왔다는 것이다. 우리는 교사인 이선민씨 (41), 이희자, 송숙희, 김희영 그리고 최영희씨 등과 즐거운 산행 경험 담을 나눈 후 곧 대야산 정상에 올라섰다.

북쪽으로 군자산, 장성봉 그리고 희양산이 줄지어 펼쳐지고, 동쪽으로는 우리가 올라온 용추골과 벌바위마을이 한눈에 내려다보인다. 특히 남쪽의 조망은 일품이어서 조항산 너머로 속리산의 연봉이 길게 이어져 있다. 또 서쪽으로는 낙영산과 도명산, 화양구곡이 아련하게 보인다.

마침 정상에서 세 명의 등산객이 쓰레기를 줍고 있다가 우리와 인사를 나누었는데, 청주 고려컴퓨터학원의 송재욱(宋在旭·47) 원장 일행이었다. 이들은 자기네 고장을 일부러 찾아오는 손님들에게 더러운 꼴을 보여서 기분을 상하게 해서야 되겠느냐며 열심히 손을 놀리고 있었다. 지난 7월 일본의 북알프스를 가보고 일본인들의 자연보호 정신에 크게 감탄을 했는데, 우리도 이렇듯 자기 고장을 아끼는 분들이 있는 한 언젠가는 일본을 크게 부러워하지 않아도 될 날이 오리라고 확신했다.

김대식 회장의 설명에 따르면, 옛날 조태복이란 분이 제일 처음 개발한 이 대야산을 1981년에 거북이산악회의 안영준 회장과 함께 답사를 했는데 그때는 계곡에 수정도 많았다고 한다. 40년의 등산경력을 가진 김회장은 전국에 오염이 안된 산만을 찾아다니는데, 모든 사람들은 이름이 널리 알려진 산만을 찾고, 이름은 덜 알려졌으나 유명한 산보다는 정말 몇배 더 아름답고 깨끗한 산은 외면한다고 몹시 안타까워한다.

2시 20분에 하산을 시작했는데, 산행경력이 모두 20년이 넘었다는 김점수씨(64), 이금조(65) 그리고 김정애씨(65) 등 세 여성 회원은 걸음이 어찌나 빠른지 정말 휠휠 나는 것 같다. 앞서 가던 한 분이 길 옆에서 더덕을 캐고 있는데, 이를 본 김선숙 총무는 저분이 바로 일명 '더덕박사'로 통하는 김종택(67) 이사라고 귀띔한다. 이들 내외분은 매주 한 번도 산행에 안 빠지는 열성파란다. 이분들의 배낭이 제법 불룩한 것을 보니 오늘도 틀림없이 더덕을 많이 캔 것 같았다.

평소 도봉산에 함께 다니는 이명재·윤정자씨 부부의 따님인 정희(廷姬·34)씨는 산행을 시작한지가 불과 한 달이 채 안되었다고 하는데, 진작 산을 타지 않은 것이 아쉽다면서 무척 즐거운 표정이다. 또 한명숙씨

(35)는 서울까지 원정을 와서 산수산악회원들과 함께 산행을 즐긴다니 그녀의 열성엔 정말 놀라지 않을 수가 없다.

 4시 정각에 다시 벌바위 마을로 돌아온 우리는 이명재씨 가족이 준비해 온 불고기로 뒤늦은 점심을 성산산악회장이며 보루네오 가방제조업체를 경영하는 김진철(金振喆·48) 사장 일행 6명과 함께 맛있게 들었다. 당초 김회장이 약속한 5시 30분이 되니까 올림포스관광의 송기사는 일초의 어김도 없이 서울을 향해 액셀레이터를 밟는다.

214

촛대바위 부근에서
바라본 대야산
정상부의 암벽.

雨傘峰・甲下山 우산봉 · 갑하산

대전 기점의 새 온천 산행지

한글날 오후 5시 10분, 대전 역에서 오랜만에 만나는 조민현(曹敏鉉·
48) 중령의 따뜻한 마중을 받은 우리 3명은 곧 바로 그의 안내로 중구청
근처의 시애틀이란 아주 깨끗하고 품위 있는 호프식당에 자리를 잡았다.
주말의 대전 시가지는 온통 인파로 뒤덮여 있었고 전국 각지에서 모여든
수많은 차량들로 길은 꽉 메워져 있었다.

등산객이 구암사
경내로 들어가고
있다.

그러니까 3년 전쯤인가 —. 설악산 수렴동대피소에서 일박할 때 머리를 짧게 깎은 군인 티가 나는 등산객과 서로 인사를 나누고 그후에도 계속 연락을 해 왔는데 이번 산행도 그의 제의로 이루어지게 되었다. 대개의 군인들은 늘 산에서 훈련을 받기 때문에 등산이라면 오히려 지긋지긋(?) 하게 여기는 게 보통인데, 이 조중령은 현역 군인으로는 아주 드물게 산을 좋아하고 또 산도 제일 잘 오르는 군인일 것이다. 그는 일요일은 물론이고 휴가만 받으면 전국의 험한 산들을 속속들이 누비며 다니는 등산광이다.

오랜만에 재회의 기쁨을 나누며 맥주 잔을 기울인 뒤 우리는 유성온천장의 숙소로 가서 쉬기로 하였다. 이튿날 아침 창밖을 내다보니 다행스럽게 하늘은 맑게 갰다. 9시에 대전교원산악회 회장인 김홍주(金弘宙·65)씨를 비롯해서 어은초등학교 교장 박노영(朴魯永·60)씨, 동부교육청

붉게 물든 갑하산.
하산길에 본
모습이다.

장학사 유명종(劉明鐘·60)씨 그리고, 연무대기계공고 연구과장 안원수(安元洙·53)씨 등 산행 경력이 모두 20년이나 되는 베테랑급 교사들이 속속 모였고, 또 김문식 화백의 예산농고 동창인 대전 제일건업 사장 길주배(吉主培)씨와 충남 농촌진흥원 계장 가형노(賈亨魯)씨도 모습을 나타냈다.

김홍주 회장으로부터 오늘 우리가 오를 갑하산(甲下山·469m)과 우산봉(雨傘峰·574m)에 대해서 상세한 설명을 들은 후 몇 대의 승용차에 나눠 타고 산행기점으로 향하였다. 유성에서 북쪽으로 10여분을 달려 조중령이 근무하는 교육사령부를 지나자 잠시후 오른쪽에 국방과학연구소란 커다란 안내간판이 보였다. 이곳에서 바로 왼쪽 사잇길로 접어든 뒤 모두 차에서 내렸다. 저쪽 멀리 오늘 우리가 넘을 봉우리들이 길게 뻗어 있다.

10시 25분에 깨끗하게 다듬어진 콘크리트길을 따라 걷기 시작했다. 불과 5분쯤 지나니 저 위쪽으로 아담한 절의 모습이 모인다. 구임사(九巖寺)란 이 절은 약 50년 전에 창건됐으며 7년 전에 다시 중건했다고 한다. 북천(北泉)스님으로부터 절의 내력을 들었는데, 스님은 항상 지나간 일들을 돌이켜보면 몹시 후회스럽기만해서 늘 반성과 기도로 생활한다고 말끝을 맺는다. 스님과 작별을 하고 일행은 경내에 있는 맑은 샘에서 물통을 채운 뒤 왼쪽으로 이어진 길을 따라 본격적인 산행에 들어갔다.

오르는 길은 소나무와 잡목의 연속이며 처음부터 그리 만만치가 않다. 20여 분만에 바위 밑에 샘터가 있는 절터에서 잠시 숨을 가다듬고 다시 10분 후에는 무덤이 있는 436m의 헬기장에 도착했다. 서쪽에서 남쪽으로 활처럼 휘어져 길게 이어진 능선이 한눈에 들어오고 그 너머로는 계룡산의 쌀개능선과 천왕봉이 우뚝하다. 이곳부터의 산길은 계속 오름과 내림이 연속이다. 11시 45분에 바위지대를 통과하고, 잠시 후에 우산봉 정상을 밟았다.

「아름다운 산」과 「한밭 그 언저리의 산들」이란 등산 책자를 펴낸 김홍주씨는 북쪽으로 천안의 광덕산, 동쪽의 속리산 연봉, 남쪽으로 보이는 서대산, 진락산과 대둔산 그리고 서쪽의 계룡산과 저 멀리 가물가물 보이는 청양의 칠갑산을 일일이 가리키며 아주 상세히 설명한다. 12시 15분에 우산봉을 출발한 우리는 그리 힘들지 않은 바위지대를 통과하고,

갑하산에서 본
계룡산과 동학사
일대의 가을 경치.

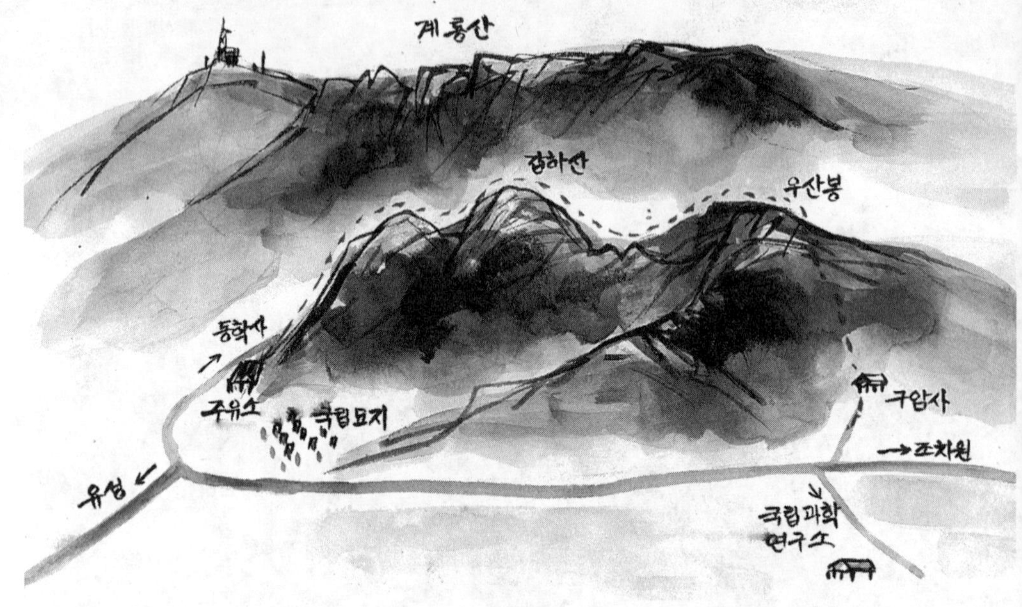

30분 후에는 전망이 아주 좋은 바위에서 잠시 땀을 닦았다.

 등산객의 모습을 거의 찾아볼 수 없는 아주 한적하고 깨끗한 길을 걷는데 세명공업사에 함께 근무한다는 이병희(李炳喜·30)·김은하(金銀河·28)씨의 입에선 어느덧 흥겨운 노래가 흘러나오기 시작했다. 다시 30분 후인 오후 1시 정각에 갑하산 정상에 도착한 다음 일본어 가이드 출신으로 산행 경력이 20년이 넘은 박혜숙(朴惠淑·53)씨가 정성껏 마련한 도시락을 풀었다.

 반주를 들며 즐거운 식사가 계속되는데, 과학기술원에 근무하는 김인숙(金仁淑·32)씨가 처음 등산을 시작했을 때의 고생담을 털어놓았다. 산이라곤 전혀 모르던 그녀는 한껏 모양만 내느라고 제대로 등산장비도 갖추지 않고 얇은 나일론스타킹에 운동화를 신은 채 경상북도 현풍의 비슬산에 갔다가 큰 고생을 했다는 것이다.

 갑하산 정상에서의 조망도 역시 일품이었다. 계룡산의 연봉인 쌀개봉, 관음봉, 삼불봉을 비롯해서 오른쪽의 임금봉과 장군봉이 손에 잡힐 듯하다. 즐거운 점심을 마친 후 우리는 1시 45분에 하산을 시작했다. 심한 급경사를 나뭇가지를 휘어잡으며 조심스럽게 내려오다가 한차례 다시 오르막을 오르니 일명 갑하산 새끼봉이다.

지난 번 경상북도와 충청북도의 경계에 있는 대야산(大耶山)을 찾았을 때 산수산악회 김대식(金大植) 회장은 "많은 사람들은 이름이 널리 알려진 유명한 산만을 찾아다니고, 그 반대로 이름은 덜 알려졌지만 오히려 깨끗하고 조용한 산이 얼마든지 있는데, 이런 좋은 산은 전혀 외면한다"고 무척 아쉬워한 바 있다. 그런데 이곳에 와 보니 갑하산과 우산봉은 교통도 편리해서 서울에서 열차로 불과 2시간 거리이고, 또 그리 높지는 않지만 4시간 여의 산행 끝에 유성에서 여유 있게 온천욕까지 즐긴 뒤 해지기 전에 다시 돌아갈 수 있어 당일 산행지로는 아주 좋을 듯 싶었다.

이곳부터는 계속 내리막길이다. 산행경력이 15년이 넘는다는 한밭여중 가정 교사인 박춘옥(朴春玉·48)씨의 뒤를 따라 급경사를 내달았다. 40여분만에 계룡휴게소에 무사히 도착한 우리는 안내해준 김홍주 회장과 조중령을 비롯한 모든 분들과 시원한 맥주로 목을 축이면서 아쉬운 작별 인사를 나눈 뒤 김화백 그리고 서울에서 함께 온 건설공제조합 안양지점장인 이윤택(李允澤·49)씨와 함께 대전 역으로 향하였다.

첩푸산

수안보 온천장에서 가장 가까운 산

"충청지방은 흐리고 가끔 비가 오겠으며, 산간지방엔 눈이 오는 곳도 있겠습니다. 아침 최저 1도 낮 기온은 최고…" 입동(立冬)을 1주일쯤 앞둔 주말의 일기예보가 산꾼들에게는 그리 달가운 소식이 아니었다. 하기는 가을철 오래 계속된 가뭄 때문에 비가 오긴 꼭 와야겠다는 생각은 들었지만 아무래도 꺼림칙하기만 하다.

토요일 오후 3시에 서울을 출발한 일행은 빗속을 달려 6시경에 수안보 온천장에 도착했다. 한화그룹이 운영하는 수안보 프라자 리조텔에 배낭을 내려놓고 중심가로 내려가서 저녁식사를 마친 우리는 일찌감치 잠자리에 들었다. 이 프라자 리조텔은 시끄러운 중심지를 살짝 벗어난 언덕 위에 자리잡고 있어서 아주 조용했다. 또한 전망도 매우 좋아서 주말에 번잡한 도시를 떠나 하루쯤 머리를 식히기엔 아주 좋을 듯 싶었다.

새벽에 창문을 통해본 산봉우리는 온통 하얀 눈으로 덮여 있었고 그 아래쪽은 단풍으로 곱게 물들어 좋은 대조를 이루고 있었다. 오전 7시 30분, 1층에 있는 아담한 식당에서 서울에서 함께 내려온 프라자 패밀리타운의 홍정표(洪正杓·46)부장(현, 한화 백암리조텔 본부장), 그리고 합성수지 및 양곡마대 제조회사인 제우산업(주) 김세두(金世斗·49) 사장과 부인 이순자(李順子·45)씨 일가족 5명과 함께 해장국으로 아침식사를 마친 후 수안보 프라자 리조텔 본부장 한상우(韓相禹·50)씨로부터 첩푸산에 대한 설명을 들었다.

8시 정각에 리조텔을 출발, 충주 쪽으로 약 200m지점에서 오른쪽 소라가든 옆을 끼고 돌아 옥수수 밭과 복숭아 과수원을 가로질러 다시 잡목을 헤치면서 능선으로 올라갔다. 리조텔을 떠난 지 20분만에 무덤 2기가 있는 곳까지 오니 평탄한 길과 마주쳤다. 왼쪽은 한얼 유스호스텔쪽에서 올라가는 길이다. 좌우로 빽빽하게 들어찬 소나무 밑을 통과하면서 8시 30분엔 우리가 묵었던 프라자 리조텔을 비롯해서 온천지대가 한눈에 내려다보이는 곳에서 잠시 땀을 닦았다.

 비가 온 뒤 솔잎과 낙엽을 딛는 감촉이 마치 부드러운 양탄자를 밟는 것같이 폭신폭신하다. 잘 닦인 등산로를 걷다가 9시 10분엔 왼쪽 길을 버리고 오른쪽으로 내려가 다시 5분 후에는 사거리에 닿았다. 왼쪽 길은 역시 유스호스텔로, 그리고 오른쪽 길은 관동마을로 이어진다. 우리는 그냥 직진을 계속하여 오르막길로 접어들었다. 오르는 길옆 왼쪽으로는 하늘을 찌를 듯 곧게 뻗은 낙엽송 군락이 이어졌고, 오른편으로는 빽빽하게 들어찬 소나무가 하늘을 가리고 있다. 9시 35분에 또다시 왼쪽으로 방향을 바꾸어 계속 땀을 흘리며 오르니 북봉(北峰)이란 팻말이 나뭇가지에 매달린 봉우리에 올라섰다.

 산 중턱부터는 어제 내린 비가 눈으로 변해서 제법 하얗게 쌓여 있다. 김세두 사장의 딸인 용미(容美·21)·현미(賢美·18) 자매와 용현군(容

관동마을이 보이는 능선에서 내려다 본 수안보 프라자 리조텔 일대의 가을 경치.

賢·16)은 첫눈이 신기한지 계속 눈을 뭉쳐서 서로 던지며 즐거워한다. 이들은 매주 서울 근교의 산을 오르는 등산가족인데 일박코스는 아주 오래간만이라면서 몹시 흐뭇해했다.

　오르는 길은 좌우로 나무들이 가득 들어차서 조망이 신통치 않고 또한 날씨마저 흐려서 바로 앞의 정상도 뚜렷하지가 않다. 한차례 곤두박질할 것같은 급경사를 내려가는데 설상가상 눈까지 깔려 있어서 나뭇가지를 휘어잡고 엉금엉금 기다시피 했다.

　급경사를 다 내려가니 이번엔 다시 코가 땅에 닿을 정도의 오르막이다. 가쁜 숨을 몰아쉬며 잠시후인 10시 30분 첩푸산 정상에 우뚝 섰다. 저 멀리 북으로는 충주호의 시원한 풍경이 내려다보이는데 유람선 한 척이 시원하게 물살을 가르며 지나가고 있다. 또 동쪽으로는 월악산 정상과

하산지점인 관동마을. 감이 붉게 익어 풍요롭게 보인다.

초설이 내린
첩푸산의 산길을 한
등산객들이 걷고
있다.

만수봉, 포암산이 한눈에 보이고 그 너머로는 주흘산과 조령산이 시야에 들어온다.

조령산과 주흘산을 바라보고 있노라니 8년 전, 내 권유로 등산을 시작한 고향 친구인 권혁세(權赫世·65)·양금순(梁錦順·60)씨 부부와 이 산을 찾아 초보자에겐 너무 무리한 장장 7시간의 강행군 끝에 이들 부부를 초죽음으로 만들어 병원신세까지 지게 한 기억이 떠오른다. 그 후 나는 사람을 죽일 뻔했다는 비난까지 받았는데 그래도 꾸준히 산행을 계속한 이들은 작년에 설악산 용아장성까지 도전했던 광(狂)이 되어버렸다.

남쪽으로는 지난 초가을에 찾았던 깨끗한 대야산과 군자산이 길게 펼쳐져 있다. 11시 40분에 정상을 출발해서 올라왔던 길로 다시 하산을 시작했다. 1시간이 훨씬 더 걸려서 다릿골 사거리에 도착하니 저 멀리 수안보 앞으로 길게 뻗은 국도가 보이기 시작한다.

잠시후 갑자기 시야가 탁 트이더니 발 아래로 관동마을이 한눈에 내려다보이는데 그 경치는 이루 표현할 수 없으리만큼 황홀하다. 양옆과 뒤로 산을 끼고 그 속에 푹 파묻혀 있는 이 마을은 정말 동화책에나 나올 법한 한 폭의 그림이다. 모두들 넋을 잃고 우리 앞에 펼쳐진 경치를 바라보고 있었다.

"자 어떻습니까? 제가 일부러 미리 말씀을 안 드렸는데 과연 절경 중의 절경 아닙니까?" 한상우 본부장과 홍정표 부장이 우리를 쳐다보며 미소를 짓는다. 집집마다 뜰 앞의 감나무에는 아주 잘 익은 감이 가지마다 마치 포도송이처럼 탐스럽게 매달려 있다. 김문식 화백의 눈빛이 변하는 것 같더니 그는 빠른 동작으로 셔터를 눌러대고 또 풍경을 스케치하느라 여념이 없다.

 시골에 갈 기회가 별로 없었다는 용미, 현미 그리고 용현이도 깡충깡충 뛰면서 좋아한다. 마침 아래쪽에서 올라오던 주민 한 분이 '어데를 다녀오느냐'며 말을 건넨다. 이곳 관동마을에 사는 이상복(李相福·52)씨인데 원래 이 산의 이름은 적보산(積寶山)이던 것이 사람들이 빨리 발음하다보니 지금은 엉뚱하게도 첩푸산이 되어버렸다며 웃는다. 그는 친절하게도 내집 앞에 온 손님을 그냥 가시게 할 수는 없다면서 아주 잘 익은 감을 따더니 "아마 이런 감을 도회지에서 맛보기는 어려울 것"이라며 우리에게 권한다. 정말 달콤한 맛이 입속에서 사르르 녹는다.

 깨끗하게 다듬어진 길을 용미·현미 자매의 흥겨운 노랫소리를 들으며 가벼운 발길을 내디뎠다. 한 10분쯤 걸었을까 ―. 어느덧 수안보온천장이 보이기 시작했다.

鳳腹山 봉복산1,022m
고찰 봉복사 품은 횡성의 고봉

봉복산 정상
못미처의 산죽.

  대설(大雪)이 지난 지 며칠 안된 일요일 아침은 겨울날씨 답지 않게 무척 포근했다. 오전 7시 30분, 동대문을 출발한 산정(山頂)산악회(회장 김원조)의 버스는 가남휴게소에서 잠시 멈추었다가 10시 10분에는 횡성 읍을 통과했다.

  "오늘 우리가 찾아가는 봉복산(鳳腹山)은 강원도 횡성군 청일면 속실리

228

와 신대리의 경계를 이루고 있는 1,022m 높이의 산으로, 사람의 발길이 뜸해서 자연의 신비를 그대로 간직하고 있는 아주 깨끗한 산입니다. 그리고 산행기점에서 10분도 채 못되는 거리에 위치한 봉복사(鳳腹寺)는 신라 때 창건된 고찰로서….” 구수한 목소리로 엮어나가는 정기원(鄭奇源·48) 등반대장의 설명을 듣는 사이에 어느덧 버스는 산행기점인 신대리에 가까워지고 있었다.

 버스에서 내려 정기원씨가 가리키는 북쪽을 바라보니 머리에 하얀 눈을 이고 있는 봉복산이 까마득히 높게 올려다 보인다. 11시에 한남교를 건너 수렛길을 따라서 걷기 시작했다. 선두에는 등반부대장인 박동성(朴東星·46)씨가 서고 후미는 양태현(梁太鉉·43)씨가 맡았다.

 한 차례 계류를 건너 협곡으로 들어서면서 왼쪽으로 맑은 물을 계속 끼고 낙엽송이 울창하게 하늘을 가리고 있는 숲속을 오르는데 촉촉하게 젖은 솔잎을 밟는 감촉이 아주 부드럽다. 얼마를 걷는데 뒤에서 ‘최선생님’ 하고 누군가가 숨을 몰아쉬며 뛰어온다. 뜻밖에도 그들은 지난 여름에 일본 북알프스 연봉종주때 함께 갔던 미모의 김숙자(金淑子·49)씨와 화이브텐 브랜드를 생산하는 넬슨산업(주)의 강연미(姜連美·31)씨였다. 아까 버스 안에선 맨 뒤에 앉아 있어서 미처 인사를 못했다며 무척 반가워한다.

 산정산악회의 열성 멤버인 김숙자씨는 그때 동생인 김영자씨와 동행이었고, 또 강연미씨는 박태순씨(34)와 함께였는데, 코오롱등산학교 정규반 17기 출신인 강씨는 그후 박태순씨를 꼬셔서(?) 코오롱등산학교 정규반을 18기로 마치게 했다고 한다.

“최선생님은 이미 만장봉, 오봉 그리고 인수봉 암벽등반도 이미 몇 차례 하셨으니 내년엔 꼭 등산학교에 가세요”라며 강연미씨는 나에게도 바람을 넣어 나 역시 19기로 졸업을 했던 것이다.

 얼마 후 돌길과 오르막을 오르다가 잠시 후에는 갈림길에서 다시 우측으로 방향을 꺾으니 산죽 군락이 계속 이어진다. 허리까지 올라오는 산죽을 헤치며 경사가 심한 오르막을 오르니 어느덧 등에선 땀이 흐른다.

 신대리를 떠난 지 1시간 50분만에 능선에 올라섰다. 우리보다 한 발 앞서 올라온 일행들이 쉬고 있다가 우리에게 잔을 권한다. 세무사 사무실을 운영하고 있는 회장 김원조(金元助·55)씨, 부회장 권태수(權泰秀·

58)씨, 고문 조학동(趙鶴東 · 63)씨 그리고 총무인 이헌식(李憲湜 · 50)씨
들이었다.

 나와 같이 올라온 젊은이에게도 잔을 돌렸더니 그는 몹시 어색해하면서
사양한다. 알고 보니 바로 앞에 앉은 분이 장인이란다. 나는 오랫동안 산
을 다녔지만 장인과 사위가 함께 산행하는 것을 보기는 처음이다. 작곡
과 편곡을 하는 음악가인 임용덕(林龍德 · 34)씨는 7년 전에 결혼을 했다
는데 결혼 직후부터 부천에 있는 일지특수포장(一志特殊包裝)의 사장인
장인 이광순(李廣淳 · 62)씨의 엄명(?)에 따라 꼼짝없이 계속 산에 함께
다니게 되었다는 것이다. 처음엔 등산 경력이 오래된 장인을 따라가기조
차 힘들어서 젊은 나이인 자기로서는 무척 창피하기도 했는데 이제는 좀
나아졌다면서 겸연쩍게 웃는다. "아니, 이사장님이 사위 때문에 이러시
는 줄 아세요? 그게 아니라 따님을 위해서지요." 권태수씨가 농을 걸어   신대리의 입구.

낙엽송 숲 한
가운데를 지나
봉복산 정상으로
향하고 있다.

서 모두들 한바탕 유쾌하게 웃었다.

 한동안 즐거운 시간을 가진 우리는 불과 10분만에 봉복산 정상에 올라섰다. 북쪽 멀리 운무산이 보이고 동쪽으로는 태기산의 능선이 펼쳐져 있고, 남쪽과 서쪽으로는 신대리와 주봉산이 가깝게 보인다. 시장기를 느낀 우리는 각자의 배낭을 풀었다.

 약주를 즐긴다는 권태수 부회장이 술잔을 돌린다. 산행 경력이 20년이 훨씬 넘는다는 산악회 고문인 윤봉근(尹捧根·66)씨는 "전에는 몸이 무척 허약했는데 등산으로 건강을 되찾았다면서 이보다 더 좋은 보약이 어

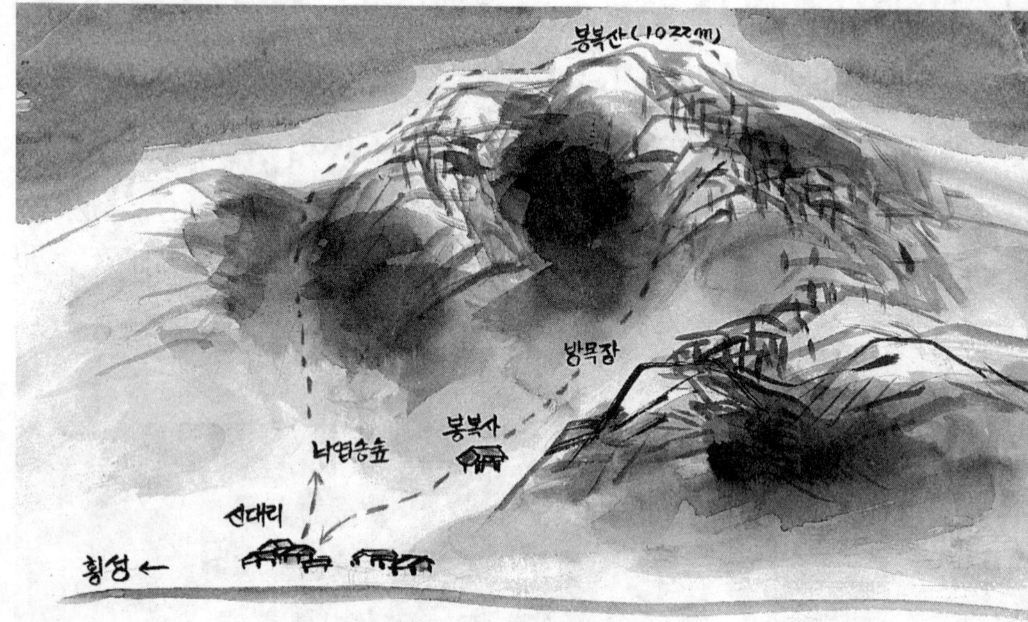

디 있느냐"며 그의 체험담을 들려준다.

 간단히 식사를 마친 우리는 오후 1시 40분에 하산을 시작했다. 정상에서 그냥 내려오는 길도 있으나 시간이 좀 남을 것 같아서 우리는 동쪽으로 능선을 타고 더 가다가 내려가기로 했다. 그런데 막상 더 가보니 능선에는 눈도 제법 쌓여 있어서 생각보다 몹시 미끄러웠다.

 도봉산에 늘 함께 다니는 박원용(朴元用·58)씨가 앞장을 섰는데, 일찍이 설악산에서 10여년간이나 구조대 책임자로 활약했던 그의 걸음을 쫓아간다는 건 정말 무리였다. 그런데 길도 뚜렷하지 않은 급경사를 놀랍게도 그에게 뒤지지 않고 함께 내려가는 분이 있었다. 상계동에서 '서울

사' 라는 금·은·시계상점을 경영하는 손양호(孫良鎬·65)씨인데, 산행경력이 무려 30년이 넘는다는 그는 매년 한 두 차례씩은 해외의 명산을 찾는다고 한다.

산죽 군락을 헤치며 급경사 길을 몇 차례 엉덩방아를 찧으며 내달았다. 산행 때마다 나를 도와주는 이영란(李英蘭·24)씨는 넘어지면서도 눈 속을 달리는 것이 흥겨운지 마냥 즐거워한다. 모르는 것이 없는 만물박사라 일명 '총장님'으로 통하는 대한상품(주) 사장 배정환(裵正煥·54)씨도 엉덩이 스키를 타면서 동심의 세계로 돌아갔다. 오랫동안 해외에서 거주하다가 귀국한 그는 산정산악회 출석률이 거의 100%나 되는 열성파라고 이헌식 총무가 귀띔한다.

산을 다 내려와서 목장을 통과하니 바로 신대리마을이다. 함께 내려온 김복순(金福順·52)씨는 이 산악회에는 오늘 처음으로 나왔는데, 회원들 간의 분위기가 무척 마음에 들고 또 등반대장인 정기원씨도 너무나 친절해서 정말 좋다며 앞으로 매주 다니겠다고 아주 밝은 표정이다.

김문식 화백과 함께 봉복사로 발길을 돌렸는데, 신라 선덕여왕 16년(647년)에 지장율사가 창건했다는 고색이 창연한 이 절은 아름드리 나무가 울창한 덕고산(德高山) 자락에 자리잡고 있었다.

법해(法海)스님은 노환으로 편찮으셔서 그냥 인사만 드릴 수밖에 없었다. 덕고산쪽에서 불어오는 세찬 바람에 흩어지는 낙엽을 밟으며 울창한 숲속길을 걸어나오면서 우리는 노스님의 병환이 하루 속히 쾌차하시기를 마음 속으로 빌었다.

蓬萊山 봉래산800m

단종애사 깃든 영월 장릉의 뒷산

"이 고개가 그 유명한 소나기재여 —" 도봉산에선 '정도사'로 더 잘 알려진 정일득씨가 차창 밖을 내다보며 구수한 충청도 사투리로 일행에게 설명을 한다.

고개를 내려오면 금방 영월읍일텐데 다 내려온 버스가 한 차례 다시 고개를 오르기 시작하자 창밖을 유심히 살피던 정도사는 연신 고개를 갸우뚱하더니 "아니 이번 고개가 소나기재구먼. 먼저 것은 원동재였구"라고 그의 설명을 정정한다. "참! 원숭이도 나무에서 떨어질 때가 있다더니…" 입심 좋은 박병순(朴炳順·51)씨가 가만히 있을 리가 없다.

1월 중순에 접어드는데 바깥 날씨는 영상이라 마치 늦은 봄날씨 같다. 대한(大寒)이 소한(小寒)집에 놀러왔다가 얼어죽었다는 소한에 비가 왔으니 이건 분명 기상이변임에 틀림없는 것 같다. 어둠이 짙게 깔린 오전 6시 정각에 청량리역 광장에서 '도봉산회' 산 식구들을 태우고 떠난 버스는 9시 30분에 주천면을 지나서 10시 25분에는 소나기재를 힘차게 넘어가고 있었다.

해발 300m인 소나기재는 단종(端宗)이 승하한지 60년만에 장릉(莊陵)에서 제사를 지내기 시작했을때, 이때 조정의 신하들이 이 고개에 이르면 쾌청했던 날씨에도 갑자기 장대같은 소나기가 쏟아져 단종의 원한이 비가 되어 내렸다고 해서 붙여진 이름이란다. 이 고개를 넘으니 아름답기 그지없는 송림지대가 펼쳐지고 곧이어 차는 영월읍내로 진입하였다.

11시 40분에 영월읍 동북쪽으로 올려다 보이는 봉래산(蓬萊山·800m)을 오르기 시작했다. 채석장을 지나서 얼마 후 동북으로 이어진 능선에 올라섰다. 다시 30분 후에 무덤이 나타나는데 이곳에서 우리가 올라온 남쪽을 뒤돌아보니 영월읍의 전경이 그림처럼 펼쳐져 있다. 바로 서쪽으

로는 발산(鉢山)이 손에 잡힐 듯하고 더 멀리 동쪽으로는 계족산(鷄足
山·890m)이, 그리고 남쪽으로는 태화산(泰華山·1,027m) 줄기가 보
인다.
  이곳에서부터는 참나무 숲속을 통과해서 올라가는데, 출발한지 1시간
30분만에 봉래산 정상에 올라섰다. 산 위는 평평하나 숲이 우거져 사방
의 조망이 그리 신통치 않았다. 우리는 모두 정상에 배낭을 내려놓고 이
곳에서 점심을 먹기로 하였다. 각자의 배낭에서는 육·해·공군의 각종

안주감이 푸짐하게 쏟아져 나왔다. 부지런히 소주잔이 돌아가는데 "저
명창인 이종문씨의 멋진 소리 좀 들어봅시다"하고 정도사가 제안을 한
다. 즉흥적으로 가사를 붙여서 소리를 부르는 이종문(李鍾文·39)씨는
이미 도봉산 일대에서는 널리 알려진 소리꾼이라고 한다.

봉래산 장릉의
설경.

235

이 몸이 죽어가서 무엇이 될꼬하니
봉래산 제일봉의 낙락장송 되었다가
백설이 만건곤할 제 독야청청하리라

　충신 성삼문(成三問)이 그의 임금께 바치는 애절한 가락은 봉래산 골짜기마다 길게 메아리쳐 퍼져 나아갔다. 술을 전혀 못하는 도봉산 할머니 가게의 김순덕(金順德·51)씨에게 동갑내기 박병순씨는 "순덕아! 너도 한 잔 해야지"라며 억지로 잔을 권하니 김순덕씨는 금새 얼굴이 붉어지면서 "최선생님은 높은 산에 가시기만 하면 비가 온다면서요? 제가 갈 때에는 비가 오다가도 그치는 걸요"하기에 "그럼 우리 둘이서 같이 가면 비가 오락가락하겠네요"라고 해서 모두가 한바탕 웃었다.

　점심을 마친 우리는 12시 50분에 하산을 시작하여 서북쪽으로 이어지는 완만한 경사 길을 따라 걸었다. 앞서 가던 의정부 푸른 유치원 원장인 김형국(金炯國·58)씨는 오래 전부터 당뇨병으로 고생을 해왔는데, 등산을 시작한 후 많은 효과를 보았다며 앞으로도 계속 등산을 하겠다고 굳게 다짐을 한다.

　1시간 30분만에 송산사(松山寺)에 닿으니, 만나기로 약속했던 영월군청 문화공보실 문화재전문위원인 박종수(朴鐘洙·36)씨가 먼저 와서 우리를 기다리고 있었다. 그의 안내로 우리는 먼저 장릉으로 향하였다.

　장릉(莊陵)은 조선 제6대 왕인 단종(端宗·1441~1457)의 능침(陵寢)으로 사적 제196호로 지정된 곳이다. 단종은 그의 부왕이 승하한 뒤 12세의 어린 나이에 왕위에 올랐는데, 숙부인 수양대군에 의해 임금의 자리를 빼앗기고 이곳으로 유배를 오게 된 것이다. 처음엔 청령포(淸怜浦)에 머물다가 다시 관풍헌(觀風軒)으로 옮겨 1년만인 1457년 이곳에서 승하하였다고 한다.

　깨끗하게 다듬어진 장릉을 뒤로하고 우리는 자규루(子規樓)로 향하였다. 이곳은 동헌(東軒) 옛터 동편에 세워진 누각으로 단종이 자주 이곳에 올라 자규시(子規詩)를 읊었던 곳이다.

　이 자규루는 관풍헌과 함께 강원도 지정유형문화재 제26호로 지정되어 있다. 원래 이 건물은 매죽루(梅竹樓)라 하였는데 1456년 단종이 관풍헌

봉래산 정상의 눈이
쌓인 소나무 숲.

으로 처소를 옮긴 후 자주 이곳에 올라 자규시를 읊었다고 해서 자규루
라고 부르게 되었다는 것이다. 자규루의 누각은 정면 3간, 측면 2간의
중층(中層)구조로 되어 있고, 좌측 첫간에 오르내릴 수 있는 계단을 설
치하였다.

 나는 자규루에 올라 단종이 한을 달래며 불렀다는 자규시를 조용히 읊
어보았다.

一自冤禽出帝宮　원통한 새가 되어 제궁에서 나오니
孤身隻影碧山中　짝 잃은 그림자 깊은 산중이로구나
假眠夜夜眠無假　밤마다 틈을 타서 잠들려도 못 이루니
窮恨年年恨不窮　해가 가고 해가 와도 원한 맺힌 그 한을…

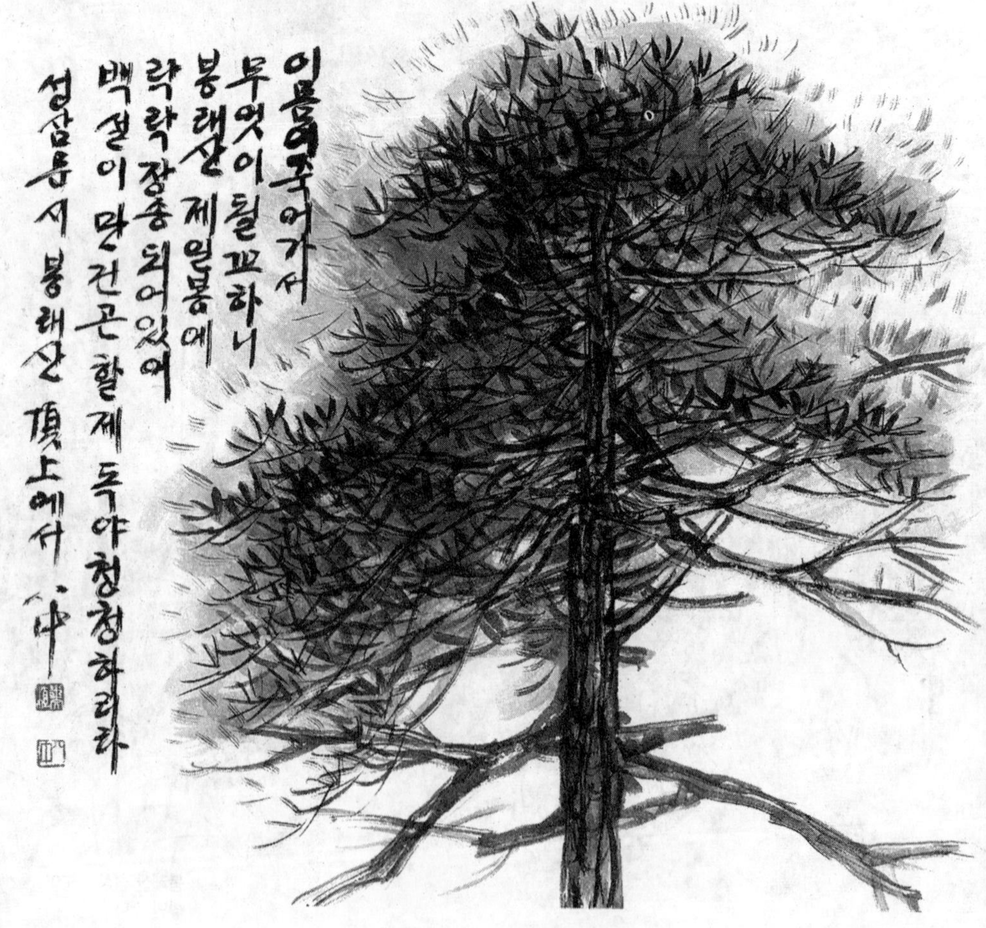

흰눈을 쓰고 있는
봉래산 정상 부근의
소나무.

聲斷曉岑殘月白　자규새 소리 멎고 조각달 밝은데

血淚春谷落花紅　피눈물 흐르고 꽃송이 떨어져 붉었구나

天聾尙未聞哀訴　하늘도 귀가 먹어 애소를 못 듣는데

何奈愁人耳獨聽　어찌하여 수심 많은 내귀에만 들리느냐

　단종이 승하한 관풍헌을 둘러본 우리는 시간이 없어서 나머지 사적지는 박종수씨의 설명만으로 아쉬움을 달랠 수밖에 없었다. 그의 설명에 따르면, 창절사(彰節祠)에는 충절을 끝까지 지킨 사육신(死六臣)의 위패가 봉안되어 있으며, 영모전(永慕殿)에는 단종 대왕의 초상이 모셔져 있다고 한다. 처음 유배된 청령포(淸怜浦)를 비롯해서 관음송(觀音松)과 임금을 따라 몸을 던진 낙화암(落花岩), 그리고 민충사(愍忠祠) 등 이루 헤아릴 수 없는 수많은 유적과 또 시선(詩仙) 김삿갓묘 등은 다음 기회로 미루고, 오랜 시간 친절하게 우리를 안내해 준 박종수씨와 석별의 인사를 나누었다.

　다시 소나기재를 넘는데, 아까 봉래산 정상에서 이종문씨가 부른 '소리'가 단종의 원한을 조금은 달랬는지 한이 맺혀 내린다던 소나기는 내리지 않고 서쪽 하늘에는 저녁놀만이 붉게 타오르고 있었다.

鷹峰山 응봉산999m
삼척·울진에 위치한 온천산행지

"여보! 제 얼굴 좀 만져보세요. 정말 부드럽지요? 세상에 물이 이렇게 매끄럽고 좋을 수가 없네요…." 박병순(朴炳順·51)씨가 남편인 정긍모(鄭兢謨·54)씨의 손을 끌어당기며 자기 얼굴에 갖다댄다.

입춘을 불과 며칠 앞둔 주말 오전 9시 30분에 우리 일행은 덕구온천장을 향해 서울을 벗어났다. 우리가 탄 동부고속관광버스가 2시간만에 휴게소에 잠시 멈추었는데, 김문식 화백은 차에서 내리면서 맑게 갠 하늘을 쳐다보더니 "아니 이렇게 하늘이 맑은데 방송에선 오늘 영동지방에 많은 눈이 내린다니…"라며 고개를 갸우뚱한다.

그런데, 버스가 대관령에 가까워지면서 갑자기 구름이 몰려오더니 눈발이 휘날리기 시작하는 것이다. 대관령을 넘어서자 길은 갑자기 내린 눈으로 빙판길이 되었고, 버스는 엉금엉금 기다시피 간신히 고개를 내려가는데 길옆에는 미끄러진 승용차들이 거짓말 좀 보태서 20대쯤은 처박혀 있었다. 매일 정기적으로 서울에서 덕구온천을 왕복 운행한다는 이 운전기사의 이마에선 어느새 식은 땀이 흐르기 시작했다.

강릉에서 동해시를 지나서 해안을 따라 계속 내려가는데 눈보라 속에 거세게 파도치는 바닷가의 풍경이 무척 아름답다. 덕구온천콘도에서 하룻밤을 지낸 우리는 응봉산을 오르기 위해서 오전 4시 30분에 졸린 눈을 비비며 일어났다. 아침 식사는 강연미(姜連美·31)씨가 맡았는데 음식 솜씨가 뛰어나서 모두가 맛있게 먹고, 새벽 공기가 싸늘한 콘도 앞에 나서니 저 만치에 한 무리의 등산객들이 산행 준비를 하고 있었다.

이들은 인천에서 밤새 달려온 신인천관광(대표 여주삼)의 산악회원들이었다. 우리는 등반대장인 오영제(吳英濟·44)씨, 그리고 후미를 맡는다는 영창악기산악회의 등반대장인 황종순씨(46)와 인사를 나누었다.

등산객들이 온정골
원탕 부근을
통과하고 있다.

　갑자기 대부대로 늘어난 우리는 오전 5시 45분에 모두들 플래시를 켜들고 캄캄한 길을 걷기 시작하였다. 겨울 날씨로는 그리 추운 편은 아니지만 그래도 새벽녘이라 제법 싸늘한 바람이 옷깃에 스며든다. 북쪽을 바라보며 15분쯤 걸었을까 사거리 갈림길이 나오는데, 우리는 왼쪽 길로 접어들었다. 이곳을 지나면서 신인천관광의 오영제씨는 전에 이 곳을 처음으로 답사했을 때는 여기에서 그냥 직진해서 폐광쪽으로 길을 잘못 들어 큰 고생을 했다고 한다.

　왼쪽 길로 진입하자 길은 넓고 또 경사도 완만해서 그리 힘이 들지는 않았다. 6시 20분에 비석 두 개가 서있는 민씨 묘를 지나서 40분 후에는 '정상 3km'라고 쓰인 팻말 앞을 통과했다. 이제는 플래시를 꺼도 될 만큼 어둠이 사라지고 동쪽이 환해지기 시작했다.

　7시 30분 헬기장에 도착하니 동녘이 차츰 붉어오기 시작했다. 모두들 장엄한 일출을 보기 위해 숨을 죽이고 서 있었다. 1초, 2초, 3초 갑자기

241

온 바다가 붉게 물들더니 커다란 아침해가 불쑥 솟아오르는데 모두들 크게 탄성을 질렀다. 서울에서 같은 버스를 타고 온 삼도기계와 신도건공을 운영한다는 윤창모(尹昌模·63)·강순자(姜順子·55)씨 부부도 장엄한 일출에 넋을 잃은 듯하다.

 이곳에서 서쪽으로는 아침 햇살을 받은 응봉산의 정상이 우뚝하고, 왼쪽으로는 우리가 하산할 온정골이, 그리고 오른쪽으로는 지금은 폐광이 된 채광장이 저 멀리에 내려다보인다. 이곳부터는 차츰 가팔라지는 오름길을 잡목 사이로 오르다가 8시 정각에 안부에 도착했다. 안부에서는 정상이 손에 닿을 듯하다. 다시 몹시 가파른 길을 땀을 흘리며 오르니 헬기장이 나타나고 바로 그 위가 정상이다.

 응봉산의 정확한 높이는 998.5m인데 정상에는 1.5m 가량의 비석이 서 있었다. 이는 1,000m에서 불과 1.5m가 모자라니까 비석을 세워서 억지로 1,000m으로 만든 것 같았다. 그러고 보니 지난 번 일본 북알프스의 호다카(穗高) 연봉을 종주 했을 때 3,190m인 오쿠호다카다케(奧穗

응봉산 정상 못미처 송림지대를 지나는 등산객들.

덕구온천으로 가는
동해안 도로가의
펼쳐진 아름다운
겨울 바다.

高岳)가 일본에서 두 번째 높이의 3,192m인 기다다케(北岳)보다 불과 2m가 부족하니까 그 정상에 2m가 넘는 돌무덤을 높게 쌓아놓은 것을 보고 모두가 웃었던 기억이 난다.

오늘 일행중 한방생약제를 주로 생산하는 녹성제약 상무인 정긍모·박병순씨 부부, 코오롱등산학교 정규 17기 출신인 강연미씨와 광성자동차기계(주)의 박태순씨 그리고 김문식 화백 등이 모두 그때 북알프스를 함께 다녀온 일행들이다.

서울에서 함께 내려온 동부고속관광산악회 등반대장인 박희국(朴熙國·53)씨가 사방으로 펼쳐진 경치를 설명한다. 동으로는 우리가 묵었던 덕구온천콘도가 뚜렷하고, 더 멀리에는 원자력발전소와 동해가 한눈에 들어온다.

9시 정각에 동남쪽 길로 하산을 시작, 급경사 길을 나뭇가지를 휘어잡으며 어렵게 내려오는데 눈까지 쌓여 있어서 무척 위험한 곳을 몇 군데 간신히 지났다. 이어 산사태가 났던 곳을 우회하여 10시에 합수점에 도착하여, 차디찬 계곡 물로 목을 축이니 이가 몹시 시리다.

아주 평탄한 길을 걷는데 박희국씨가 "이 근처는 사두목이라고 불리는

곳인데, 예전에는 송이버섯이 많아서 동네사람들이 이곳을 지키며 외부인의 출입을 막았다"고 설명한다.

 얼마 후 그 유명한 원탕에 닿았는데, 흔적이 남아 있는 이 원탕에는 암벽에 쇠파이프를 박아서 뜨거운 온천수를 저 밑의 온천장까지 공급하고 있었다. 원탕부터는 잘 다듬어진 오솔길을 덕구온천콘도 관리과의 이정균(李正均·34)씨와 함께 걸어오다가 용소폭포에서 잠시 쉬었다. 김화백이 구면인 박희국씨에게 "박형! 백두대간종주는 다 끝났어요"?" 하고 묻는다.

 동부고속관광산악회에서 시도했던 백두대간 종주는 장장 3년만인 작년 11월에 무사히 끝나고, 올해 초부터는 호남정맥 종주를 전라남도 광양군 백운산 옆의 영취산에서부터 시작해서 진안 마이산을 지나 다시 백운산까지 돌아오는 종주를 1년 계획으로 시작했다고 한다.

 5시간 30분만에 모두 무사히 덕구온천콘도 앞에 닿았다. 신인천관광의 오영제씨는 작년에 왔을 때 인천 남부경찰서 김석천(金錫泉·50)씨의 후배인 울진의 문경구씨(44)가 전복죽이며 영덕게 등 푸짐한 해산물을 준비해 와서 회원 모두가 산행후 포식을 했다면서 침을 꿀꺽 삼킨다. 동부고속관광 버스가 오후 2시에 출발한다기에 아주 느긋한 마음으로 뜨거운 온천 탕에 몸을 담그니 하루의 모든 피로가 말끔히 가시는 것 같았다.

홍천 峨媚山 아미산 961m

분재 전시장같은 노송길 매력

"오늘 우리가 찾아가는 아미산은 홍천군 서석면 풍암리에 위치한 높이
가 961m인 산으로, 사람의 발길이 거의 닿지 않아 태고의 신비를 그대로
간직하고 있는 아주 깨끗한 산입니다. 그리고 등산로에는 마치 분재전시
장과도 같이 아름다운 소나무가 줄을 이었고…."

버스가 횡성읍을 막 벗어난 후 마이크를 잡은 팬더산악회 등반대장인
조승렬(趙承烈·40)씨의 유창하고 자상한 산행 안내에 차안의 우리 일행
은 모두 조용히 귀를 기울였다.

계절의 여왕이라는 5월의 중순, 비가 내린 후의 하늘은 더욱 푸르고 또
화창하기만 하다. 오전 7시에 서울을 출발, 9시 20분에 횡성을 통과한
버스는 맑은 물이 흐르는 갑천(甲川)을 왼쪽으로 끼고 달리는데, 냇가에
앉아 빨래를 하고 있는 아낙네의 모습이 마냥 정겹기만 하다.

저 멀리 왼쪽으로는 어답산(御踏山·789m) 정상이 엷은 구름에 살짝
그 모습을 감추고 있다. 얼마 후 서석면사무소에서 내면 쪽으로 약 2km
떨어진 검산1리 효제동에서 하차했다. 아미산 입구까지는 홍천과 횡성에
서 들어오는 거리가 모두 거의 비슷한 100리 길이라고 한다. 북쪽을 바라
보니 아미산의 웅장한 모습이 시야에 들어온다.

10시 정각에 오른쪽으로 군부대를 끼고 조재월계곡 안으로 이어지는 넓
은 길을 따라 걷기 시작했다. 선두에는 등반대장 조승렬씨가 섰는데, 그
는 유명한 여행가이기도 하다. 그리고 중간에는 김용술(金容述·39)씨가
서고, 맨 뒤는 정병리(鄭炳理·40)씨가 맡았다.

840m 봉으로 이어지는 오르막길은 무척이나 가팔라서 등에선 금세 땀
이 흐르기 시작한다. 군데군데 탐스럽게 핀 철쭉 군락을 헤치며 오르는
데 산행경력이 20년이나 된다는 김진백(金鎭百·66)씨는 젊은이 못지

않게 노익장을 과시한다. 그 뒤를 도봉산에 늘 함께 오르는, 고위 공직
에서 퇴임한 정경묵(鄭景默·67)씨와 고향 친구인 권혁세(權赫世·65)
씨 그리고, 이길헌 씨와 그의 친구인 충정건설의 김성복(金成福) 사장이
땀을 흘리며 바짝 따른다.

약 1시간만에 840m 봉에 올라 잠시 휴식을 취한 다음 다시 동쪽으로
발길을 옮기니 저 멀리 마치 '뫼山(산)' 자와 같은 형상인 세 개의 바위
가 올려다 보인다. 이 봉우리가 삼형제봉인데, 안부에서 오르는 길은 급
경사 암릉길이어서 겨울철에는 무척 위험할 것 같았다. 모두들 조심스럽
게 한 발짝씩 내디디며 힘겹게 오르기 시작했다.

정오에 삼형제봉에 올랐다. 뒤따라온 제우산업(주) 사장 김세두씨와 진
영상사 대표 이창규(李昌揆·50)씨는 가쁜 숨을 몰아쉬면서도 주위에 펼

정상에서 삼거리로
하산하는 등산객들.

쳐진 노송을 바라보며 연신 탄성을 지른다. 노량진 서민한의원 원장이며 팬더산악회 회장인 박득규(朴得圭 · 70)씨가 남쪽의 운무산과 봉복산 그리고 서쪽으로 펼쳐진 공작산과 대학산 줄기를 일일이 손으로 가리키며 설명을 한다. 박득규 회장은 누가 보아도 70대라고는 믿어지지 않을 만큼 활기찬 젊음을 간직하고 있다.

다시 동쪽으로 능선길을 따라서 오르기 20분만에 아미산 정상을 밟았다. 약간 시장기를 느낀 우리는 시원하게 펼쳐진 사방의 경치를 바라보며 간식을 들었다. 배우호(裵祐鎬 · 61) · 이명자(李明子 · 56)씨 부부로부터 한북정맥을 종주한 얘기를 흥미롭게 들으면서 시간가는 줄 모르게 대화를 나누다보니 어느덧 오후 1시가 조금 넘었다. 또다시 동쪽으로 계속 발길을 옮겨 삼거리에 이른 후 다시 남쪽으로 하산을 하기 시작했다.

삼거리부터 시작되는 하산길은 아기자기한 암릉길도 있고 또한 곳곳에 노송군락이 이어져 있어 마치 분재전시장 같은 길이어서 모두들 피로도 잊은 듯이 탄성만을 연발한다.

이 길을 내려오면서 평소 도봉산에 함께 다녔고 취재산행때는 자료도 챙겨주던 이영란씨가 "최선생님! 가을 쯤 꼭 다시 오고 싶은데요…"라며 빙긋이 웃었는데 아미산을 다녀온 후 불과 며칠 안되어 갑작스런 병으로 세상을 떠났다는 비보를 접하게 된 것이다. 산을 그처럼 사랑하고 좋아하던 그녀의 돌연한 죽음에 여러 해 동안 도봉산을 함께 오르던 우리 모두가 무척 애석하게 생각하며, 꽃다운 나이에 먼저 간 그녀의 명복을 빌었다.

갈림길에서 땀을 닦으며 잠시 쉬고 있는데, 뒤에서 내려오던 등산객이 반갑게 인사를 하기에 쳐다보니 작년에 삼도산악회(회장 김황옥)와 충청남도 서산 팔봉산에 함께 갔던 이수웅(李秀雄 · 57)씨였다. 서해를 바라보며 아기자기한 여덟 개의 봉우리를 넘었던 얘기로 꽃을 피웠는데, 그는 우리 뒤에 온 다른 산악회의 버스로 왔다고 한다.

갈림길부터는 평탄한 길을 걸어서 20분만에 아침에 오르던 길과 마주치고, 다시 계속 걸어 내려가서 산행 기점이던 검산 1리에 도착했다. 먼저 내려온 일행들이 '우리상회'의 슬라브 옥상에서 취사 준비를 하고 있었다. 민박과 상점을 겸하고 있는 이 집 주인 지석일씨 부부는 옥상에서

등산객이 삼형제봉
부근을 지나고
있다.

식사를 편안하게 할 수 있도록 세심한 배려까지 해주고 또 어찌나 친절한지 때묻지 않은 순수한 인정미에 고마움을 느꼈다.

일명 '박언니'로 불리는 유봉자(劉奉子)씨는 음식 솜씨가 뛰어나서 모두들 즐겁게 뒤늦은 점심을 들었다. 이 박언니는 팬더산악회의 살림꾼이며 또 모든 회원의 뒷바라지를 묵묵히 하고 있어 회원들의 칭송이 자자하다. 산악회 자료 및 회원관리 컴퓨터 프로그램을 개발한 서울지하철공사 상계승무사무소에 근무하는 장용기(張容基·40)씨와 항상 봉사로서 회원의 친목을 도모하는 김학배(金學培·41)씨 그리고, 동양증권 주식부장인 김자혁(金自赫·43)씨들과 얘기를 나누며 식사를 마친 후 4시에 버스에 올랐다.

연한 초록색 잎이 우거지고 아카시아 꽃이 하얗게 핀 사이를 달려 5시 30분에 유명한 풍수원성당 옆을 지나는데 조승렬씨가 역사적인 이 성당

아미산 입구의 계류.

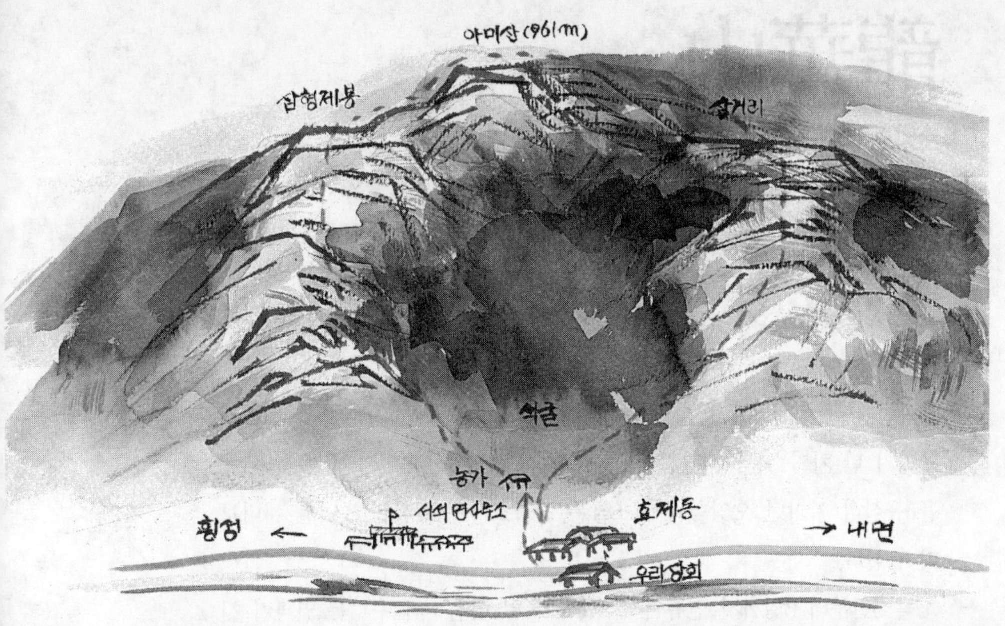

을 보고 가는 게 어떠냐고 해서 잠시 버스를 멈추었다. 고색이 창연한 이 풍수원성당은 한국에서 네 번째로 오래된 성당이라고 한다.

 6시에 용문에 도착, 간단한 식사를 마치고 우리는 7시 30분에 청량리행 열차에 몸을 실었다. 양수리 근처를 쾌속으로 달리는 열차와는 대조적으로 저 아래 국도에는 길이 막혀서 꼼짝도 못하고 길게 늘어서 있는 승용차의 긴 대열을 바라보면서 잠시 눈을 붙였는데, 어느새 청량리역이 가까웠음을 알리는 안내방송이 흘러나오기 시작했다.

龍華山 용화산878m
소양호 굽어보는 춘천 북쪽의 바위산

"최선생님! 아무래도 심상치 않은데요….."

우리가 탄 차가 워커힐 옆길로 들어서면서 꼼짝 못하고 서 있는데, 앞쪽을 유심히 살피던 오영학씨가 조금은 근심스러운 표정으로 나를 쳐다보며 말한다.

6월 5일부터 6일까지 연휴여서 4일 토요일 아침부터 수많은 인파가 서울을 빠져나갔고, 토요일 밤에 출발한 어느 산악회는 망우리고개를 넘는데만 4시간이나 걸려 홧김에 그냥 되돌아왔다는 얘기도 들리니 아무래도 걱정이 되지 않을 수 없다.

망종(亡種)을 하루 앞둔 일요일 오전 8시, 해오름산악회(회장 전호찬) 회원과 두 대의 봉고 차에 나눠 탄 우리 일행은 호반의 도시 춘천 북쪽에 우뚝 솟은 용화산(龍華山·878m)을 향해서 서울을 떠났던 것. 정말 오랜 시간이 걸려서 어렵게 춘천에 도착, 넓게 펼쳐진 소양강 댐을 지나니 그 동안 답답했던 마음이 조금은 시원해지는 것 같다.

서울을 떠난 지 6시간만에 춘천군 사북면 고탄리 양통마을을 지나 좁고 울퉁불퉁한 산길을 간신히 올라 산행기점에 도착했다. 차에서 내리니 북쪽으로 마치 북한산 인수봉의 축소판 같은 새하얀 암봉이 햇빛에 반사되어 눈부시게 빛나고 있다. 이 용화산의 암벽은 이 고장 클라이머들에게는 아주 좋은 훈련장이기도 하다.

선두에는 해오름산악회 산악대장인 김유기씨(44)가 서고, 일행 사이사이에 총무인 김봉서(36)·신철순씨(32) 부부, 문영숙양(30)과 고문인 박재영씨(64)가 뒤따랐다. 다른 산악회와 조금 성격이 다른 이 해오름산악회는 관광회사에서 오랫동안 가이드로 활약하던 산악인들이 3년 전에 만든 모임이다. 특히 이들 가운데 오영학(吳榮學·40)씨와 나는 여러 차례 함께 산을 오른 적이 있다.

　오른쪽으로 계류를 끼고 자갈길을 걷다가 잠시후 다시 계류를 건너니 흙길이 시작되는데, 20분만에 우리는 나무가 울창한 협곡으로 빠져 들어 갔다.

　오후 3시 10분에 오른쪽 좁은 경사길로 접어들어 가파른 길을 오르기 시작했다. 땀을 흘리며 얼마를 오르는데 저만치 야영 터의 텐트 안에서 갑자기 "어머나! 최선생님!" 하며 웬 아가씨가 뛰어나온다. 화이브텐 브

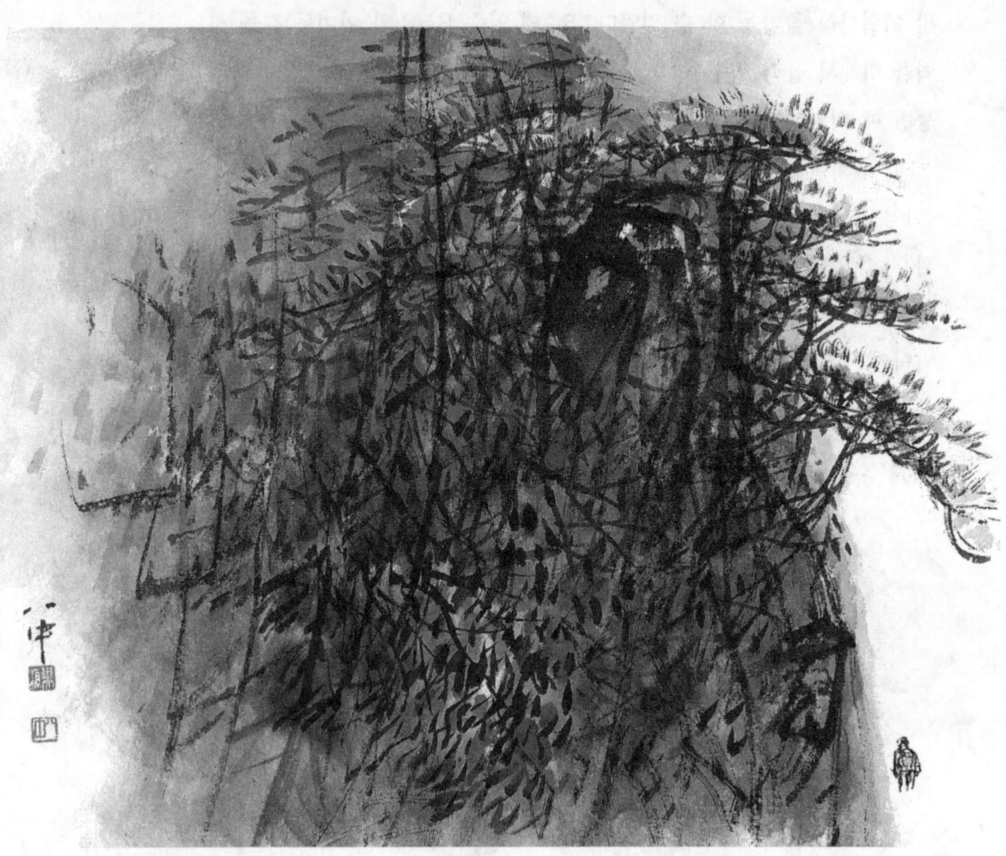

랜드를 생산하는 넬슨산업(주)의 강연미(姜連美·31)씨였다. 전혀 예측 하지 못한 곳에서 뜻밖에 만나니 무척 반가웠다.

작년에 일본 북알프스에도 함께 다녀온 코오롱등산학교 정규 17기 출신 인 그녀는 "선생님 졸업을 다시 한 번 축하드립니다."하며 활짝 웃는다. 그 순간 내 머리 속에는 6주간의 악몽(?)같던 기억이 다시금 뇌리를 스 쳤다. 도봉산과 북한산을 오를 때마다 까마득하게 올려다 보이던 선인

한 등산객이 용화산 정상 못미처의 소나무숲을 지나고 있다.

253

봉, 만장봉, 자운봉 그리고 인수봉, 백운대, 노적봉 등 나로서는 평생 오를 수 없다고 생각했던 봉우리를 오르고 싶어 코오롱등산학교 정규반 19기에 입교했던 것이다. 예상과는 달리 엄격한 규율 밑에 강도높은 암벽훈련에 나 자신 몇번이나 그만두고 싶은 좌절감에 빠졌었다.

 선임조인 1조 8명의 헌신적인 협조, 그리고 두명의 담임선생인 대학산악연맹 이사이며 사무국장인 전두성(田斗聖 · 45)씨와 박열주(朴烈主 · 35)씨의 열성적인 지도와 이용대(李容大 · 61) 교장의 격려에 힘입어 정말 어렵사리 졸업을 할 수 있었다. 5주째 인수 B코스와 아미동 길을 사력을 다해서 올라 인수봉 정상에 섰을 때의 감격, 그리고 마지막날 졸업등반 때 비가 온 뒤라 미끄러운 바위를 간신히 올라 노적봉 정상을 밟았을 때의 희열은 정말 평생을 두고 잊지 못할 것만 같다.

 야영장 옆의 샘터에서 시원한 물로 목을 축인 후 헬멧을 쓰고 안전벨트와 각종 암벽장비를 찬 모습으로 씩씩하게 암벽으로 향하는 이들과 작별하고 우리는 참나무가 우거진 숲속길로 발길을 옮겼다. 20분 후에는 두 가닥의 로프가 길게 내려진 미끄러운 경사 길을 오르는데 장위동 이웃에

용화산 정상을 향해 오르고 있다.

살면서 늘 도봉산을 함께 다니는 주부 김수자(金秀子·54)씨와 장동수(張東秀·53)씨도 땀을 흘리며 줄을 잡고 올라온다. 알고 보니 이 두분은 얼마 전부터 암벽 등반을 배우기 시작했는데 무척 힘이 들었지만 인수봉에도 몇 차례 올랐다는 맹렬 여성 클라이머들이었다.

아기자기한 암릉길을 걷는데 저 만치에 암벽을 타고 올라온 팀과 마주쳤다. 그들 중 한 청년이 반갑게 인사를 하는데 그는 19기 1조원인 김대건(金大建·30)씨였다. 기아서비스(주) 물자관리과에 근무하는 한결 산악회(회장 최선호) 회원인 그는 19기 졸업생 69명 가운데 최우등상을 받은 아주 모범적인 클라이머다. 승희등산장비점 대표이며 이번 19기 출신인 서병수(徐丙洙·42)씨와 함께 어려웠던 추억담을 즐겁게 나누었다.

다시 10분 후에는 용화산 성터를 지나 얼마 후 정상을 밟았다. 해오름산악회 회장인 전호찬(47)·김은진씨(43) 부부가 남쪽의 수리봉능선 뒤의 대룡산과 금병산 그리고 서쪽의 화악산을 가리킨다. 나는 산과 호수가 조화를 이룬 절경을 대하자 문득 은사이신 김광회(金光會) 선생님의 시가 떠올랐다.

　　　　　물빛 그대로
　　　　　안팎으로 비추며
　　　　　흙빛 그대로
　　　　　오래 참으며
　　　　　산이랑 살더라
　　　　　호수랑 살더라.

　　　　　구수한 가슴끼리
　　　　　서러운 가슴도 더불어
　　　　　술같이 익으며

　　　　　처음의 얼굴
　　　　　처음의 목소리
　　　　　처음의 체온들

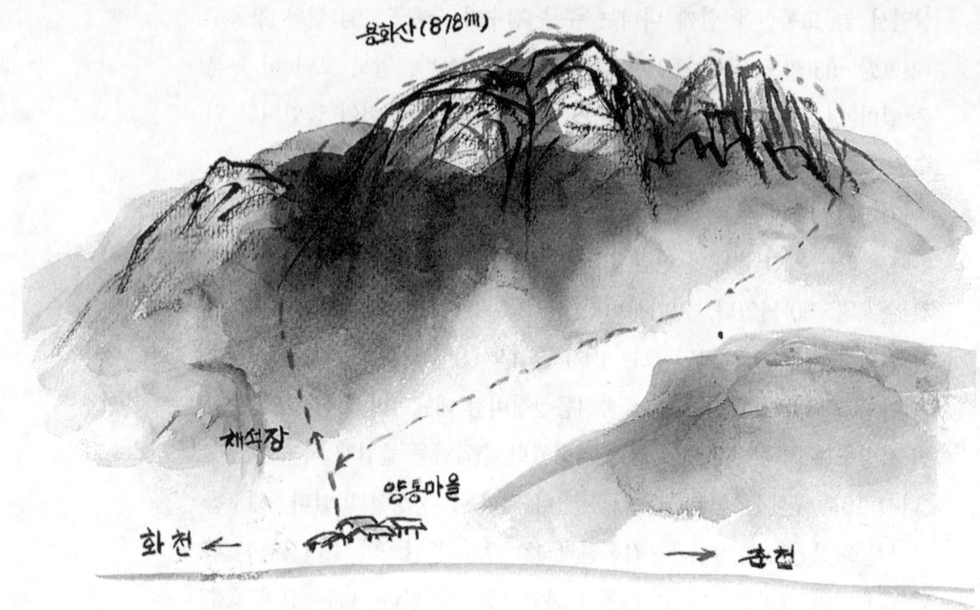

거기 살더라.

멋대로 흔들며
저만치 앞서가는
보기 딱한 세상을
근심하는 이웃들
어제와 오늘 내일
멀고 험한 길을
숲과 같이 살더라
호수같이 살더라
봄가을 가림 없이
절로 절로 살더라.

정상에서 858m 봉까지의 암릉길은 크고 작은 바위를 넘으면서 분재와
같은 노송 사이를 누비고 지나가는 아주 멋진 코스이다. 오른쪽 급경사
길을 장성열(41)·김교진씨(37)들과 내려오는데 어디선지 뻐꾹- 뻐꾹-
하고 뻐꾹새 울음소리가 들려왔다.

용화산 정상부.
산행 기점인
양통마을에서
바라본 모습.

上海峰 상해봉

포천·화천 경계에 솟은 암봉

산 좋고 물 맑기로 유명한 백운계곡에는 울긋불긋한 등산복 차림의 등산동호인 3,000여 명이 모여 자연보호를 다짐하는 결의로 뜨거운 열기를 내뿜고 있었다. 지난 6월 19일 생활체육 서울특별시 등산연합회에서 주관한 제14회 '푸른 산 맑은 물 아름다운 자연 가꾸기' 행사가 열리고 있는 것이다.

연합회 산하 57개 단체가 모인 이날 행사는 이근수 회장의 대회사와 이 고장 출신 국회의원 이한동씨와 포천군수 김영철씨의 축사에 이어 한국사회체육진흥회 회장인 김행일씨의 격려사로 이어졌다. 회원 각자의 얼굴에는 아름다운 우리의 강산을 내손으로 깨끗하게 가꾸어서 후손들에게 물려줘야 할 사명감이 넘쳐 흘렀다. 각자 쓰레기를 담아 올 비닐봉지를 받아든 후 수십 대의 버스는 대회장을 떠나 각 산악회별로 광덕산, 무학봉, 번암산과 백운산 등 인근 산으로 향하였다. 내가 따라 나선 장수(壯秀)산악회(현, 장수산맥)가 오를 산은 광덕산 북쪽에 위치하고 있는 상해봉(上海峰·1,010m)이다.

장수산악회의 버스는 이동쪽으로 되돌아 나와서 다시 북쪽인 와수리 방면으로 향하였다. 차창을 통해 녹음이 우거진 주변의 산들을 바라보노라니 지난번 여름 일본 북알프스 종주때 본 일본인들의 자연보호 활동이 문득 머리에 떠오른다. 그곳 등산객들은 하나같이 허리에 조그마한 휴대용 재떨이를 차고 있었는데, 담배꽁초는 고사하고 담배 재까지도 거기에 터는 것을 보고 무척 놀란 적이 있다. 얼마 전 월간 「산」지에서 이런 등산용 재떨이를 제작 판매한다는 광고를 보았지만, 여태껏 이런 재떨이를 차고 등산하는 사람은 별로 본 적이 없다.

또 오래 전부터 도봉산 입구에서는 '자연보호를 위한 시민의 모임(회장

원아사 부근의
계류.

황인철)'에서 담배꽁초를 담을 필름 통을 나누어주고 있는데 매주 시내 각 신문사의 사진부에 들러 필름 통을 수집해서 제1휴식처 입구에 비치 해놓는 84세의 임우순씨를 뵈올 때마다 자연히 고개가 숙여진다.

검문소를 지나 잠시 후 11시 정각에 다리 옆 산행기점에서 버스를 내린 우리는 오른쪽 넓은 길로 접어들었다. 밤나무 꽃의 짙은 냄새를 맡으며 협곡으로 들어서면서 맑게 흐르는 계류를 오른쪽으로 끼고 좁은 등산로 를 오르기 시작했다.

선두에는 김용수(金龍洙·36)씨가 서고, 그 뒤를 장수산악회 회장인 이 상만(李相萬·64)씨, 이사 이봉국(李鳳國·71)씨 그리고 고문인 조명래 (趙明來·82)씨 등이 바짝 뒤따랐다. 이상만씨는 한 주라도 산행을 거르 면 몸살이 날 정도여서 매주 어김없이 산을 찾는다고 한다.

등반대장인 신용철(申龍澈·59)씨는 '우리 산악회는 남들이 많이 다니

는 넓은 등산로보다는 될 수 있으면 덜 알려지고 깨끗한 길을 많이 찾는
다'고 설명을 하는데 정말 사람의 발길이 거의 미치지 않은 듯한 깨끗한
돌이며 그 위에 돋아난 새파란 이끼는 원시림 속에 들어와 있는 느낌이
어서 우리 모두를 황홀경으로 몰아 넣었다.

　　　가난은 별로 살갗에 닿지 않네.
　　　풀포기로 노니니
　　　갈대처럼 아프지 않아도 되고
　　　신(神)이 너그러워
　　　모처럼 마음은 버리라네.

　　　한 마리 송사리로
　　　계곡에선 하백(河伯)되어 꼬리치네.

　　　아무도 없어 스스로 잔에 산수가 가득
　　　목숨이 넘실넘실.
　　　없는 것이 실상 있는 것…
　　　몇 해 만에 펴난 도라지꽃 참 슬기롭네.

　부회장인 정순범(鄭舜範 · 54)씨와 민구홍(閔九洪 · 63)씨도 이렇듯 깨
끗한 산은 처음이라며 감탄을 한다. 하늘을 가리는 울창한 수림 속을 걸
어 20분만에 능선에 닿았고 다시 10분 후에는 광덕산 정상을 밟았다. 잠
시 후 장수산악회의 살림꾼인 총무 김송심(金松心 · 30)씨와 중간 가이드
인 이희정(李姬正 · 27)씨를 비롯해서 운영위원장인 최흥교(崔興敎 · 60)
씨　그리고 성열주(成烈柱 · 43)씨가 땀을 흘리며 올라온다.
　잠시 땀을 식힌 우리는 북쪽 저 멀리에 온통 바위로만 이루어진 상해봉
을 향해서 널따란 길을 걷기 시작했다. 얼마 후에 헬기장을 통과하고 또
다시 우거진 숲속으로 들어가니 저 만치에 거대한 암봉이 앞을 가로막고
있다. 그러나 어려운 곳에는 로프도 설치되어 있어서 그리 힘들이지 않
고 상해봉 정상에 오를 수가 있었다.

광덕산 숲길을 걷는
등산객

261

정상은 생각보다 좁았는데, 선두를 보던 김용수씨가 커다란 수박을 쪼
개서 정상을 밟은 회원들에게 '힘드셨지요?' 하며 한 쪽씩 나누어주고
있었다. 한참 갈증이 심할 때라 그 맛이야 말로 정말 꿀맛이었다. 막힌
데 없이 사방이 탁 트인 정상에서의 조망은 정말로 일품이다. 북으로부
터 시작해서 동쪽으로 적근산과 복주산 다시 남쪽에는 백운산, 무학봉과
국망봉의 연봉들이 출렁이고 있고 명성산도 아련히 시야에 들어온다.

팔순이 넘은 성수한의원 원장 조명래씨는 황해도가 고향인데 북녘 땅이
지척인 상해봉 정상에서 꿈에도 그리던 고향 땅쪽을 바라보니 어느덧 눈
시울이 붉어진다. 언제나 통일되는 날이면 두고 온 북쪽의 명산들을 두
루 가보기 위해 더욱 열심히 등산을 한다는 조원장은 어찌나 정정한지
이제 회갑을 조금 넘은 분 같다.

정상에서 급사면을 조심스럽게 내려서서 광덕산 쪽으로 오던 길을 되내
려오다가 서쪽 계곡 길로 빠지는 지점에서 점심을 먹었다. 배흥복(裵興

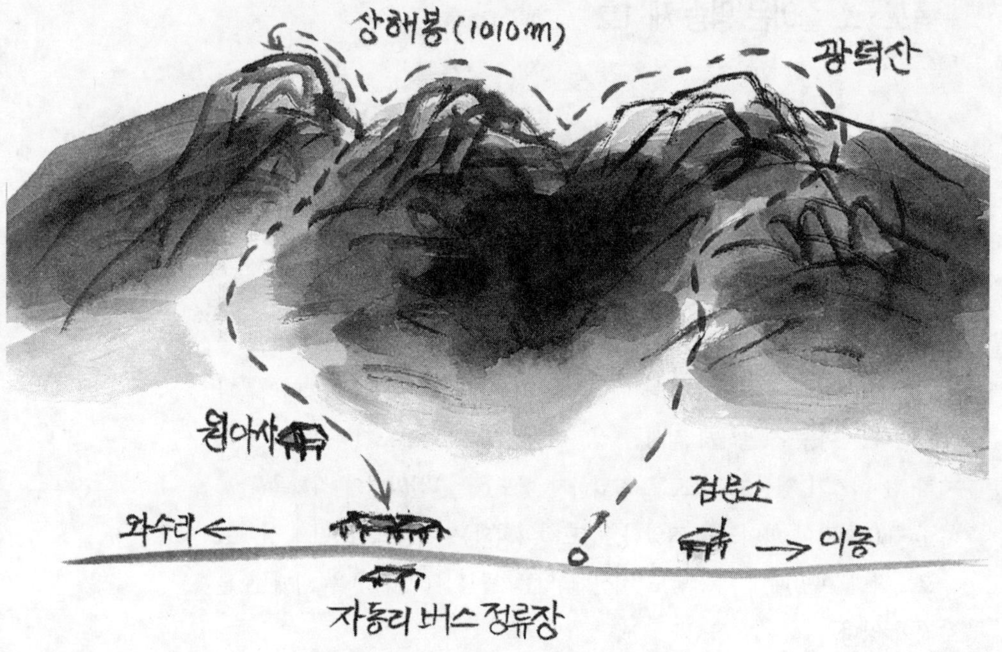

福·49), 김영구(金英九·49) 그리고 조성관(趙成官·43)씨 등과 잔을
주고받으며 맛있게 식사를 하는데 황룡상사 대표인 김원상(金源相·52),
송명희(宋明姬)씨 부부는 이렇게 늘 함께 산에 다니니 언제나 신혼초기
같은 느낌이라며 활짝 웃는다.

올라올 때처럼 깨끗한 길을 중간가이드인 김광일(金光一·31), 임규열
(林圭烈·40)씨 등과 함께 걸어 2시 20분에 원아사(園我寺)를 지났다.
다시 40분 후에는 자둥리 버스정류장이 저만치 보이는 지점까지 내려왔
는데, 우리보다 한발 앞서 내려와서 맥주 잔을 기울이고 있던 일행이 나
를 보더니 잔을 높이 치켜들면서 어서 오라고 손짓하고 있었다.

청학동 소금강
폭포·소 줄이은 명승 제 1호

"오늘 우리가 찾아가는 청학동 소금강은 이미 20여년 전에 우리 나라에 서는 처음으로 명승 제1호로 지정된 명소로서, 깨끗하고 맑은 계곡에 줄 줄이 이어진 폭포와 소(沼)등 아름다운 경관은 무더위에 지친 여러분의 가슴속을 아주 시원하게 적셔줄 것입니다. 그리고 또 노인봉은 …" 우리 가 탄 버스가 영동고속도로로 진입하자 삼도(三道)산악회의 김황옥(金黃 玉·60)회장이 마이크를 잡았다. 삼도산악회와는 이번이 두 번째 산행으 로, 작년 이맘때에 충청남도 서산에 있는 팔봉산(八峰山)을 함께 오른 적이 있다.

오전 7시 정각에 동대문을 출발한 버스는 간간이 뿌리는 빗속을 달려 3 시간 30분만에 진고개산장 앞에 도착했는데, 버스에서 내리니 몸을 가눌 수 없을 만큼 세찬 바람이 불어온다. 10시 45분, 우리는 비옷과 배낭덮 개를 준비한 후 노인봉(老人峰·1,338m)을 향해서 좁은 밭고랑으로 올 라섰다.

길 양쪽으로 빽빽이 들어찬 잡목 사이를 걷는데 처음에는 길이 제법 가 팔랐으나 얼마 후부터는 아주 평탄한 길로 이어진다. 등반대장인 이사차 씨(37)와 박종구씨(37) 그리고, 한주연씨(30)가 맨 앞에 서고, 산악회 이사인 최귀진씨(56)와 김항열씨(56)가 그 뒤를 따랐다.

길은 계속 순탄해서 1시간 후에 남쪽이 확 트인 전망이 아주 좋은 곳에 서 잠시 휴식을 취한 후 20분만에 노인봉 정상에 우뚝 섰다. 동쪽으로 길게 이어진 황병산이 보이고 서쪽으로는 동대산의 연릉이 손에 잡힐 듯 하다. 정상에는 바람이 너무 세차게 불어서 몸이 날아갈 것만 같다. 바 로 밑에 있는 산장으로 내려와서 시원한 막걸리로 목을 축였다.

아침 일찍 떠나느라고 새벽밥을 먹었기 때문에 시장기를 느낀 우리는

이곳에서 점심을 먹기로 했다. 여성의류 수출업체인 (주)이연(利延) 패션의 대리 이해순(李海順·34)씨가 준비해온 푸짐한 반찬으로 맛있는 점심을 마치고 군견훈련소의 교관인 표성배(表成培·30)씨로부터 군견훈련 때의 재미나는 얘기를 듣다가 12시 40분에 산장을 출발했다.

"이제부터 여러분은 신비스러울 만큼 아름다운 경치가 펼쳐지는 청학동 소금강으로 내려가시게 됩니다…"라는 김황옥 회장의 설명을 들으며 50분만에 낙영폭포 앞에 닿았다. 새하얀 암반 위를 흐르는 맑은 물에 이어 펼쳐지는 소(沼)와 폭포에 모두들 피곤함도 잊은 듯 즐거운 표정이다. 낙영폭포를 지나 1시간만에 광폭포를 통과했다.

광폭포 주변의 경치에 정신이 팔린 채 계속 걷고 있는데 저만치 아래쪽에서 등산객들이 질서정연하게 올라온다. 맨 앞에 선 아가씨의 인상이 낯익어서 처다보았더니 그쪽에서 먼저 "아니! 최선생님 아니세요?"하며

노인봉 정상 부근을 오르는 등산객들.

265

다가온다. 그녀의 가슴에 달린 '일맥산악회'란 리본을 본 순간 나는 '아 –'하고 소리를 질렀다.

 지난 5월말에 졸업한 코오롱등산학교 정규반 19기에는 경기도 이천에 있는 일맥(一脈)산악회에서 무려 6명이나 입교해서 화제가 된 적이 있는데, 선두에 선 아가씨가 바로 19기 동기생인 윤혜숙씨(29)이었던 것이다. 반갑게 손을 잡고 재회의 기쁨을 나누는데, 차례로 올라오던 동기생들이 계속 "최선생님, 최선생님!"하며 반가워한다. 무엇보다도 제일 기뻤던 것은 나와 같은 1조에 속한 자일 파트너였던 강성구씨(44)와의 만남이었다. 졸업식을 앞둔 5주째의 암벽훈련 때 북한산의 인수 B코스와 아미동 길을 오르는데, 직벽에 매달려 사력을 다하다가 계속 미끄러져 떨어질 것만 같아 확보를 봐주던 강성구씨에게 보이지도 않는 그를 향해서 다급한 목소리로 연거퍼 '줄 당겨–'만을 외쳐대던 생각이 문득 떠오

노인봉 산장.
청학동 소금강을
찾는 이들의
쉼터이다.

른다.

 이종선(49), 송병환(44), 윤승호(40) 그리고 유제홍씨(36) 등과 6주간
의 악몽(?) 같던 암벽훈련 얘기로 꽃을 피우는데 뒤늦게 올라오던 등반
대장인 박석호씨(44)를 우리보다 코오롱등산학교 4기 선배라며 강성구
씨가 소개한다. 뒤이어 올라오던 부회장인 백순정(47)·송기자씨(52)와
고문인 김유호(57)·변지홍씨(60) 그리고 감사인 이경재씨(52)와도 인
사를 나누었다.

 창립된 지는 불과 5년밖에 안됐지만 매월 회보까지 발행하고 있는 일맥
산악회의 오경환(54) 회장과 총무인 박종숙씨(40) 그리고 박현옥씨(31)
와 작별 인사를 나누고 삼폭포를 지나서 얼마동안을 내려가니 갖가지 형
상의 만물상이 앞을 가로막는다. 모두들 주변의 절경에 반해서 자리를
뜰 생각조차 안하고 있으니까 신상대씨(60)가 "아니, 이러다가는 여기서

청학동 소금강
만물상 부근.

267

밤을 새우겠는데요"라고 해서 모두가 유쾌하게 웃으면서 자리를 떴다.

오후 3시 30분에 3단의 폭포로 장관을 이루고 있는 구룡폭포를 지나 다시 15분 후에는 식당암을 거쳐 금강사(金剛寺) 앞에 닿았다. 최근 법당을 세운 이 절은 30년 전에 정각스님이 새로 지은 비구니사찰로서, 주지인 보엽스님은 비구니스님의 도량을 건립하는 것이 평생의 꿈이라고 한다. 스님의 소원이 하루 속히 이루어지기를 마음속으로 빌면서 계속 이어지는 연화담과 십자소, 그리고 청학산장을 지나 산행을 시작한지 6시간만에 버스가 기다리고 있는 상가에 도착했다.

나는 너무나도 목이 타서 시원한 맥주라도 마시려고 마땅한 식당을 기웃거리는데 저쪽에서 우리 일행이 손짓을 한다. 이들은 신용보증기금 간부로 함께 근무하고 있는 오강근(吳康根·58)씨, 황천성(黃千星·46)씨 그리고 이종억(李鍾億·52)씨와 곽명섭(郭明燮·56)씨였다. 우리는 함께 시원한 맥주 잔을 기울이며 즐거운 대화를 나누었다.

떠날 시간이 거의 되어 버스에 올랐는데, 주부인 김소영씨(46)와 양성희씨(40)는 등산으로 건강이 아주 좋아졌다고 등산예찬이 대단하다. 얼마후 한 쌍의 부부가 힘겹게 내려오는데 부인이 거의 탈진한 상태로 발

을 질질 끌면서 버스에 올라탄다. 부천의 (주)국제금형에 근무하는 성두
영(47)·손명희씨(44) 부부였는데 놀랍게도 부인은 이날 등산이 처음이
라니 코스가 너무 길었던 것 같다. 버스가 서울을 향해서 진고개산장쪽
으로 꼬불꼬불한 길을 힘겹게 오르는데 조금 전까지만 해도 이제 다시는
산에 안 갈 것같이 이를 갈던(?) 그녀의 고통스러웠던 얼굴이 서서히 펴
지면서 옆에 앉은 남편 귀에다 대고 "여보! 다음 일요일에도 저를 꼭 산
에 데리고 가시는 거지요?"라며 나직이 속삭이고 있었다.

御踏山 어답산789m

횡성군에 위치한 깨끗한 산

장대비를 맞으며
하산하고 있다.

"오늘은 전국적으로 많은 비가 내리겠으며, 곳에 따라서는 100밀리가 넘는 폭우도 예상됩니다. 그리고…" 아침 일찍 집을 나와 버스 안에서 들은 오전 6시 뉴스시간의 일기예보는 나의 마음을 몹시 초조하고 불안하게 만들었다. 아니나 다를까, 동대문주차장에 미처 도착하기도 전에 갑자기 빗방울이 버스차창을 세차게 두드린다. 평소 같으면 원색 등산복 차림의 물결이 넓은 광장을 거의 메웠을텐데, 비가 내리는 탓인지 오늘 따라 무척 한산하기만 하다.

우리는 '어답산'이라고 써 붙인 산가족산악회(회장 백경열)의 버스에 쏟아지는 비를 피해서 얼른 올라탔다. 자리를 잡고 앉아 있는데, 버스에 오르는 산가족산악회 회원들이 저마다 등반대장인 김승호(金承鎬·43) 씨에게 다가가서 축하한다고 악수를 청한다. 나는 무슨 일인가 궁금해서 장해숙 총무에게 물어보았더니 그 동안 한신기획이라는 광고기획전문회사를 운영하던 김승호씨가 나흘 전에 기업체행사 주관업체인 '이벤트 메이트'라는 회사를 새로 설립했다는 것이다.

예정 시각보다 조금 늦은 7시 50분에 동대문주차장을 출발한 버스는 빗속을 달려 새말휴게소에서 잠시 멈추었다가 횡성읍을 통과한 후 대관대천을 끼고 산골짜기로 깊숙이 파고 들어가서 정오에 산행기점인 횡성군 갑천면 병지방리에 도착했다.

강원도에서도 아주 오지인 병지방리에 이르는 길은 맑게 흐른 대관대천을 따라 골짜기를 굽이굽이 돌아서 들어가는데, 삼거저수지에서 올려다 보이는 어답산의 위용은 자못 웅장하다. 버스에서 내린 우리는 대관대천을 건너야 하는데 다행히 물이 그리 많지는 않았지만 발목 위까지 올라올 것 같아서 모두가 등산화를 벗어 들고 건너기 시작했다.

이곳에서부터 등산로는 계속해서 맑게 흐르는 계류를 따라 이어지는데, 몇 차례 계류를 건너가며 서서히 가팔라지기 시작한다. 어답산은 워낙 교통이 불편해서 등산객의 발길이 거의 미치지 않아 표현할 수 없으리만큼 태고의 신비를 그대로 간직하고 있다. 앞서 가던 부회장 신정봉씨 (52)와 한대환씨(44) 그리고 손춘모씨(54)도 이렇게 깨끗한 산은 처음이라며 계속 탄성을 연발한다. 하늘을 가리는 울창한 숲속을 통과하면서 평탄한 길을 걸어 40분만에 오른쪽 급사면으로 방향을 바꾸었다.

선두에는 등반대장인 김승호씨, 총무인 김운식씨가 서고 그 뒤를 이사 황규남씨(47)와 최명철씨(43), 그리고 외환은행 총무부에 근무하는 이순형 차장(李順衡·49)과 부인인 이영순(李英順·39)씨가 뒤따랐다. 중간 가이드는 김형국씨(37)가, 후미는 정재덕씨(36)가 맡기로 하였다. 이곳부터는 정말 코가 땅에 닿을 정도의 깔딱 고개인데 비마저 내려서 어찌나 미끄러운지 몹시 힘이 들었다.

산행 경력이 그리 많지 않은 서수일씨는 계속 가쁜 숨을 몰아 쉬며 힘겹게 오르는데, 몇 군데 바위를 오르는 곳에서는 나와 늘 도봉산에 함께 다니며 얼마 전에는 도봉산만 부부동반으로 800회를 기록해서 화제가 되었던 이명재(李明載·61)씨가 친절하게도 손을 잡아주면서 계속 도와주었다. 수많은 잡목과 잣나무군락을 통과하며 50분만에 어렵사리 안부에 올라섰다.

양평동 오목교 동쪽에 위치한 백정형외과의원 원장인 백경렬(白慶烈·49)씨와 인사를 나누었는데, 대학교 재학시절부터 산악부에서 활동했다는 그는 산가족산악회 회장을 맡은 지가 7년이 된다고 한다.

뒤이어 올라온 광화문에 있는 조종만치과의원 원장인 조종만(趙種萬·

어답산으로 가는 길 옆에 핀 나팔꽃.

어답산 산행기점
병지방리를 향해
가고 있다.

55)씨와 김사옥(金士玉·54)씨 그리고 신규호씨(44), 국세청 과장인 김칠수(金七受·51)씨와 얘기를 나누었다. 조원장은 서울대학교 재학시절부터 승마와 테니스를 비롯해서 안해 본 운동이 없으리만큼 만능 스포츠맨으로서, 이미 오래 전에 골프 핸디가 싱글이었는데도 모든 것을 다 팽개치고 결국은 등산에 귀의(?)하게 되었다며, 이날 산행이 50개 산을 오른 뜻깊은 날이라고 매우 기뻐한다.

잠시 땀을 식힌 우리는 정상을 향해서 다시 발길을 재촉했다. 25분만인 오후 1시 55분에 헬기장 표시도 선명한 정상을 밟았다. 그토록 내리던 비도 잠시 멈추고, 하늘이 조금은 열리는 것 같았으나 모두 짙은 비구름 속에 주위의 산들은 그 모습을 감추고 있었다.

우리는 김승호씨의 설명만으로, 북쪽으로 공작산과 대학산, 동쪽으로는 운무산과 봉복산 그리고 남쪽으로 길게 펼쳐져 있다는 매화산과 치악산 줄기를 그냥 머리 속으로만 상상해 볼 수밖에 없었다.

정상에서 쉬는 동안 옆에 앉은 여성 두명과 인사를 나누었는데, 이 산악회와 매주 함께 다닌다는 박정희(朴貞姬·49)씨와 김성수(金成洙·42)씨였다. 나와 이름이 똑같은 김성수씨는 개포동에서 새싹유치원을 운영하고 있는데, 한문으로 이름마저 거의 같아서 처음 만났지만 금방 친숙해지는 느낌이었다.

시장기를 느꼈으나 계속 내리는 비 때문에 도시락을 풀 수도 없어서 우리는 2시 15분에 정상을 출발해서 서둘러 하산을 시작했다. 하늘을 가리는 숲길을 내달아 20분만에 오른쪽 계곡으로 빠졌는데 갑자기 길이 끊기고 말았다.

잡목과 가시덩굴을 헤치며 길을 찾아 어렵게 내려가는데 비까지 세차게 퍼부어 여간 고역이 아니었다. 비를 흠뻑 맞으며 앞서 가던 이명재씨가 "최형! 옛날 공룡능선 넘던 생각 안나요?"라며 뒤돌아보고 싱긋 웃는다.

그러니까 약 10년 전이다. 그때 80mm가 넘는 폭우가 쏟아지던 날, 우리는 그 비를 몽땅 맞으며 등산로가 모두 도랑천으로 변해서 발목 위까지 물이 차는 길을 걸어 장장 13시간만에 힘겹게 공룡능선을 넘던 기억이 뇌리를 스치고 지나간다.

길도 없는 골짜기를 헤매면서 간신히 내려와 보니 엉뚱하게도 삼거저수지 옆이었다. 산악회 고문 원종국(元鍾國·62)씨와 부회장 조혜자(曺慧子·52)씨 그리고 늘 도봉산ㄴ에 함께 다니는 최용운(崔龍雲·63) 비에 젖은 몸이 무척 피곤해 보인다. 앞서가던 학원의 수학강사인 박혜숙(朴惠淑)씨와 김성수씨 그리고 박정희씨도 몹시 힘이 드는 기색이지만 어려운 여건에서도 조금도 흐트러짐이 없는 단정한 몸가짐이 아주 돋보였다.

취사 준비를 하는 동안 백경렬 원장, 조종만 원장들과 즐거운 얘기를 나누다가 백원장과 우연히 출신학교 얘기가 나왔는데, 내가 선배가 된다고 했더니 곁에서 내말을 들은 청년이 일어서더니 "저도 같은 대학교 출신인데요"라며 정중하게 인사를 한다. 그는 사회학과 출신의 천길환(千吉煥·34)씨인데 제일제당에 근무한다고 한다. 옆에서 누군가가 "아니 그럼 세 분께서 함께 교가라도 부르셔야겠는데요"라고 해서 모두다 웃었다. 우리는 김승호씨가 새롭게 설립한 이벤트 메이트사의 앞날에 무궁한 발전이 있기를 축원하면서 소주잔을 부딪쳤다.

劍峰 검봉530m

북한강변에 자리잡은 단풍산

"요산회 안경호 회장님이시지요? 저 월간 「산」 '그림산행'의 최성수입니다."

여태껏 한 번도 만난 적은 없지만 청량리역 대합실 앞에 서 있는 그를 발견한 순간 나는 책에서 많이 보아온 그의 얼굴을 금방 알아볼 수가 있었다.

우리는 반갑게 악수를 나누었는데, 고려대학교 출신인 안경호(安京濩·62) 회장과는 동문이기도 하기 때문에 비록 오늘의 만남이 초면이긴 하지만 마치 십년지기나 다름없이 무척 친밀하게만 느껴졌다.

지금은 강남 요산회로 이름을 바꾼 옛 요산회(樂山會)의 1,420번째 행사인 이날의 검봉(劍峰·530m) 산행에 참가한 30명의 회원들은 오전 7시 47분에 출발하는 춘천행 무궁화 호에 몸을 실었다. 10월 중순의 가을 날씨는 몹시 화창하였고, 차창 밖으로 이어지는 단풍은 온 산을 노랗고 붉게 수놓고 있었다. 달리는 열차 안에서 안경호씨의 소개로 요산회 산행에만 800회를 기록한 차인규(車仁奎·66)씨, 대인기업 사장인 송대종(宋大種·65)씨, 은행 중역으로 퇴임한 배기수(裵基秀·69)씨들과 인사를 나누었다. 이들은 요산회가 창립된 1970년부터 28년간 줄곧 이 산악회와 더불어 살아온 원로 산악인들이다.

즐거운 대화를 한없이 나누다 보니 어느덧 열차는 1시간 15분만에 강촌(江村)에 도착하였다. 길가에 늘어선 식당 가를 지나니 오른쪽으로 '강선사'라고 쓴 표지판이 눈에 띈다.

이 강촌은 주말만 되면 서울 등지에서 놀러오는 대학생들로 몹시 붐비는 곳이기도 하다. 포장된 길을 얼마동안 올라가니 저 만치에 강선사(降仙寺)의 지붕이 보이기 시작한다.

현재 삼신각을 새로 짓고 있는 강선사는 1959년에 혜도(彗道·86) 스님이 창건했는데, 스님은 마침 출타 중이었다. 이곳에서는 북쪽 아래로 북한강과 경춘 국도가 한눈에 내려다보였다.

올라왔던 길을 다시 조금 내려가다가 오른쪽 리본이 몇 개 달린 곳에서 숲속길로 접어들었는데 잣나무가 빽빽한, 조금은 가파른 길을 올라 9시 10분에 춘천 쪽이 환히 보이는 능선에 올라섰다.

내 뒤로 따라 오던 김정이(金貞伊·35)씨와 임영숙(林瑛淑·40)씨 그리고 광고회사에 근무한다는 양소영(梁少暎·29)씨도 땀을 흘리며 올라온다. 김정이씨는 CBS방송문화원과 각 기업체의 일본어강사이며 또 임영숙씨도 반포학원과 여러 기업체에서 영어를 가르치고 있다고 한다. 요산회 창립회원인 정경택(鄭敬澤·63)씨가 "오늘 이분들 앞에서 서투르게 영어나 일어를 함부로 지껄였다가는 큰 망신을 다할 테니 모두들 입을 조심합시다"라고 해서 한바탕 웃음판이 벌어졌다.

단풍이 아름다운 강선사 부근의 산길을 걷고 있다.

들국화가 핀
문배마을의 농가.

잠시 땀을 식힌 우리는 이곳을 떠나 15분 후에 486m봉에 도착했다. 이곳에서도 푸른 물줄기가 굽이쳐 흐르는 북한강 너머로 붉은 단풍옷을 곱게 차려 입은 삼악산의 연릉이 손에 잡힐 듯하다. 얼마 후에 송전탑을 지나서 내리막길을 걷다가 또다시 급경사를 올라서 11시 10분에 정상을 밟았다. 올라오는 길은 수북이 쌓인 낙엽이 마치 카펫을 밟는 것처럼 폭신폭신해서 여간 상쾌한 것이 아니었다.

부부동반으로 한 주도 빠지지 않는다는 진대호(陳大鎬·67)씨와 당뇨로 몹시 고생하다가 등산으로 많은 효험을 보았다는 이용주(李鏞周·62)씨, 그리고 유해진(兪海鎭·44)씨들과 북한강 너머 삼악산과 주변의 산들을 바라보노라니 마치 구름 위에 떠있는 기분이었다.

정상을 출발한지 20분 후에는 헬기장을 통과하고, 정오에는 하늘을 찌

검봉 기슭에 위치한 강촌역. 검봉 산행의 기점이다.

를 듯이 쭉쭉 뻗은 잣나무군락을 왼쪽으로 끼고 평탄한 숲길을 걷는데 어찌나 경치가 좋은지 모두가 입을 다물지 못한다. 조금 후에 안부에 도착하니 먼저 온 회원들이 도시락을 풀고 있었다.

한국생명의 부장인 이근호(李根浩·47)씨 그리고 차장인 이형진(李亨珍·41)씨들과 어울려서 반주로 소주잔을 기울였다. 뒤늦게 보험업계에 뛰어든 한국생명은 전직원의 헌신적인 노력으로 불과 5년만에 후발업체 중에서는 단연 선두 그룹에 서게 되었다고 이근호 부장이 자랑한다.

즐거운 점심을 마친 우리는 12시 40분에 이곳을 떠나 20분 후에는 대여섯 가구가 옹기종기 모여 그림처럼 평화스럽게 살고 있는 문배마을을 지나 구곡폭포 근처를 통과한 후 오후 1시 30분에 주차장에 도착했다.

서울로 돌아오는 열차시간이 아직 남아 있어서 강촌까지 걸어나와 감자부침이며 집에서 직접 만들었다는 두부 등 토속음식을 안주 삼아 막걸리잔을 기울이며 즐거운 대화를 나누었다.

이때 성남에서 한일펌프 대리점을 운영하는 조원이(趙源二·56)씨가 "안회장님-, 새로 쓰고 계시는 책은 언제쯤 나오나요?"하며 묻는다. 이미 「한국 100명산」에서 「300명산」까지 세 권의 등산안내서와 「산으로 가는 길」 등의 저서를 낸 바 있는 안경호씨는 그의 필생의 역작으로 현재

준비하고 있는 「전국 500산 코스집」을 금년 말쯤 선보이게 될 것이라 한
다. 대학교 1학년 때부터 등산을 시작한 안회장은 45년 동안에 2,300회
의 산행을 기록했으며, 해외등반 100여회, 요산회에서 오른 산만도 500
개가 넘는다니 그저 놀라울 따름이다. 열차시각이 임박해서 역쪽으로 걸
어 나오는데 북한강 너머 삼악산에는 붉게 물든 단풍이 훨훨 타오르고
있었다.

흙은 흙끼리 모여
산으로 솟아나고
물은 물끼리 만나
강이 되어 노닐더니

식구들 모두 데리고
산은 강으로
강은 산으로
가서 속마음 옷고름 풀고
알몸마저 나누니
피어난 만가지 목숨들
잔치 벌이네

이 가운데 사람이 으뜸일까
잠시 울음 울다가는
풀벌레인걸
시름 가실 날이야
쉬이 잊겠나

절로 절로 가라고
온 누리 처음은
한줌 흙과 물
세상 맨 나중도
한줌 흙과 물.

孔雀山 공작산 887m
홍천군에 솟아있는 아름다운 바위산

"행사도 물론 중요하겠지만 환경 오염의 심각성을 깊이 인식하고, 백마디 말보다는 우리 각자가 솔선수범해서 휴지 한 장이라도 내가 먼저 줍는 습관을 생활화해야만 아름다운 우리 강산을 자손만대에…." (주)국민신용카드 이기용(李淇鎔·62)사장의 힘찬 목소리는 강원도 홍천군 동면 공작골 일대에 길게 메아리쳐 울려 퍼졌다.

겨울의 문턱에 들어선다는 입동(立冬)이 지난 일요일 아침, 공작산 입구의 너른 광장에는 그린스카우트 공식후원사인 국민신용카드 임직원 140명이 모인 가운데 그린 스카우트 국민신용카드지부 결성식이 성대하게 거행되고 있었다. 그린스카우트 부총재인 서강대 언론대학원장 최창섭(崔昌燮)교수의 축사에 이어 그린스카우트 추진담당책임자인 이민수(李敏洙·55)씨의 경과보고 등, 김정기(金正基·50) 정보시스템 부장의 사회로 진행된 이날의 행사에 참가한 임직원의 얼굴에도 자연보호의 파수꾼이란 자부심과 굳은 의지가 넘쳐 흘렀다.

우리는 식이 끝난 후 도시락과 쓰레기를 담을 비닐봉지를 받아 든 다음 공작산을 향해서 넓은 수렛길을 걷기 시작하였다. 맑게 흐르는 계류를 몇 차례 건너는데, "저 위 좀 쳐다보십시오. 공작새가 날개를 활짝 펴고 있지 않습니까?"라며 국민신용카드의 관리부장이며 산악부장인 김봉식(金奉植·44)씨가 공작산 정상을 손으로 가리킨다.

잠시후 Y자 갈림길에 닿았는데, 오른쪽은 문바위골로 오르게 되고, 왼쪽 길은 궁지기골로 이어진다. "오늘은 계곡 길을 피하고 가운데 길인 506m봉을 거치는 능선길로 올라갑니다"라고 안내를 맡은 정일득씨가 설명을 한다. 도봉산을 수없이 올라서 일명 도봉산 정도사로 통하는 정씨가 오상록씨(48)와 같이 맨 앞장을 서서 문바위골쪽으로 5m쯤 가다가 리본이 달린 왼쪽 능선으로 올라붙었다.

 선두에는 관리부 대리인 정찬재(鄭燦在·36)씨가 서고, 후미에는 고객 상담부 대리이며 산악부 총무를 맡고 있는 조철석(趙哲錫·36)씨가 뒤따랐다. 낙엽이 수북히 쌓인 능선길은 서서히 가팔라지기 시작하는데, 140명이 한 줄로 서서 오르면서 숨을 헐떡이는 사람이 점차 늘다보니 어느덧 간격이 점점 벌어졌다. 30분만에 506m봉을 지났는데 곧 이어 길은

소나무 군락으로 이어지기 시작한다. 잠시후에는 살짝 내리막인가 싶더니 또다시 급한 오르막이 계속된다.

 이기용 사장은 맨 앞에 서서 젊은이 못지 않은 실력을 발휘해서 노익장을 과시한다. 가파른 경사 길에는 낙엽까지 수북히 쌓여 있어 마치 눈 위를 걷는 것처럼 미끄럽기만 하다. 내 뒤를 따라 올라오던 비서실의 윤

정상에서 삼거리로 가는 등산객들.

매호(尹梅浩·28)씨, 또 고객상담부의 박은주(朴恩珠·26)씨와 이수경(李壽敬·26)씨도 이마에 구슬땀을 흘리며 힘겹게 따라온다.

하늘을 찌를 듯이 쭉쭉 뻗은 소나무군락을 지나서 계속 오르니 저만치 위쪽에 기암봉이 우뚝 솟아 있다. 산악부 전임회장인 이흥섭(李興燮·54) 이사가 "여러분 기뻐하십시오. 정상이 바로 눈앞에 있습니다"라고 큰 소리로 외쳤는데, 이 말을 들은 정도사가 빙그레 웃더니 "여러분 미안하지만 즐거워하시기엔 아직 이릅니다. 진짜 정상은 그 뒤에 숨어 있으니까요"라고 해서 모두를 실망시켰다.

12시 35분에 기암봉 왼쪽 능선에 올라서니 바로 앞쪽에 공작산 정상이 손에 잡힐 듯하다. 이기용 사장을 비롯해서 선두 그룹이 잠시 쉬면서 갈증을 풀고 있는데, 갑자기 무전기에서 후미를 맡고 있는 조철석씨의 음성이 들려왔다.

"여기는 후미, 여기는 후미, 뒤쳐진 여러 명이 몹시 지쳐서 그냥 내려가겠다고 하는데 어떻게 할까요? 오버." 이 말을 들은 이기용 사장은 총무부장인 정인수(鄭仁秀·48)씨에게 "오늘 정상을 못 밟고 낙오하는 사람은 모두 승진에 큰 영향을 받게 될테니 알아서들 하라고 해-"해서 모두가 즐겁게 웃었다.

잠시 휴식을 취한 다음 우리는 한 차례 내리막을 내닫다가 또다시 급경사를 올라 12시 45분에 드디어 정상을 밟았다. 공작산 정상은 서쪽과 동쪽만이 완만한 경사길이고 그 나머지는 아찔한 절벽이다. 산악부장인 김봉식씨가 남쪽 아래로 까마득하게 내려다보이는 궁지기골과 문바위골, 대학산과 응봉산 너머로 발교산, 수리산, 운무산 그리고 봉복산과 태기산을 차례차례 손으로 가리킨다.

원체 인원이 많다 보니 한 곳에 모두 모일 수가 없어서 그냥 삼삼오오 앉아서 도시락을 풀기 시작하였다. 그린스카우트 제휴담당이었던 홍성권(洪性權·43) 판촉과장, 그리고 고객상담부 대리이며 대머리 노총각으로 통하는 권성구씨(38)등과 둥글게 앉아서 맛있게 점심을 먹었다.

"저희 산악부가 발족한지 10년이나 지났지만 역대 사장님 가운데 이렇게 직접 산행에 그것도 끝까지 참가하신 것은 이사장님이 처음입니다."라며 모두가 기뻐한다.

우리는 즐거운 점심을 마치고 오후 1시 45분에 기암과 노송이 한 폭의

산행 종착점인
궁지기골의
낙엽송 숲.

그림처럼 어우러진 내리막길로 하산을 시작했다. 조금은 위험한 암릉도
조심스럽게 통과하면서 25분 후에는 안공작골에 닿았고, 다시 왼쪽 내리
막길로 접어들었다. 길은 계속 낙엽송군락으로 이어지는데 노란 색의 솔
잎이 곱게 깔린 길을 밟고 걷는 촉감은 정말 말할 수 없이 부드러웠다.
영업부의 김현희(金炫希·28)씨와 김수진(金秀珍·29)씨의 입에서는 누
가 먼저랄 것 없이 즐겁고 흥겨운 노랫소리가 흘러 나왔다.
  한참 주변의 경치에 넋을 잃고 걷다 보니 어느덧 Y자 갈림길이고, 여
기서 25분 후인 3시 30분에는 버스가 기다리고 있는 큰길까지 내려왔
다. '나무 하나 나무 둘 숲이 살아납니다' 라고 쓰인 리본을 달면서 내려
오던 관리부 차장 전병주(全炳珠·40)씨가 다리를 절면서 내려오기에 웬

공작산 산행기점인
문바위골 입구의
옥수수 노적가리.

일인가 물어봤더니 송아지 만한 사냥개에 물렸다는 것이다. 이날 공작산 일대에는 많은 사냥꾼들이 몰려왔었는데 자연보호 활동을 펴고 있는 우리를 보고는 쑥스러웠던지 모두들 슬그머니 피하는 눈치였다.

산행을 시작한 지 4시간 30분만인 3시 40분에 전원 무사히 산행을 마치고 서울을 향해서 출발했다. 국민신용카드 춘천지점에서 나온 신종수(辛宗秀·44) 지점장 일행 다섯 명은 우리가 탄 버스가 산모퉁이를 돌아 보이지 않을 때까지 계속 손을 흔들고 있었다.

瑞雲山 서운산 547m
고찰 청룡사 품은 안성의 명산

"승객 여러분, 이 열차는 이제 5분 후에 평택역에 도착합니다. 내리실 분은 미리 준비하셨다가…."

대설(大雪)이 지난 일요일 오전 9시 50분, 드넓은 평택평야를 달리던 열차는 속력을 차츰 줄이면서 서서히 플랫폼으로 진입했다. 정말로 오랜만에 평화스러운 농촌풍경을 바라보며 열차를 타고 취재산행에 나선것이다.

야호산장의 장익진(張翼鎭 · 49) 사장이 일러준 대로 역전에서 서울 방향으로 100m쯤이나 될까, 등산장비점 '야호산장'이란 커다란 간판이 금방 시야에 들어온다. 아주 깨끗하게 잘 정돈된 야호산장 매장 안으로 들어가니 울긋불긋한 등산복 차림의 평택 여산회(女山會) 회원들이 큰 박수로 반갑게 맞아준다.

우리는 여러 대의 승용차에 나누어 타고 잘 다듬어진 길을 따라 성환읍에서 좌회전한 후, 포도산지로 유명한 입장(笠場)을 지나 진천쪽으로 가다가 약 40분만에 청룡저수지를 끼고 돌았다.

청룡사(靑龍寺) 입구에는 청룡사 사적비가 서있는데, 조선 경종 원년(1721)에 청룡사 중수를 기념하기 위해서 세운 이 비석은 높이 190cm, 폭 72.5cm, 그리고 두께가 30.7cm로서, 개석(蓋石) 정면에는 용두(龍頭)가 있고 네 군데에도 여의주(如意珠)를 문 용두가 배치되어 있다.

안성군청 문화공보실의 김현식(金賢植 · 48)씨가 보내준 상세한 자료에 의하면, 용린(龍鱗)이 조각된 비신(碑身)에는 '朝鮮國京畿道安城瑞雲山青龍寺重修事蹟碑銘英祖即位四十七年…'이라고 새겨져 있다는데, 오랜 세월에 걸친 풍우에 시달려 글자는 거의 알아볼 수가 없을만큼 심하게 마모되어 있었다.

우리는 다시 오른쪽으로 냇물을 건너 산기슭에 위치한 청룡사 부도군

서운산 밑에
자리잡은 청룡사와
부도군.

(浮屠群)으로 향하였다. 석축을 쌓아 대지(臺地)를 만들고 모두 10기 (基)의 석조(石造) 부도를 안치했는데 대지의 산쪽을 일단(一段) 높여서 5기(基)를 건립하고, 낮은 곳에 또 5기를 건조하였다. 조선시대 후기에 건조된 것으로 추정되는 이 부도군을 떠나 곧바로 그 옛날 남사당패의 본거지로도 유명했다는 서운산 동남단에 위치한 청룡사쪽으로 발길을 옮겼다.

청룡사는 본래 고려 24대 원종 6년(1265)에 명본국사(明本國師)가 대장암(大藏庵)이란 이름으로 창건하였는데, 지공(指空), 무학(無學)과 함께 삼대화상(三大和尙)의 한 명인 나옹왕사(懶翁王師)가 고려 공민왕 13년(1364)에 절 규모를 크게 중창하면서 청룡사라고 개명하여 현재에 이르고 있다는 것이다.

특히 지방유형문화재 제60호인 대웅전은 전혀 가공하지 않은 괴목(槐木)으로 기둥을 쓴 것이 특이하다. 그 안에는 조선 현종(顯宗) 15년(1674)에 주조된 동종(銅鐘)이 있는데, 용이 입에 여의주를 물고 있으며 네 곳에 유곽(乳郭)이 있고 그 안에는 9개의 유두가 있는데 원형두광(圓

은적암으로 한 등산객이 올라가고 있다.

고려때 개창된 고찰
청룡사의 전경.

形頭光)이 있는 보살상이 네 곳에 조각되어 있었다.

이 동종은 하대(下臺)에 화문(花文)과 운문(雲文)이 있는 전형적인 조선시대의 범종(梵鐘)이다.

스님은 마침 예불중이라 하산후에 뵙기로 하고 우리는 절 앞 너른 터에서 둥글게 모여 서서 상견례를 가졌다. 내가 김문식 화백을 먼저 소개하자, 여산회의 윤금선(尹金善·58) 회장이 차복화(車福和·49) 부회장을 비롯해서 등반대장인 송상천(宋上天·46)씨와 부대장인 신효숙(申孝淑·48)씨, 그리고 살림꾼인 조혜경(曺惠卿·41) 총무, 김진순(金鎭順·54)씨 순으로 한 명씩 소개했다.

윤회장은 맨마지막에 "우리 여산회는 이름 그대로 금남(禁男)인 여자들만의 산악회인데 유일하게 청일점으로 꽃밭에서 노시는 남자 한 분이 계십니다"라며 LG화재 평택 지점장인 위용환(魏龍煥·49) 고문을 소개해서 모두 한바탕 즐겁게 웃었다. 위용환씨는 한국등산학교 출신의 산악인

291

이다.

 우리는 11시 20분에 청룡사를 떠났다. 왼쪽으로 계류를 끼고 넓은 길을 오르다가 5분만에 오른쪽 좁은 등산로로 접어들었다. 저만치 앞쪽에 우뚝 솟은 정상을 바라보며 3년간 정기산행에 한 번도 빠진 적이 없다는 김점순(金点順·51)씨, 그리고 고옥선(高玉善·51)씨, 박혜송(朴惠松·45)씨의 순으로 걷기 시작하였다. 11시 50분에 은적암(隱寂庵)에 닿아 시원한 샘물로 목을 축이고 오른쪽 비탈길을 오르는데, 길 좌우에는 산죽 군락이 계속 이어진다.

 10분후에 능선에 올라선 다음 오른쪽으로 삼거리를 지나 계속 오르니 널따란 헬기장이다. 동행한 평택신문 편집국장인 박남규(朴南圭·40)씨가 기념사진을 찍은후 10분만에 서운산 정상에 올라섰다.

 5년 전 180명의 회원으로 창립한 여산회는 매월 셋째주 금요일에 정기산행을 하며 전국의 명산을 계속 찾고 있는데 신년 초에는 대만의 옥산(玉山)에 올라 여산회의 깃발을 꽂을 꿈에 한껏 부풀어 있다. 과일을 먹으며 담소를 나누는데 윤금선 회장은 창립멤버로 3개월 전까지 총무를 맡아 산악회의 발전에 크게 기여한 양명숙(梁明淑·49)씨가 오늘 못 나와서 무척 서운하다면서 칠곡저수지에 '맛정성가든'이란 식당 개업을 준비중이라고 소개했다. 또 부회장인 김정자(金貞子·58)씨가 요즘 몸이 불편한데 하루 속히 건강을 되찾아서 전과 같이 산행을 함께 할 날을 고대한다고 했다.

 12시 45분에는 저만치 서쪽에 우뚝한 서봉(西峰·543m)을 향해서 아까 올라왔던 길을 다시 내려오다가 갈림길에서 오른쪽으로 내려섰다. 그리 험하지 않은 평탄한 길을 걸어 30분만에 서봉에 올랐다. 임진왜란때 이곳을 지키기 위해 축성한 토성인 서운산성이 있는데, 현재 남아 있는 성곽의 길이는 300m, 높이는 1m 정도이다.

 서봉 바로 아래 공터에는 서운정(西雲亭)이란 정자가 있으며, 그 옆에는 높이가 2m쯤 되는 석불이 머리에 하얀 눈을 인채 외롭게 서있었다. 기록에 의하면 임진왜란때 홍계남(洪季男), 이덕남(李德男) 두 장군이 이곳에서 왜병을 막아 안성을 지켰다는 것이다.

 오후 1시 30분에 서봉 바로 밑에 있는 좌성사(座聖寺)를 지나니 뜻밖에도 넓은 차도가 나타난다.

윤회장이 "점심시간이 지난지 오래 됐으니 선발대가 먼저 내려가서 준비를 서두르라"고 엄명(?)을 내리자 맛있는 겉절이를 준비해 왔다는 이강명(李康明·48)씨를 비롯해서 김보배(金寶培·49), 윤성자(尹成子·53)씨, 이민모(李敏模·55)씨, 그리고 막내로 통하는 이기열(李起烈·40)씨 등이 쏜살같이 달려 내려간다.

30분만에 청룡사에 도착하여 윤회장과 함께 스님께 인사를 드렸다. 1988년에 주지로 부임한 정완(正完) 스님은 "모두가 불교신자이기 전에 먼저 진실성을 가지고 살아야 하며 진실이 없으면 결국은 모든 법을 어기게 된다"고 말씀하셨다.

스님과 작별인사를 하고 청룡저수지가로 가니 이미 선발대로 온 회원들이 호수가 한눈에 내려다 보이는 곳에서 푸짐하게 바베큐를 준비해 놓고 기다리고 있었다.

서울로 돌아오는 열차시각이 임박해서 우리는 오숙희(吳叔姬·41)씨가 운전하는 승용차에 올라 평택역으로 향하는데 "우리 윤회장님은 리더십도 강하시고 또 인정도 많으셔서 우리 모든 회원들이 존경하고 있어요. 그리고 이 고장 발전을 위해서 헌신하셔서 대통령상까지 타셨고…. 아무튼 평택의 여걸이십니다."라고 자랑한다.

짧은 만남이 몹시 서운했던지 우리가 탄 열차가 멀리 산모퉁이를 돌때까지 여러 회원들은 계속 손을 흔들며 작별을 아쉬워하고 있었다.

앵무봉 622m
고찰 보광사를 품은 수도권 서북부의 산

대한(大寒)이 소한(小寒) 집에 놀러 갔다가 얼어 죽었다는 우스갯소리가 있는 소한인 1월 초순의 저녁인데도 예년과는 달리 전혀 춥지 않으니 금년 겨울에는 반대로 소한이 대한집에 갔다가 혼쭐이 날 모양인가?

지난 한 해의 산행을 돌이켜보고 또 새해를 맞아 새로운 설계도 할겸 그동안 고락을 함께 했던 우리 동호인들은 구파발 전철역에 하나 둘씩 모이기 시작했다. 한국전기전자시험연구원의 이상열(李相烈·56)씨, 협성유화 대표인 이영호(李永鎬·45)씨 그리고 사립대학법인협의회의 류남숙(柳南淑·40)씨 등이 차례로 모습을 나타낸다.

오늘밤 묵기로 한 '송천(松川)가든'에서 우리를 태우러 온 승합차는 어둠 속을 뚫고 일영을 지나서 마치 대도시의 밤거리처럼 네온사인이 번쩍이는 장흥유원지를 통과해 예뫼골에서 왼쪽 고개를 넘더니 기산저수지에서 불과 1km쯤 되는 곳에서 왼쪽 길로 접어들었다. 이 동네가 최근 양주군 향토 관광마을로 지정된 곳이라고 한다.

시장기를 느낀 우리는 이곳의 명물이라는 닭백숙, 오리 로스 그리고 빛깔도 은은한 동동주를 들면서 담소를 나누는데, 경원(京元) 종합상사 대표 최성순(崔姓順)씨와 화곡 4동에서 수현미용실을 운영하는 노성미(魯成美·42)씨 그리고, 잠실에서 예그린미술학원을 경영하는 이은경(李恩卿·38)씨 등이 차례로 도착한다.

모처럼 시끄러운 도심을 떠나 아주 홀가분한 마음으로 모인 우리는 서로의 잔을 채우다 보니 어느덧 취기가 돌기 시작한다. 밤이 꽤 으슥한 것 같은데 무척 친절한 이곳의 관리인 김준기씨가 "이제부터 캠프파이어 시간입니다."라면서 우리를 마당으로 안내했다.

불꽃을 탁탁 튕기며 벌겋게 타오르는 장작불을 가운데 두고 또다시 즐거운 파티가 벌어졌다. 얼마 후 갑자기 자동차의 불빛이 비추더니 급히 내리는 이는 뜻밖에도 조흥은행 업무개선실장이던 시인 김은남(金殷男·55)씨와 부인 윤복희(尹福姬·51)씨였다. 다음날 선약이 있어서 오늘밤 같이 있을 수는 없으나 그리운 얼굴만이라도 잠시 보고 싶어서 왔다는 이들 부부를 우리는 큰 박수로 맞이했다.

원로이신 조휴열(趙休烈·70)씨와 한명학(韓明學·55)씨, 그리고 한윤식(韓胤植·50)씨를 비롯해서 모두가 둥글게 앉아 잔을 계속 돌렸다. 손만 들어도 닿을 듯 별이 총총한 밤이 깊어가고 모닥불도 서서히 식어가면서 우리는 다시 방으로 들어가 내일의 산행을 위해 잠을 청했다.

오전 5시쯤 눈을 떴는데, 옆방에서는 아직도 노랫소리가 들려오는게 아닌가. 문을 살며시 열어 보니 모처럼의 해방감에 취해서인지 처녀들이 노익장(?)을 과시하면서 꼬박 밤을 지새우며 마이크를 잡고 있었다. 공

고풍어린 보광사의 목어.

짜 노래방의 위력이 새삼 놀라웠다.

 부산합동산업사 서울사무소의 박병근(朴炳根·39)씨와 공무원인 최성순(崔成淳·36)씨는 아침 일찍 일어나 선약이 있다며 먼저 서울로 돌아갔다.

 우리는 오전 9시 40분에 예정된 앵무봉을 오르기 위해 송천가든을 떠나 오른쪽 개울 건너편에 즐비한 대형 식당 앞을 지나 남쪽 계곡의 물길을 따라 걷기 시작했다. 선두에는 부산파이프의 노상현(盧相鉉·33)씨가 서고, 그 뒤를 김문식 화백과 의료직 공무원인 이상년(李相年·48) 사무관이 따랐다.

 숲속 낙엽이 수북하게 쌓인 오솔길을 오르는데 몇 차례 계류를 건너 맑고 투명하게 얼어붙은 계곡 웅덩이를 저벅저벅 소리를 내며 밟고 간간이 잡목도 헤쳐가며 계속 올랐다. 다시 정남쪽 지능선 위로 치고 오르는데 잔설이 깔린 낙엽 쌓인 길이 몹시 미끄럽다. 1시간만에 지능선에 올라섰

안고령마을 한 농가의 장독대

297

다. 고령산(古靈山)이라고 하는 남쪽 봉우리는 군사시설이 있어서 접근이 불가능했고, 동쪽으로는 멀리 꾀꼬리고개, 그리고 발 아래로는 장흥 돌마을계곡이 깊게 골을 이루고 있었다. 얼마 후 주능선 안부의 사거리에 있는 헬기장에 도착해서 잠시 숨을 가다듬고 있는데 저만치 북쪽 아래로 우리가 지나온 계곡길이 길게 내려다보인다.

북쪽 주능선 길을 교통호를 따라 오르는데 두 그루의 노송이 우리를 반긴다. 항상 일행들을 잘 웃기는 이상년씨가 "저 나무는 부부라기에는 너무 나이 차이가 나고, 부자나무라기에도 크기가 안 어울리고… 천상 작은 나무를 소실나무라고 해야 겠는데요"라고 했다가 뒤따르던 여자회원들한테 하마터면 집단폭행(?)을 당할 뻔했다.

또다시 주변을 바라보니 북동쪽으로는 우리가 출발한 안고령마을이 멀리 내려다보이고, 광적과 백석면의 널따란 들판이 시원하게 펼쳐져 있다. 동남쪽 불곡산 너머로는 마치 머리를 쳐든 누에가 꿈틀거리듯 사패산에서 시작해서 자운봉, 만장봉 그리고 주봉에 이어 오봉까지 마치 설악의 공룡능선처럼 길게 이어진 도봉산 연봉의 웅장한 자태가 멀리 시야에 가물거린다.

서쪽 바로 아래로는 눈쌓인 보광사(普光寺)의 지붕이 손에 잡힐 듯하다. 보광사의 목탁소리를 들으며 잔돌이 깔린 급경사 길을 지나 낙엽 속에 빠지며 미끄럼타듯 내려오다가 잠시 한적한 숲길을 지나 보광사에 닿았다.

파주군청 문화공보실의 전상호(全相鎬·57)씨가 보내준 자료에 따르면, 경기도 유형문화재 제83호인 이 보광사의 대웅보전(大雄寶殿)은 신라 진성여왕(眞聖女王) 8년(894) 왕명으로 도선국사(道詵國師)가 개창한 후 고려 고종 2년(1215년) 원진(圓眞) 국사가 중창하였고, 우왕 14년(1388년) 무학(無學)대사가 삼창하였다고 한다. 조선 선조때(1592) 임진왜란으로 소실되어 현종 8년(1667) 지간(支干), 석련(石蓮) 두 대사가 4창하였다.

이 대웅보전은 다포계(多包系) 양식의 팔작(八作)집이다. 기둥 위에는 안초공(按草工)을 두어 창방(昌榜)머리를 감싸고 있으며 내·외 이출목(二出目)의 공포(拱包)를 두었는데, 외부로 나온 우설(牛舌)은 연꽃과 연봉을 초각(草刻)하였고, 내부에는 운궁형(雲宮形)으로 조각하여 매우 화려하게 하였으며, 단청도 비교적 잘 보존되어 있었다. 그 외에도 외판벽화(外板壁畵), 목어(木魚), 범종(梵鐘)등 조선후기 불교미술의 좋은 자료가 많이 남아 있다.

우리는 다시 '송천가든'으로 되돌아왔다. 그 동안에는 목장으로 소를 기르던 너른 터에 2년전에 '송천가든'이란 간판을 달고 꿩, 토끼, 청둥오리 등을 재료로 한 다양한 메뉴를 준비하고 개업했다는 이남수(李南洙·43)·강정숙(姜貞淑·40)씨 부부가 정성껏 끓여준 따끈한 차를 마신 후 우리는 어제 오던 길을 되돌아 장흥을 지나는데 휴일을 맞아 서울쪽에서 들어오는 승용차들은 꼬리에 꼬리를 물고 길게 이어져 있었다.

海明山과 洛迦山 해명산과 낙가산

마애석불로 이름난 강화군 석모도(席毛島) 보문사의 뒷산

"최선생님! 빨리 이리로 좀 나와 보세요. 이건 정말로 장관인데요…"

미도파 백화점의 간부로 재직했던 이규연(李奎衍·56)씨와 롯데백화점 주부사원인 이선휘(李善徽·41)씨가 부르는 소리에 급히 선실 밖 뒤편으로 나가 보니 수백 마리의 갈매기떼들이 우리가 탄 배를 쫓아오는데, 승객들이 던져준 과자를 재빨리 낚아 채면서 계속 뒤따라오고 있었다.

갈매기떼가 날고 있는 석포리 선착장.

전국의 석불(石佛)을 찾아다니며 연구하는 한국석불문화연구회(회장 이근후)의 회원들과 일요일인 다음날 아침 이곳에서 합류키로 되어 있는 우리 일행 4명은 강화(江華)를 거쳐 외포리에서 배편으로 10분밖에 안 걸리는 이 작은 섬을 향하고 있는 것이다.

석모도(席毛島)의 석포리선착장이 차츰 가까워지면서 제일 먼저 4층짜리 통나무집이 시야에 들어오는데, 이 집이 바로 우리가 묵기로 예약해 놓은 '돌캐식당'이다. 2층으로 올라가니 주인 유현수(柳賢洙·47)·한상금(韓相琴·45)씨 부부가 우리를 반갑게 맞아준다. 이곳에 배낭을 내려 놓고 우리는 섬의 서쪽에 위치한 보문사(普門寺)쪽으로 차를 몰았다.

왼쪽으로 시원하게 펼쳐진 염전 옆 쾌적한 길을 달려 보문사에 도착하니 서쪽 바다는 이미 석양에 붉게 물들기 시작했는데, 소문대로 정말 낙조(落照)가 황홀할 정도로 장관이다.

아마추어 사진작가이기도 한 이옹(李翁·49)씨가 부지런히 셔터를 누르는데 마치 불덩어리같은 커다란 해가 순간 바다 속으로 푹 빠지면서 순식간에 모습을 감추어 버린다.

날이 어둡기 시작하기에 그 유명한 석굴과 눈썹바위는 내일 산행을 마친 후 들르기로 하고, 섬 일주도로를 따라 '돌캐식당'으로 다시 돌아왔다. 이곳의 명물인 밴댕이회를 안주 삼아 인삼막걸리를 들며 맛있게 저녁식사를 했다. 자리에 누우니 창 밖에선 파도 소리가 계속 귓전을 울린다. 오전 9시에 석불문화연구회원들이 탄 버스가 도착했다. 회장인 이화여자대학교 의과대학 신경정신과 교수인 이근후(李根厚·63) 박사와 반갑게 인사를 나누었다. 오늘 일행 중에는 지난 연말에 세종문화회관에서 열린 이박사의 '경주 남산 석불사진전'을 보고 참가신청을 한 새 회원들이 대다수였다.

부두에서 불과 10분도 채 안 걸리는 잔대기고개에 이르러 버스를 내린 우리는 나의 동창생인 유기만(柳基萬·64)씨가 앞장서고 그 뒤를 이박사를 비롯해서 역시 같은 병원의 신경정신과 박영숙(朴英淑·47)교수, 석불회 사무국장인 고재두(高載斗·45)씨, 공보처 공보관실의 김일경(金一慶·44)씨 그리고 부회장이며 영음문화 대표인 신재구(申載九·53)씨 순으로 서북 방면으로 길게 이어진 능선을 타기 시작하였다.

커다란 바위와 참나무숲 사이로 약 15분만에 첫번째 봉우리에 올라서니 멀리 낙가산(洛迦山·246m)과 상봉산(上峰山·316m) 연릉이 길게 한 눈에 들어오고, 왼쪽으로 눈을 돌리니 때마침 아침햇살을 받은 바다가 보석처럼 반짝이고 있었다.

그리 힘들지 않은 평탄한 길을 오르내리기 20분만에 해명산(海明山·327m)에 우뚝 섰다. 마침 먼저 와서 쉬고 있던 등산객과 인사를 나누었는데, 체성희(遞成會) 생산부장인 박정화(朴貞和·56)씨와 부인인 정애영(鄭愛泳·54)씨였다. 이들은 서울 근교의 산은 늘 붐비기 때문에 조용한 이곳을 자주 찾는다고 한다.

곳곳에 널린 억새풀을 헤치면서 1시간 30분 가량 오르내리는데, 내 뒤를 따라오던 동대문 모닝글로리 매장에 근무하는 이수희(李受姬·26)씨는 "이처럼 바다를 바라보며 걷는 산행은 난생 처음"이라며 탄성을 연발한다.

얼마 후에는 보문사가 한눈에 내려다보이는 낙가산에 올라섰다. 바로 옆에는 유난히 넓은 바위인 천인대(千人臺)가 있는데, 바로 그 밑에 유명한 눈썹바위와 마애관세음보살상이 있다. 일행이 천인대 바로 옆에서 길 아닌 길을 헤치며 내려가니 금새 눈썹바위 옆이다. 강화군청 관광진흥과의 문화재담당인 남궁 순(南宮 順·44)씨가 보내준 자료에 따르면 지방문화재 제29호인 이 마애석불좌상(磨崖石佛坐像)은 1928년 금강산

보문사의 마애석불
(지방문화재 제29호)

보문사가 보이는
낙가산 정상에서 본
석모도의 낙조
普門寺風景

표훈사(表訓寺) 주지인 이화응(李華應)이 보문사 주지 배선주(裵善周)와 함께 조각하였다고 하며, 불상의 높이가 무려 10m이고 그 폭은 3.2m나 된다.

낙가산 중턱 일명 눈썹바위의 암벽에 양각(陽刻)된 이 석불좌상은 머리에는 커다란 보관(寶冠)을 썼고, 얼굴에는 둥글고 긴 눈썹과 수평으로 음각된 눈, 얼굴에 비하여 너무나 넓고 높은 코, 미소를 머금은 입과 길고 투박한 귀, 그리고 좁은 이마에는 백호(白毫)가 양각되어 있다. 여기에 108배(拜)를 한 국립경찰대학에서 법학을 강의하는 정기웅교수의 불심에 눈길을 끌었다.

4백 몇 십 개나 된다는 돌계단을 내려오니 곧 보문사 경내다. 이 절은 신라 선덕여왕(善德女王)때 창건하였다고 전해지며, 그후 14년 뒤에 바닷가에서 어부가 불상(佛像)과 나한상(羅漢像) 22구를 그물로 올려 석굴에 봉안했는데 1812년에 중창을 했고 또 1867년에는 나한각을 건조했다고 한다.

사찰 사진작가인 이재필(李在弼·44)씨와「한국 호랑이」란 책자를 엮은 바 있고 독일에서 출판학을 연구하고 돌아와 인사동에서 편집기획사무실인 '관훈기획'을 운영하고 있는 김호근(金虎根·55) 사장은 계속 사진찍기에 여념이 없다. 점심시간이 훨씬 지나 다시 '돌캐식당'으로 돌아와서 뒤늦은 점심을 맛있게 먹었다.

다시 버스에 올라 강화와 김포를 지나는데, 석불회 자료담당인 유영렬(柳英烈·48)씨는 해박한 지식으로 오늘 찾은 절과 마애불의 내력을 다시 한 번 상세히 설명해 준다. 옆자리에 앉은 석불회 감사인 권병천(權丙天·43)·유옥정(柳玉禎·42)씨 부부와 즐거운 대화를 나누다 보니 어느덧 버스는 동대문 이대부속병원 앞에 도착하였다.

짧은 하루였지만 정들었던 분들과 작별을 하는데, 공사(空士) 2기 출신인 김진산(金鎭山·67)씨는 늘 하늘에서만 내려다보던 이곳을 직접 가보니 더욱 뜻깊고 좋았다며 흡족해한다.

집방향이 비슷한 이규연, 이선휘씨 그리고 외교관인 정주헌(鄭周憲·50)씨들과 지하철 역 계단을 내려서는데 이규연씨가 "이대로 그냥 헤어지기에는 좀 섭섭하지 않느냐?"면서 마음속 잔잔한 호수에 돌을 던진다.

그의 안내로 2호선 신촌역에서 내린 우리는 그레이스 백화점을 오른편으로 끼고 들어서자마자 다시 왼쪽 길로 접어들어 '난향' 이란 중국집을 지나 왼편에 위치한 '아저씨네 낙지찜' 식당문으로 들어섰다. 주방장도 겸하고 있는 주인 유민수(柳珉洙·44)씨가 만면에 웃음을 가득 담은 채 우리를 안내하는데 초면인데도 손님을 맞는 태도가 마치 오랜 친구를 대하듯 정이 철철 넘쳐흐른다.

몇해전 일본의 북알프스 종주때 묵었던 오쿠호다카다케(奧穗高岳·3190m) 아래에 위치한 가라사와 휴테에서 아르바이트로 일하던 음대생인 우에마스 아야꼬(植松文子·20)씨의 기가 막힌 친절에 반해 내가 여지껏 만난 사람 가운데 이렇게 친절한 사람은 난생 처음이라고 월간 「산」지의 기행문에서 극찬을 했었는데, 이제부터는 그 주인공의 이름이 바뀌어야만 될 것 같다.

바둑 실력이 아마 5단인 그가 손수 조리하는 낙지요리맛도 물론 일품이지만 그보다도 유씨 특유의 정감이 넘치는 대화와 친절은 정말로 견줄만한 이가 별로 없을 것이라고 단언할 수 있다.

지리산만도 100회 넘게 올랐던 아내 이옹(李翁·49)씨, 신태열(申泰烈·48)씨와 송(松·21)과 학(鶴·18) 두 아들 등 가족 모두가 개인 콜싸인을 갖고 있는 햄(HAM) 가족인데 그로부터 지리산 애기를 아주 흥미롭게 들으면서 맛있는 낙지요리에 시간가는 줄 모르고 취하다보니 어느새 벽시계는 땡- 땡- 땡- 하고 아홉번을 치는 것이었다.

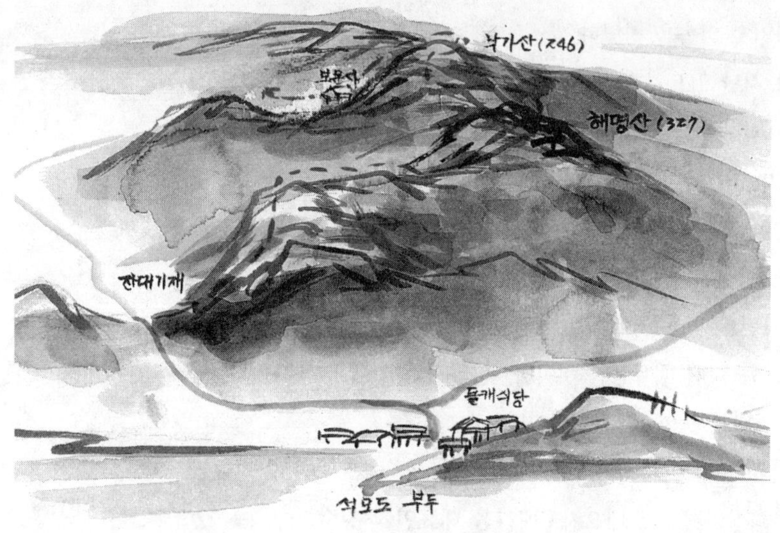

金珠山 금주산 569m

명찰 금룡사 품은 포천의 작은 산

"부평역에서 내리면 북쪽 광장쪽에 지하상가가 있는데, 상가 맨끝까지 오신 다음 왼쪽 출입구로 올라오시면 20m쯤 앞에 '클라이머산장' 이란 간판이 보일 겁니다." 부평에서 등산장비점을 운영하는 전병민(田炳旻·40)씨가 점포의 위치를 전화로 자상하게 알려준다. 다음 주말로 예정된 금주산(金珠山·569m) 취재 산행을 며칠 앞두고 정맥(正脈)산악회의 총무직을 겸하고 있는 부평 클라이머산장 대표인 전병민씨를 만나기 위해 이곳을 찾아 나선 것이다.

마침 저녁때가 되어 식사를 같이 하면서 애기를 나누기로 하고, 퇴근길에 잠시 들렀다는 현대해상화재 동인천영업소에 근무하며 역시 산악회원이기도 한 황인자(黃仁子·36)씨도 함께 어울려 근처 식당으로 자리를 옮겼다. 산행 당일에 버스가 부평을 떠나 의정부와 포천을 지난다기에 서울 강북에 사는 나와 김문식 화백은 교통편이 훨씬 가까운 의정부에서 그들과 합류하기로 약속을 하였다.

경칩(驚蟄)이 지난 일요일 날씨는 무척 화창하고 따뜻했다. 며칠 전 신문에서 보니 마(馬)와 경(敬)의 결합인 경(驚)자는 곧 '말이 두려워하여 놀라는 것' 이며, 칩(蟄)은 벌레 충(蟲)자와 잡을 집(執)의 결합으로 이 집(執)은 포졸이 도둑을 잡을 때 도망치지 못하게 꿇어앉히고 두 손에 칼을 채워놓은 형상이다. 집의 본뜻은 '도둑을 잡다' 라고 하며, 그러기에 한때 유행하던 복지부동(伏地不動)의 뜻도 있다고 한다. 곧 벌레(蟲)가 꼼짝하지 않는 것이 칩(蟄)인 것이다. 따라서 경칩이란 놀라 칩거(蟄居)에서 깨어난다는 뜻이 된다는 것이다.

우리가 탄 버스가 의정부 시가지를 빠져 나와 포천쪽으로 향하는데 정맥산악회의 전회장이며 보르네오가구대리점 대표인 허길수(許吉洙·52)

씨가 마이크를 잡고 회원들을 소개한 후 오늘 우리가 찾아가는 금주산을
상세히 소개했다.

금주저수지 부근
개울가에 갯버들이
피어있다.

 버스는 얼마 후 만세교를 건너 일동쪽으로 우회전한 다음 10시 정각에
'금룡사 입구'라고 쓴 안내판 앞에서 멈추어 섰다. 저만치 위쪽에 있는
절을 쳐다보며 시멘트 길을 따라 10여분을 걸으니 이제 겨우 초입인데도
협곡으로 들어선 까닭인지 마치 심산유곡에 들어온 느낌이다.

 맨앞에는 등반대장이며 부평 서광체육관 태권도관장인 서광석(徐光錫·
47)씨가 서고, 그 뒤를 산악회 감사인 대창기업 사장 서창석(徐昌錫·
47)씨, 그리고 한국산악회 인천지부 등산학교 출신인 백순현(白順鉉·
43)씨와 인천시 효성2동사무소의 백선정(白先貞·29)씨 자매가 뒤를 따
랐다. 대열 사이사이에는 청년부 회원들이 끼여서 힘들어하는 회원들을
도와주었다.

잠시 후 7천지장보살을 모셨다는 지장전 앞을 지나고 돌계단을 한참 오르니 3천불(佛)이 모셔져 있다는 호국석굴(護國石窟)이 왼쪽에 보이는데, 옛날 경봉(鏡峰)스님은 호국석불이 완공되는 날 남북이 통일될 것이라는 예언을 했다고 전해 내려오고 있다. 바로 근처 석간수의 물맛이 정말 시원하다.

1899년에 지담대사가 창건했다는 이 금룡사(金龍寺)는 3년 전에 부임한 지해(智海)스님과 화주(化主)인 무심행(無心行)보살이 사재로 1970년에 대웅전을 중창했으며, 그 뒤로도 계속해서 불사가 이어지고 있다. 특히 대웅전 바로 뒤쪽의 수직암벽에는 너비 20cm, 높이 30cm 그리고 깊이가 20cm 크기로 수백군데나 바위를 파낸 다음 1천불 5백나한(一千佛五百羅漢)을 모셨는데 이렇듯 수직암벽에 야외불상을 세운 곳은 전국에

등산객이
일천불오백나한을
바라보고 있다.

서 단 한 곳뿐이라고 한다. 다시 계단을 더 오르니 해발 350m 지점에 세워진 높이 18m나 되는 거대한 미륵불상이 보인다.

10시 35분에는 소나무와 잡목들을 헤치며 가파른 길을 지그재그로 오르는데, 아들 윤철(倫喆·16)를 데리고 온 비씨 코리아(BC KOREA) 한국 지사장인 강웅걸(姜雄傑·47)씨와 역시 딸인 정미(貞美·15)와 함께 온 인천 원일기계의 설계실장인 이상도(李相道·45)·석옥지(石玉枝·45)씨 부부는 힘들어하는 아이들을 격려하면서도 계속 가쁜 숨을 몰아쉰다.

1시간이 좀 지난 11시 5분에 금주산 정상에 올라섰다. 산악회 회장이며 부평 동아씨티백화점 4거리 상업은행 바로 옆에 있는 민안과(閔眼科)의원의 원장인 민경훈(閔庚訓·50)씨가 저 멀리 명성산을 포함해서 광덕산·백운산과 국망봉, 이어 강씨봉·귀목봉 그리고 청계산과 운악산을 차례로 가리키며 설명한다. 고개를 서남쪽으로 다시 돌리니 포천읍 너머로는 저멀리 수락산과 도봉산의 연릉이 아련히 가물거린다.

대한생명의 조윤희(趙允熙·23)씨와 현대자동차에 다니는 박영선(朴英善·23)씨가 준비해 온 과일을 깎아 먹으면서 주변의 경치를 감상하고 있는데, 절경에 모두 반해서인지 도무지 일어날 생각을 하지 않는다.

30분만에 헬기장이 있는 첫봉우리에 올랐는데, 인천도시가스의 이창호(李昌浩·42)씨와 한일투자신탁의 정명택(鄭明澤·43)씨 그리고 서울지법에 근무하는 이무상(李武相·41)씨와 김태균(金泰均·47)씨는 주변의 경치를 살피느라고 여념이 없다. 다시 10분 후에는 두 번째 봉우리를 오른쪽으로 끼고 돌아 계속 급한 경사길을 내려오다가 다시 5분만에 세 번째 봉우리 앞에서 왼쪽 내리막길로 접어들었다.

햇볕이 잘 안드는 북쪽 사면에는 낙엽 밑으로 얼음이 살짝 깔려 있어서 무척 조심스러웠다. 청년부의 이정호(李政昊·34), 이영호(李榮鎬·33) 그리고 이상영씨들이 위험한 곳에서 어린이들을 도와주며 함께 내려왔다. 12시 20분쯤 계곡을 타고 내려오는데 갑자기 앞쪽에 우뚝 선 기암(奇岩)이 우리를 가로막는다. 옆길로 다시 계류를 몇 차례 건너 10분쯤 내려오니 저만치에 금주저수지가 내려다보인다.

조선조 초기에 안평대군, 김구 그리고 한석봉과 함께 4대 서예가로 꼽혔던 봉래 양사언이 이곳 금주산에 잠들어 있다는데 그의 묘를 들러 보

금룡사 입구의
계단을 오르는
등산객들.

310

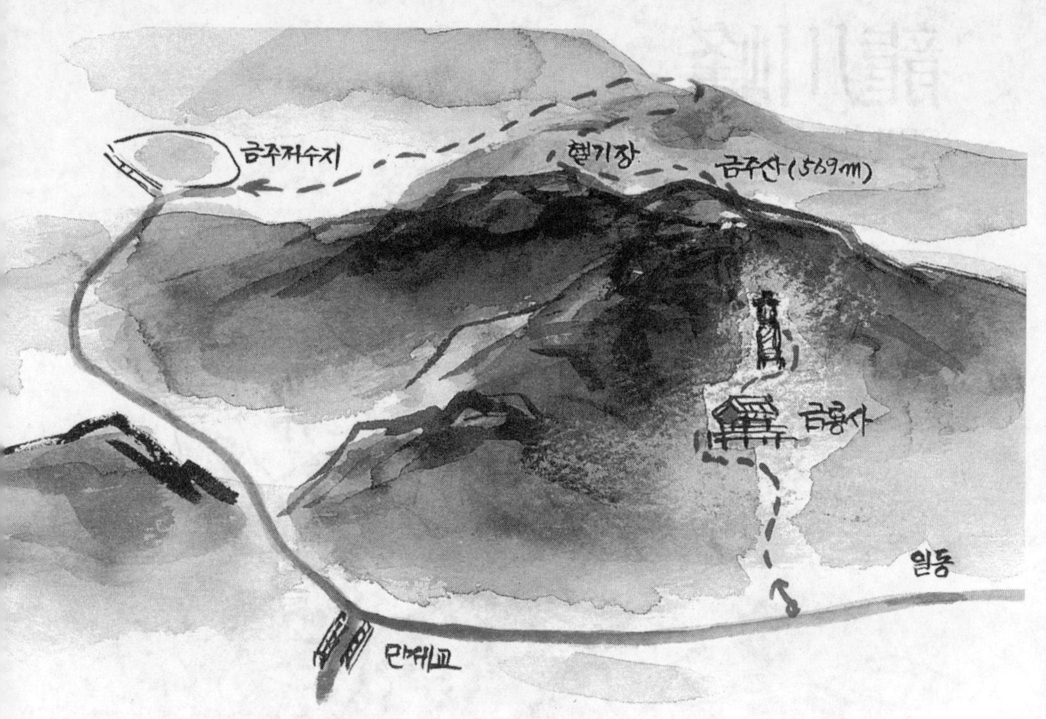

지 못한 것이 못내 아쉬웠다.

먼저 내려온 회원들은 저수지 옆에서 점심준비를 하느라고 바삐 움직이고 있었다. 그동안 취사금지구역인 도봉산과 북한산만 다니느라고 따끈한 점심은 엄두도 못냈었다는 문성여상의 수학교사인 박경애(朴京愛·35)씨가 준비한 반찬과 곁들여 모처럼 맛있게 점심을 마쳤다.

평소보다 좀 이른 오후 3시에 차에 올랐는데, 피곤한 탓인지 깜빡 졸다가 얼마 후 문득 눈을 떠보니 우리가 탄 버스는 어느덧 포천을 지나 의정부쪽을 향해서 봄기운이 완연한 시골길을 힘차게 달리고 있었다.

龍川峰 양평 용천봉677m

용문산 뒤에 숨어 있는 때묻지 않은 산

가일리 농가 앞에 핀 산수유.

　이미 경칩이 지나고 춘분이 며칠 안 남았는데도 봄을 시샘하는 꽃샘추위가 계속 되고 있는 3월 중순의 이른 아침, 우리가 탄 승합차는 싸늘한 바람을 가르며 한강을 끼고 양평 쪽을 향해서 힘차게 달리고 있었다.

　양평 못미처 양수리에서 따끈한 커피를 한 잔 마시려고 다방에 들어갔는데, 뜻밖에도 라이프산악회(회장 최대호)의 고문인 임봉문(林奉文·

312

55)씨 일행이 지도를 펴놓고 얘기를 나누고 있었다. 이들은 산제를 지낼 장소로서 유명한 인근의 용천봉(龍川峰·677m)을 답사하러 가는 길이라고 한다.

우리의 이날 산행 목적지는 유명산이었지만, 당초의 계획을 바꾸어 용천봉을 함께 답사해 보기로 했다. 오전 9시 20분에 옥천면옥쪽으로 가다가 다시 양평플라자쪽으로 접어들었다. 양평에서 가평으로 이어지는 새 길을 달렸는데 왼쪽 아래로는 양평플라자의 붉은 지붕이 멀리 내려다보인다. 유명산 입구를 오른쪽으로 끼고 고개를 내려 가다가 우리는 가평군 설악면 가일리에서 다시 왼쪽으로 꺾어 들어갔다.

이곳까지는 상봉버스터미널에서 매시간 유명산행 버스편이 있고 또 청평에서도 가일리까지 하루 세 번씩 버스가 다닌다고 한다. 잠시후 회관 가게 앞에 도착, 차에서 내렸다. 9시 45분, 우리는 산행기점인 갈현부락을 향해 걷기 시작했다. 안내를 맡은 천삼랑(千三郞·57)씨는 부인 이미령(李美玲·42)씨와 같이 앞장을 서고, 동성자동차공업의 이사인 장용웅

설악면 가일리의 시냇가.

(張龍雄·57)씨와 그의 아들인 철호군(16), 정기혁(鄭基赫·64)씨 그리고 라이프산악회의 부회장인 윤경순(尹景淳·57)씨 등이 뒤를 따랐다.

　맑은 물이 흐르는 계류를 오른쪽으로 끼고 걷다가 15분만에 표고버섯 재배지를 지났는데, 그 일대는 온통 참나무 숲이었다. "최선생님! 저기 좀 보세요. 통나무집이 아주 멋있네요." 내 앞을 걷던 김문식 화백이 앞쪽을 가리킨다. 과연 저만치 양지바른 산자락에 요즘은 좀처럼 보기 힘든 초가지붕과 또 벽엔 통나무를 댄 아담한 집 한 채가 그림처럼 자리잡고 있었다. 집 뒤편에는 흑염소 여러 마리가 '음매 음매' 소리를 지르고 있고, 울타리 옆에는 살이 토실토실 찐 토종닭이 모이를 쪼고 있었다.

　이곳은 양평군 옥천면 용천3리의 갈현부락인데, 이 통나무집은 산행 경력이 25년인 현대석(玄大碩·54)·차현주(車鉉周·50)씨 부부가 오랫동안 전국의 산을 샅샅이 누비다가 주변의 경관에 반해서 2년 전 정착했다고 한다. 우리는 이가 시릴 정도로 차디찬 지하수로 목을 축이고 병풍처럼 둘러싼 용천봉을 오르기 위해 갈현부락을 출발했다. 이 마을에 아주 작은 초등학교가 있기에 물어보니 용천초등학교 갈현분교라고 한다. 전교생이 불과 3명뿐인 이 초미니학교는 며칠 전에 아주 폐교해 버렸다는 것이다. 이렇듯 모두가 농촌을 버리고 도시로만 몰려드니 이제 시골은 누가 지킬 것인지 큰 문제가 아닐 수 없다.

　현대석씨는 대지가 4,500평이나 되는 이 학교 건물이 깨끗하고 또 주변의 경관도 뛰어나기 때문에 인수한 후 연수원으로 개조해서 각종 문화행사나 도시에 있는 회사의 세미나 등에 활용할 계획이라고 한다.

　학교 앞을 지나서 왼쪽으로 오르막길을 오르니 바로 무덤 1기가 나타났다. 이곳에서 뒤돌아보니 용문산 정상이 아주 가깝게 시야에 들어온다. 하늘을 가린 잣나무 숲을 지나 얼마 후엔 커다란 노송이 우뚝 서 있는 서낭당 터에 닿았다. 수백 년이나 됨직한 노송의 한쪽은 벼락을 맞은 듯 시커멓게 구멍이 나 있었다. 우리는 이곳에서 왼쪽 급경사 길을 오르기 시작했다.

　앞서 가던 라이프산악회 등반대장인 고용승(高鎔承·54)씨가 갑자기 고함을 지르기에 모두들 깜짝 놀라서 앞을 쳐다보니 커다란 덫이 길 한 복

판 살짝 감추어져 있는 것이 아닌가. 이 산은 등산객이 거의 없기 때문에 누가 짐승을 잡기 위해 설치해 놓은 것 같았다.

첫 번째 봉우리를 지나 다시 두 번째인 용천봉 정상에 우뚝 섰다. 라이프산악회 부회장인 이영주(李英珠·44)씨가 주위를 에워싼 봉미산, 정락산, 어비산 그리고 중미산을 차례로 가리킨다. 평소에 도봉산에 함께 오르는 국민은행 문산지점장인 한상철씨가 이번에 거봉산악회의 회장이 되었다고 해서 모두 축배를 들었다.

그는 거봉산악회가 작년에 8,000m급인 시샤팡마와 초오유를 연속으로

용천봉 기슭에 있는 초가지붕의 통나무집.

올랐다고 자랑을 했다. 이영주씨가 깎아 준 사과를 먹고 나서 12시 30분에 하산을 시작했는데 길이 아주 급경사여서 무척 조심스럽게 내려갔다.

 다시 '양평휴양지'라고 불리는 통나무집에 도착하니 현대석씨의 부인 차현주씨가 뛰어 나오면서 우리를 방으로 안내한다. 방안에는 무공해식품인 갖가지 산채와 집에서 만든 두부 그리고 보통 우리가 도시에서 사 먹는 닭의 서너 배는 됨직한 커다란 토종닭 요리 등 푸짐한 음식상이 우리를 기다리고 있었다.

 제우산업(주) 사장인 김세두(金世斗·49)씨와 그의 산 친구인 진영상사 대표인 이창규(李昌揆·51)씨는 이렇게 순수한 무공해식품은 처음이라며 분주하게 젓가락을 놀린다. 이들은 또 다음달엔 꼭 온 가족과 함께 주말에 이곳에 와서 하룻밤을 묵고 가자고 약속을 했다.

 맛있는 음식으로 포식을 한 우리는 "이곳에는 두릅이 많으니 다음 달쯤 꼭 다시 오세요."하는 현대석씨의 말을 뒤로하고 갈현부락을 떠났다. 깨끗하게 흐르는 계류를 따라 내려오는데 나의 은사인 김광회(金光會)시인의 '흙'이란 시가 문득 머리에 떠올랐다.

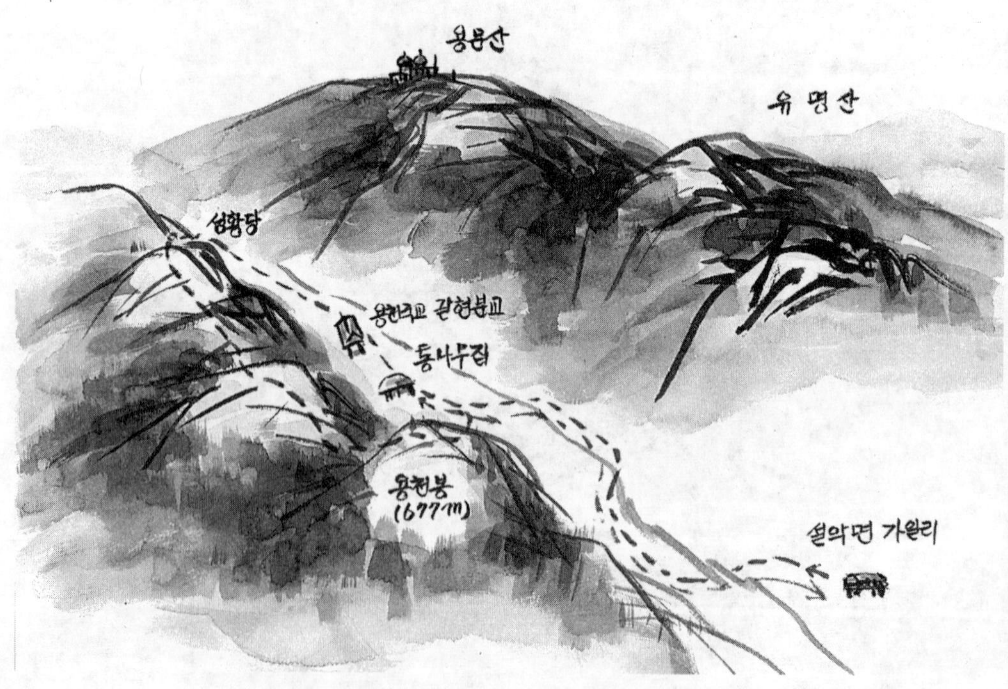

꽃을 피운 뿌리가 말이 없듯이
뿌리를 기른 흙은 말이 없지.

깊고 푸른 강물이랑
높이 솟은 산이랑
큰 가르침에 무슨 말이 있던가.

평생을 오직 흘린 땀으로만
일러주시는 어머니는
어쩌면 또 다른 영원한 흙.

햇살과 더불어 뿌린 땀방울로
메마른 흙도 기름지고
세상은 더 넉넉해지지.

흙에서 사는 우리 이웃은
푸르른 우리의 고향
고단한 낮과 밤 이어져도
이윽고 열매 토실해지지.

龍馬山 용마산 596m

팔당호 가에 솟은 인적 드문 산

"최선생님! '한식에 죽으나 청명에 죽으나' 란 속담을 들어 보신 적이 있으세요?" 용마산(龍馬山)의 산행 기점인 경기도 광주군 남종면 삼성리를 향해 버스가 달리는데, 내 뒤에 앉아 있던 이상년(李相年 · 48) 사무관이 난데없이 속담 얘기를 불쑥 꺼낸다. 그의 설명에 의하면, 청명(淸明)은 태양의 황경(黃經)이 15도에 도달한 날로, 춘분(春分)과 곡우(穀

이석리 부근에는 진달래 꽃이 활짝 피어 봄기운이 가득하다.

용마산 기슭에
자리잡은 각화사.

雨) 사이의 절기인데 농촌에서는 농사준비가 시작되며 이 청명과 한식은 대개 겹치거나 하루쯤 전날이 되기 때문에 이런 우스개 속담이 생겼다는 것이다.

청명이 지난 일요일 아침 8시 45분에 서울을 출발한 버스는 중부고속도로를 달린 후 경안톨게이트에서 빠져 나와 팔당댐쪽으로 가다가 구림농원이 있는 과학동 입구에서 멈추었다. 북쪽으로 이어진 시멘트길을 따라 걷는데 오른쪽으로 잡목이 계속 이어진다.

문경암을 지나 10분후에 저만치 왼쪽으로 각화사(覺華寺)의 대웅전이 시야에 들어왔다. 마침 스님은 먼 길을 떠나 안 계시다기에 서운한 마음을 누르고 절마당에 있는 샘에서 차가운 약수로 목을 축이고 있었다.

이때 승용차로 올라오던 스님 한 분이 차에서 내린다. 그분이 바로 만나고 싶었던 혜담(慧潭)스님이었다. 불교 조계종의 수행단체인 선우도량(善友道場)이 남원 실상사(實相寺)에서 며칠간 마련한 '미래사회와 승가상' 이란 주제의 제10회 수련결사를 마치고 이제 막 돌아오는 길이라는

용마산 정상 못미처에 핀 진달래꽃.

스님께 인사를 드린후 방으로 자리를 옮겨서 마주 앉았다.

선우도량의 상임대표인 혜담스님은 "보살은 上求菩提 下化衆生(위로 진리를 구하고 아래로는 중생을 제도한다) 또 淨佛國土 成就衆生(부처님의 국토를 맑게 하고 중생을 제도하여 해탈시킨다)을 목표로 한다."고 말씀하신다. 이번 모임에는 선우도량 회원인 30～40대 승려뿐 아니라 20대에서 50대에 이르는 조계종 스님들도 참석해서 열띤 토론을 벌였다고 한다. 스님은 이어 "많은 사람들은 다른 불자들이 모든 계율을 이행하지 않는 것을 빗대어 나도 안 지켜도 된다고 본인의 잘못을 합리화시키는데 그것은 아주 잘못된 생각이며 부처님은 그들에게 법을 설(說)한 것이 아니라 오직 나 자신에게만 설했기 때문이다."라며 조용히 말끝을 맺는다.

스님은 내가 방에서 작별인사를 드렸더니 굳이 마당까지 배웅하면서 저 약수는 지하 150m에서 나오는 아주 좋은 물이라며 손수 물통을 채워주신다.

각화사는 신라 때 창건되었는데 임진왜란 때 소실되었고, 일제시대에는 토굴로 명맥만을 유지하다가 20년 전에 중창했으며, 혜담스님은 1994년 12월에 부임하셨다고 한다. 본격적인 산행이 시작되는 등산로가 각화사 대웅전 오른쪽으로 길게 이어졌는데 동부고속관광의 이정일(李正一· 53)부장은 직원들을 부르더니 선두는 김병오(金炳晤·35)계장이 맡고, 중간은 이현숙(李鉉淑·24)씨가, 그리고 허천운(許千雲·32)계장은 후미에 서라면서 무전기를 나누어준다.

10시 25분에 각화사를 출발하여 커다란 바위가 듬성듬성 깔려 있는 사이를 지나 좌우에 참나무가 우거진 길을 오르는데, 수북이 쌓인 낙엽이 발목까지 푹푹 빠진다. 10시 40분에 갈림길에서 왼쪽 능선길로 오르기 시작하였다. 오른쪽 저 밑으로 팔당호가 내려다보이고 앞으로는 용마산이 우뚝하다.

얼마를 걸으니 오른쪽에 노송 세 그루가 우리를 반기는데, 김문식 화백은 마치 잘 가꾸어진 분재인양 우뚝 서있는 소나무를 스케치하느라 여념이 없다. 노송이 있는 지점에서 10여분쯤 올라 11시 30분에 용마산 정상에 올라섰다. 왼쪽 발 아래로는 광주군 중부면을 가로지르는 중부고속도로가 길게 남북으로 이어졌고, 오른쪽으로는 팔당호가 그림처럼 펼쳐져 있다.

'龍馬山(용마산)'이라고 한자로 새겨진 표지석 앞에서 기념 사진을 찍은 후 우리는 삼삼오오 모여앉아 간식을 들었다. 날씨는 좋았지만 바람이 좀 불어서 약간 추위를 느꼈는데, 의정부시에 있는 삼삼토건의 기술이사 조현중씨(51)가 몸을 좀 녹여야 되지 않겠느냐며 배낭에서 위스키병을 꺼낸다.

초등학교 동기동창 사이라는 성광용(成光鏞·45)씨와 김광숙(金光淑·45)씨 그리고 김문숙(金文淑·45)씨는 아득한 30년 전의 코흘리개 시절로 돌아가는데 이들은 산행경력이 모두 20년이 훨씬 넘은 산꾼들이다. 특히 김광숙씨는 초보시절 운장산에 갔다가 너무 힘이 들어 후미보다도 무려 3시간이나 늦게 하산해서 함께 간 일행들에게 큰 폐를 끼친 일이 지금도 눈에 선하다며 활짝 웃는다.

한동안 즐거운 시간을 가진 우리는 정오가 넘어서 용마산을 떠나 한차례 급경사를 내려가다가 또다시 가파른 오르막길의 고추봉을 쳐다보며 오르기 시작하였다.

내 뒤에 오르던 이정일 부장은 맨앞에서 날렵하게 오르는 한 무리를 가리키며 저분들은 정말 대단한 건각이라면서 혀를 내두른다. 동부고속관광이 지난 1991년에 기획했던 백두대간 종주(1991. 3. 3~ 1993. 11. 7)와 그후 1994년 1월 23일부터 만 2년에 걸친 호남정맥 종주, 1995년 3월 3일부터 시작한 낙동정맥 종주 제1구간 중 부산의 금정산에서 가지산까지를 주파했다는 이윤원(李閏遠·55), 한봉규(韓鳳奎·62), 이양근(李洋根·55), 이수송(李秀松·71), 백인만(白麟萬·63), 박희국(朴熙國·54)씨 등 50~60대의 꾼들은 젊은 사람들이 민망할 만큼 빠른 걸음으로 고추봉을 향해 힘차게 발길을 내디딘다.

12시 30분에 고추봉에 올라섰는데 저멀리 왼쪽으로 약간 휘어진 능선 끝에는 검단산이 우뚝하다. 김광수(金光洙·41)씨의 아들 범준(範俊·11)군은 아버지를 바짝 따라 고추봉을 밟았다. 범준군은 재기(才氣)가 넘치는 커다란 눈을 반짝이며 "저도 앞으로는 꼭 아버지를 따라 매주 산에 갈래요."라고 말하여 우리 모두는 꼬마 산악인에게 큰 박수로 격려를 했다.

고추봉을 출발한지 30분후 안부에 다다랐는데 이곳에서 우리는 오른쪽 이석리로 이어지는 계곡으로 접어들었다. 잠시후 잘 다듬어진 무덤을 지

나고 낙엽송이 우거진 아주 쾌적한 길이 나왔다. 앞서 가던 박승호(朴勝鎬·45)씨와 송창기(宋昌起·52)씨는 산행 경력이 각각 15년과 30년이나 되었다는데, 용마산은 서울에서 아주 가깝고 또 등산객도 적어서 무척 즐거웠다며 휘파람을 불면서 쏜살같이 내닫는다.

잠시 길옆에 앉아 이제 막 꽃망울을 터뜨리며 붉게 수놓은 진달래능선과 계곡길을 머리속에 다시 그리며 「산음가(山吟歌)」 제1권·제2권에 이어 또다시 지난 달에 제3권을 펴낸 시산회 회장인 김은남(金殷男·55) 시인의 '용마산' 제하의 시를 혼자서 나직이 읊어 보았다.

호반길 팔당호 끼고 돌고 돌아 신명인데
옛님 생각이 나는 찔레꽃 산길 가면
조는 듯 삼매에 잠긴 각화사는 좌선이네.

하 무슨 슬픈 사연 두견새 슬피우나
백선 붓꽃 엉겅퀴 다투어 피어나도
참나리 수줍기도 해라 이제 겨우 꽃대를.

고봉 아니래도 정상은 땀에 젖네
발 아랜 시원한 호수 신록 배어 쪽빛 물결
용마는 간 곳 없어라 창공만이 푸르네.

古同山 고동산 600m

북한강변에 솟은 준봉

"와 -. 저기 좀 보세요. 저거 배꽃이 아니에요?"

우리가 탄 버스가 양수리에서 좌측으로 핸들을 꺾어 북한강을 왼쪽으로 끼고 달리는데, 오른쪽 길가에 온통 하얀색으로 뒤덮인 과수원을 가리키며 내 앞자리에 앉은 동신(東信) 서예학원 유경희(兪璟熙·47) 원장이 탄성을 지른다.

꽃말이 정과 사랑(情愛)인 하얗게 핀 깨끗한 배꽃을 보노라니 문득 배

고동산으로 가는 양수리 부근의 도로. 물오른 버드나무가 아름답다.

꽃을 노래한 시가 떠오른다.

>   시냇가를 넘어 열다섯살 처녀는
>   수줍어 한마디 말도 없이
>   돌아와 문을 잠가놓고 흐느껴 운다.
>   배꽃에 어린 달그림자를 보고

-「재미있는 꽃이야기」 중에서 -

 주말에는 한 차례 비가 올 것이라는 일기예보에 몹시 걱정을 했는데, 다행히도 토요일을 고비로 비는 그치고 엷은 구름 사이로 밝은 햇살이 비추고 있었다.

 계절의 여왕이라는 5월의 첫째 일요일, 입하(立夏)와 어린이날이 겹친 휴일 아침에 한국서예인산악회 회원들을 태운 세일여행사의 버스는 신록이 우거진 아주 쾌적한 시골길을 신나게 달려 양수리에서 북한강을 왼쪽으로 끼고 버드나무로 이어진 강가를 따라 수입리고개를 넘은 후 고동산 쉼터 앞에서 멈추었다. 고동산 쉼터까지 오는 도중 북한강을 낀 강변에는 예쁜 이름의 카페며 음식점들이 저마다 독특한 건축미를 자랑하며 손님을 유혹하고 있었다.

 차에서 내린 우리는 잘 다듬어진 길을 걷기 시작하였는데, 길 왼쪽으로 드문드문 이어진 농가의 마당에 곱게 핀 온갖 아름다운 꽃들이 5월의 훈풍에 산들산들 춤을 추고 있었다. 마을 중간에는 잘 가꾸어진 분재처럼 멋진 장송(長松) 몇 그루가 우뚝 서 있고 10여분을 걸으니 오른쪽으로 '늘 푸른 나무처럼'이란 예쁜 이름의 간판이 시야에 들어온다.

 "자 ㅡ. 우리 모두 하산후에는 이곳에서 맛있는 음식에 하산주로 갈증을 풀어봅시다" 라며 한국서예인산악회의 김종태(金鍾泰·56) 회장이 싱긋 웃는다. 오른쪽 길가에는 장미과에 속하며 청순한 미인인양 눈부시도록 아름다운 순백색의 꽃이 가지마다 넘칠 듯이 가득 핀 조팝나무가 길게 이어졌다. 곧이어 울창한 잣나무숲을 지나니 왼쪽으로 '오솔길 농장'이란 팻말이 보이는데 이곳이 본격적인 산행이 시작되는 지점이다. 선두에는 금제(昑齊)서예연구원의 이길종(李吉鍾·57)씨가 서고 맨뒤는 주안

에서 제자들을 가르치는 정순옥(丁順玉·60)씨가 맡기로 하였다.

 10시 20분에 첫 계류를 건넌 후 몇 차례 반복해서 맑게 흐르는 물을 교대로 왼쪽과 오른쪽으로 끼고 오르는데, 어제까지 내린 비로 물이 많이 불어난 계곡은 제법 큰소리를 내면서 시원하게 흐르고 있었다. 길가에는 산벚나무가 만발했는데 간밤의 비로 꽃잎이 많이 떨어져 길 위에 흩어진 것이 마치 눈이라도 내린 것처럼 등산로를 하얗게 뒤덮고 있었다.

 얼마 후 다시 왼쪽으로 잣나무 군락을 끼고 오르다가 5분만에 굉음을 내면서 떨어지는 작은 폭포에서 또다시 계류를 건너 오르막길로 접어들었다. 비가 온 뒤 신록의 숲 사이를 신선한 공기를 마시며 걷는 기분이란 이루 표현할 수 없으리만큼 상쾌하기만 하다. 또다시 갈림길에 닿았는데 왼쪽은 755m인 화야산으로 이어지고 오른쪽이 고동산으로 가는 길인데, 이곳에도 야생복숭아꽃이 만발하여 아주 붉게 타오르고 있었다.

326

운무사이로 모습을 드러낸 고동산 능선.

"아니, 이렇게 아름다운 경치를 보고도 그저 못 본척 그냥 지나치는 사람은 분명히 미적 감각이 무딘 사람일테니…"라는 배정화(裵情華·43)씨의 공감(?)에 모두가 웃으며 잠시 걸음을 멈추었다. 소연연서원(素蓮研書院) 원장인 배정화씨는 중국에서 전각(篆刻) 작품을 발표까지 한 분이다.

오른쪽으로 이어진 잣나무숲을 바라보며 오르는데 산행을 시작해 1시간 만에 첫 번째 능선에 도착하여 흐르는 땀을 닦았다. 부회장인 한매 강명숙(姜明淑·60)씨는 '갈물회'라는 한글궁체연구모임을 주도하고 있는데, 늘 닫혀진 공간에서만 지내다가 이렇듯 탁 트인 신선한 대자연을 접할 때가 가장 즐겁고 행복하다며 탄성을 연발한다.

다시 첫 능선에서 왼쪽으로 오르기 20분만에 주능선에 도착했다. 이곳에서 왼쪽으로 가면 화야산 정상인데, 오른쪽으로 내리막길을 15분쯤 걸

327

으니 안부이고 다시 5분을 올라 고동산 정상에 우뚝 섰다.

모든 회원이 차례로 정상을 밟은 후 총무인 경원서예학원 강사 이소정 (李昭政·40)씨는 맨 선두에서 안전하게 회원들을 이끌어 준 이길종씨에게 준비해온 꽃다발을 안기면서 "1,165회째 산행을 축하드린다"고 한다. 모든 회원들은 상상조차 못할 엄청난 산행회수에 눈이 휘둥그래진 채 그에게 큰 박수를 보냈다.

정상에서는 발아래 저쪽으로 북한강의 물줄기가 길게 이어졌고, 경춘국도와 맞닿은 새터삼거리 너머로는 천마산과 백봉이 까마득하다. 이길종씨는 축령산, 은두봉, 그리고 깃대봉을 비롯해서 동쪽으로 이어진 화야산, 곡달산과 통방산, 중미산과 청계산을 차례로 가리킨다.

정오가 훨씬 지났기에 간식이라도 들자고 해서 배낭을 내려놓았는데 광명시에 있는 경원(景元)서예원의 이기석(李起錫·60) 원장은 "이렇게 좋은 경치에서 술 한잔이 없다면 말이 되겠느냐"며 돌림잔을 권한다. 한국서예학원 강사이며 산행경력도 무척 화려한 이병수(李柄守·52)씨와 박경례(朴京禮·44)씨들과도 어울리며 정상에서 곧바로 북한강을 바라보며 내려가는 길로 하산을 시작하였다.

아기자기한 바윗길도 지나고 길가에 곱게 핀 철늦은 진달래며 철쭉꽃을 헤치며 절경에 취한 채 계속 내려오니 어느덧 '늘푸른 나무처럼'의 바로 위쪽이다.

정성주(張聖柱·45)·이순분(李順分·44)씨 부부가 직접 설계에서 시공까지 낙엽송 통나무로 지어 시골 정취가 물씬 풍기는 이 식당 안에는 13개의 통나무테이블이 가지런히 놓여 있고, 또 직장인과 대학생들의 모임에도 적합한 수련장과 넓은 운동장도 두루 갖추고 있었다.

우리는 이 집의 자랑이라는 토종닭과 오리고기 등을 안주삼아 토속 막걸리로 갈증을 풀었는데, 내 옆에 앉은 한국서예협회 초대작가인 죽전(竹田) 이계월(李啓月·52)씨가 "김회장님! 지난번 미국에 다녀오셨다는데 그 얘기 좀 들려주세요" 한다.

3년 전에 「물소리 새소리」란 시집에 이어 금년에는 「많은 것을 갖기보다는」이란 에세이집도 출간했고, 또 얼마 전에는 시와 수필로 「해동문학」을 통해서 문단에 등단한 금제서예연구원의 김종태 원장은 1995년 7월 워싱턴에서 열린 한국전쟁 참전기념탑 제막식 때의 작품전시회와 또 한달 전 미국 앨라배마주 버밍햄시에서 열린 한국문화주간 행사의 작품전시회 얘기를 아주 재미있게 들려준다.

시간 가는 줄도 모르고 즐거운 시간을 보낸 우리는 버스가 기다리는 큰길까지 다시 걸어나오는데 누가 먼저랄 것도 없이 흘러나오는 여회원들의 흥겨운 노래소리는 꽃향기를 타고 온동네에 잔잔히 울려퍼졌다.

淸溪山 청계산 618m

경부고속도로 초입의 명산

긴 가뭄으로 비가 몹시 기다려지는 6월 중순에 접어든 일요일 오전 9시 30분. 우리는 지하철 3호선 양재역 남부농협 앞에서 '낭팔회' 회원들과 만나기로 약속이 되어 있었다. 내가 남부농협 앞에 도착하니 먼저 와서 기다리고 있던 염일순씨가 반갑게 내 손을 잡는다. 지난 1992년 12월에 충북 괴산에 있는 칠보산에 함께 다녀온 후 계속해서 우의를 다져온 염일순씨 외에는 모두 오늘이 초면이다.

우리는 78-1번 버스를 타고 옛골로 가다가 종점에서 불과 몇 정거장 못미처인 원지동에서 내렸는데 이곳에는 수많은 등산객들로 붐비고 있었다. 바로 길가에는 서울시 유형문화재 제93호인 원지동 석불입상과 석탑이 있다. 석불은 미륵당 안에 있어서 볼 수는 없었지만 높이 2.25m인 이 석불상은 고려 말기와 조선 초기의 양식을 잘 보여주고 있다고 한다. 또 그 옆에는 높이 17m에 수령 100년이나 된다는 커다란 느티나무가 하늘을 가리고 우뚝 서 있었다. 우리는 이곳에서 경부고속도로 밑을 통과하자마자 바로 왼쪽길을 따라 걷기 시작하였다.

우선 낭팔회의 뜻부터 설명하자면 '낭가파르밧'과 '8조'의 첫머리 글자인 '낭'과 '팔' 자를 따서 지은 이름이다. 대학교의 이공계 서적을 전문으로 출판하는 도서출판 보성각의 염일순(廉一淳·54) 사장의 설명에 의하면, 한국산악회 창립 50주년 기념 등반으로 8박9일동안 파키스탄에 있는 낭가파르밧 트레킹에 참가했었는데, 그 때 8조에 속했던 16명이 귀국한 후에도 매달 한 차례씩 정기 산행도 하고 또 자주 만나서 두터운 우정을 계속 이어왔다는 것이다.

고속도로를 왼쪽으로 바짝 끼고 남쪽으로 걷다가 10분쯤 후에 오른쪽 길로 접어드니 왼쪽에 '한솔가족 주말농장'이 나오고 곧이어 배밭을 지나 11시 5분에 등산로 안내판이 있는 지점에 도착하였다.

본격적인 산행이 시작되는 이곳으로부터 왼쪽에는 소나무가 울창한데 오른쪽 아래 계곡에는 오랜 가뭄으로 물이 말라 있었다. 불과 5분만에 정자가 있는 휴식처에서 상견례를 가졌다. 먼저 염일순씨가 회장을 소개 했는데 회원 중 가장 연장자인 김태국(金泰局 · 71) 회장은 일찍이 한국 산악회의 이사와 감사직으로 오랫동안 활동한 원로이며 산악계의 발전에 크게 공헌한 분이다.

계속 이어서 그 유명한 스마일산악회원들인 홍인이(洪仁伊 · 41), 정순

옥(鄭順玉 · 61), 이일순(李日順 · 49), 이묘주(李妙周 · 50) 그리고 정경 숙(鄭景淑 · 48)씨 들이 소개되었다. 서로의 인사가 끝난 다음 한국산악회 회관건립기금으로 낭팔회원의 정성이 가득 담긴 30만원을 회장께 전달 하였다.

주변에는 높이가 15m는 됨직한 커다란 아까시 나무가 빽빽이 둘러 싸

팔각정으로 가는
등산객들.

331

였는데 새하얗게 핀 꽃에서 풍기는 싱그러운 내음이 온통 사방에 진동하고 있었다. 11시 30분에 정자를 출발하였는데 맨앞에는 이 근처에 살기 때문에 청계산을 셀 수도 없을 만큼 많이 올랐다는 남시탁(南時卓·46)씨와 국립공원관리공단의 감사를 끝으로 정년퇴임한 정호근(鄭好根·62)씨, 그리고 산행경력이 무려 30년이 넘으며 지금도 암벽등반을 계속한다는 정재우(鄭在祐·64)씨 순으로 오르기 시작하였다.

15분만에 샘터에서 목을 축이고 다시 올라 정오에 무덤이 있는 능선 휴식처에 닿았는데 이곳으로부터 왼쪽으로 이어지는 가파른 오르막길에는 둥그런 통나무를 가지런히 놓아 계단을 만들어 놓았다.

땀을 뻘뻘 흘리며 15분만에 헬기장 풀밭에 도착하였고 곧이어 12시 25분에 왼쪽으로 커다란 바위를 끼고 지나니 오른쪽에 '충혼비 50m'란 안내판이 나타난다.

마침 이 달 6월은 순국선열과 호국영령들의 나라 사랑하는 마음을 되살

등산객들이 마왕굴앞에서 쉬고 있다.

매봉에서 바라본
청계산 정상.

리는 호국·보훈의 달이기도 한데 우리는 충혼비를 참배하고 가자는 남시탁씨의 제의에 다라 오른쪽 사이길로 접어들었다.

충혼(忠魂)의 숨소리

그대들의 흘린 피와 충혼의 얼로
조국은 살아 크게 숨쉬나니
그대들의 영혼은 조국의 산하에서
영원히 살아 꽃피우리라.
그대들은 조국을 사랑하고
또한 조국은 그대들을 사랑하노니
거룩한 영령(英靈)들이여
조국의 품속에 고이 잠드소서.

충혼비 앞에선 우리는 옷깃을 여미고 경건한 마음으로 묵념을 올렸다. 이곳이 바로 지난 1982년 6월, 공수부대 장병들을 태우고 작전중이던 비행기가 추락하여 53명의 장병들이 꽃다운 나이로 산화한 곳이라고 한다.

충혼비를 출발한 지 10분만에 매봉(583m)에 올라섰는데, 저만치 앞쪽에는 군사시설이 있는 망경대(望京臺·618m)에 이어 그 뒤로 이수봉 연릉이 길게 뻗어 있다.

다시 노송이 우거진 쾌적한 길을 오르내리며 20분 후에는 북으로 전망이 아주 좋은 바위에 올라서서 흐른 땀을 씻었다. 임정애(任貞愛)산부인과의원에 근무하는 김영금(金榮琴·40)씨는 서울을 에워싼 북한산, 도봉산, 그리고 관악산과 청계산 등 이렇게 좋은 산들이 주변에 많이 있으니 정말 우리는 행복하다며 마냥 즐거운 표정이다.

다시 혈읍재에서 오른쪽으로 곤두박질칠 정도의 급경사를 조심스럽게 내려와 오후 1시 5분에는 마왕굴(魔王窟·553m)을 지나 얼마 후 너른 공터에서 각자의 배낭을 내려놓았다. 이완희(李完熙·68), 주경환(朱景桓·65), 그리고 남기업(南基業·62)씨 등과 반주를 곁들여 즐거운 대화를 나누는데 홍진이씨가 "김회장님! 이 달에는 무슨 연극을 보러 가나

요?"라며 묻는다. 다른 산악회와는 달리 이 낭팔회는 정기산행 외에도
연극계 인사들과 교분이 두터운 김태국 회장의 주선으로 매달 좋은 연극
공연을 관람한다고 회원 모두가 이구동성으로 자랑을 한다. 또한 산비둘
기산우회(회장 김원식)회원이기도 한 김지연(金智妍·31)총무는 암벽과
빙벽까지 하는 맹렬여성이다.

　즐거운 점심을 마치고 자리를 뜬 우리는 망경대 바로 밑에 이르러서는
주변에 활짝 펴 있는 민들레홀씨를 높이 쳐들고 '후-'하고 불어댔다. 홀
씨가 사방으로 날아 마치 낙하산처럼 흩날리게 하며 어릴 적 동심의 세
계에 흠뻑 젖어 보기도 했다.

　3시 35분에 이수봉에서 왼쪽길로 하산을 시작하여 이슬샘을 지나 4시
10분에 정토사(淨土寺)를 거쳐서 큰길까지 내려왔다. 78-1번 종점에서
다시 버스를 타고, 아침에 출발했던 느티나무가 있는 원지동에서 내린 우
리는 남시탁씨의 안내로 신원교회 옆에 위치한 '서초주말농장' 식당에
자리를 잡았다.

　이형태(李亨泰·47)·조선식(趙善植·46)씨 부부가 운영하는 식당에서
우리는 맛있는 오리탕을 안주삼아 낭가파르밧의 추억도 다시 되새기고
또 1주일 전 한국기원에서 주관한 전국 미술인 바둑대회에서 영예롭게도
1등을 차지하여 '아마 3단'의 공인 자격증과 푸짐한 상까지 받은 김문식
화백의 우승도 축하하면서 축배를 들었다.

通方山 통방산
오지에 숨은 맑은 계류와 일주암(一柱岩)

통방산 정상의
바위와 소나무.

"부사장님! 건설공제조합에서 전화왔습니다." 경리담당인 최경숙씨가 전화를 돌려준다. "최선생님! 저 이윤택입니다. 이번 주에는 통방산에 가신다고 하셨지요? 저도 좀 끼워주실래요?" 라며 건설공제조합 안양지점장인 이윤택(李允澤)씨의 맑은 목소리가 들려온다.

초복(初伏)이 지난 7월 중순의 토요일 오후, 지하철 2호선 성내역에서 모인 일행은 두 대의 승용차에 나누어 타고 양수리쪽을 향해서 신나게

폭포 옆에서
등산객이 더위를
식히며 일주암을
바라보고 있다.

달리기 시작했다. 지난번 한국서예인산악회(회장 김종태) 회원들과 함께 갔던 고동산 취재산행 때와 똑같은 코스인 양수리에서 왼쪽으로 핸들을 꺾고, 북한강을 왼쪽으로 끼면서 달려 고동산 입구인 삼회2리 못미처 수입리에서 오른쪽 골짜기로 접어들었다.

얼마 후 노문리를 지나는데 우리를 안내한 박병근씨가 차창 밖 왼쪽을 쳐다보며, 내일 아침에는 이곳에서 산행을 시작할 것이라고 산행기점을 가리킨다. 서종초등학교 명달분교와 가겟집을 차례로 지나니 오른쪽 위로 아담한 통나무집 한 채가 보이는데 우리는 이곳에서 모두 내렸다. 제화(製靴) 부품을 생산하는 부산합동산업사 서울지사의 책임자인 박병근(朴炳根·40) 차장의 주말농원까지는 걸어서 5분쯤 올라가야 한다.

몇 해 전에 농가 한 채를 매입한 후 틈나는 대로 조금씩 손질을 한 이 별장(?)엔 주말마다 온가족이 함께 와서 채소도 심고 꽃나무도 가꾸면서 찌든 도시생활에서 벗어나 잠시나마 홀가분한 마음으로 시골 정취에 흠뻑 빠져 본다는 것이다.

울창한 잣나무 숲속에 깊이 파묻힌 이곳 명달리는 경기도에도 정말 이런 깊은 골짜기가 있었나싶을 정도로 오지 마을이다. 꿀맛같은 저녁식사를 마친 우리는 모처럼 들어보는 개구리들의 합창을 자장가 삼아 일찌감치 잠자리에 들었다. 꿈속에서 들려오는 것같은 무슨 소리에 문득 눈을 떴다.

　　이리 오너라 업고 놀자
　　사랑 사랑 사랑 내 사랑이야
　　사랑이로구나 내 사랑이야
　　이히히 이히히 내 사랑이로다
　　……………………………………

판소리 「춘향가」중에서 '사랑가'를 부르고 있는 한정하(韓楨廈·46)씨의 낭랑한 목소리는 삼라만상이 고이 잠든 이 깊은 골짜기에 굽이굽이 메아리치며 퍼져나갔다. 일찍이 국악예고와 추계예술대학에서 판소리를 배운 후 정권진, 김소희 명창에게 사사한 한정하씨의 소리에 가야금 연주자인 이숙영(李肅暎·38)씨가 곁에서 계속 흥을 돋군다.

때아닌 이른 새벽, 심산유곡에선 생각지도 않은 판소리 공연이 펼쳐진 것이다. 잠시 후 진짜 무공해 채소를 곁들인 아침식사를 마친 우리는 산행기점인 노문리로 향했다.

8시 40분, 세아(世亞)철강의 노상현(盧相鉉·36)대리를 선두로 청다락골 계류를 오른쪽으로 끼고 얼마를 걸으니 냇물 건너편에 높이가 20m쯤은 되어 보이는 일주암(一柱巖)이 보인다.

"아니 난 일주암이라고 해서 무슨 암자(庵子) 이름인 줄 알았더니 그게 아니고 바위였군요. 정말로 멋진 바위인데요." 김문식 화백은 이같이 말하고 급히 스케치북을 펼친다. 비 온 끝이라 냇물이 무릎 위까지 찰 것 같아서 등산화를 벗어들고 미끄러지지 않도록 각자 조심하면서 내를 건너기 시작했다. 햇빛이 전혀 들어오지 않는 울창한 숲속은 마치 저녁 무

맑은 물이 가득한 명달리 계곡.

렵처럼 어둠침침했고, 또 협곡의 바위에는 인적이 드문 탓인지 이끼가 끼어 있어서 몹시 미끄러웠다. 왼쪽에서 들려오는 물소리를 따라가 조그만 폭포 앞에 다가섰는데 바로 옆에는 일주암이 우뚝 솟아 있다.

잠시 후 계류를 한 차례 건너니 느타리버섯 재배지가 나왔다. 하늘을 가리는 잣나무군락을 지나는 동안 향기로운 더덕 내음이 사방에 진동한다. 얼마를 더 오르니 안부인데 계속 직진하면 상산재 마을로 이어진다. 우리는 안부 조금 못미처에서 왼쪽 언덕길로 올라섰다.

발목까지 빠지는 낙엽을 밟으며 오르다가 잠시 휴식을 취한 다음 10시 정각에 다시 발길을 옮기는데 갑자기 등 뒤에서 '아이구 내 코야!' 하는 비명이 들려온다. 깜짝 놀라 뒤돌아보니 이상년(李相年·48) 씨가 두손으로 코를 감싸며 아픈 표정을 짓고 있다. 늘 재미나는 익살로 일행을 곧잘 웃기곤하는 그는 길이 너무 가팔라 코가 땅에 닿았다는 시늉을 하면서 엄살을 부리는 것이었다.

등산엔 별로 익숙치 못한 한정하, 이숙영씨는 숨을 헐떡이며 몹시 괴로운 표정들이다. 땀을 뻘뻘 흘리며 계속 올라 20분만인 10시 20분에 주능선에 올라섰다. 이곳에서 잠시 땀을 닦은 후 우리는 오른쪽 오르막길을 몇 차례 오르내린 후 10시 40분에 바위가 있는 봉우리에 올랐다.

"야! 드디어 정상이구나"하며 이·엠코리아의 이동근(李東根·37) 부장이 안도의 한숨을 내쉬는데 우리보다 늘 한 발 앞서 가는 이길종(李吉鍾·57)씨가 저만치 앞쪽의 봉우리에서 정상은 여기라며 큰 소리를 지른다. 10분 만에 통방산에 올라섰다.

통방산 정상에 오르는 도중 우리는 한상철 씨로부터 꽃이름이며 나무에 대해서 많은 지식을 얻을 수가 있었다. 그도 처음에는 그냥 산에만 올랐는데 늘 꽃과 나무를 대하다보니 호기심이 생겨서 책을 사보고 또 여러 가지 방법으로 공부를 해서 이제는 웬만한 식물에 대해선 박사가 되었다고 한다.

오늘이 1,172회째 산행이라는 이길종씨는 남쪽 삼태봉 너머로 용문산, 유명산 그리고 중미산을 차례로 가리킨다. 중미산 오른쪽 아래로는 명달리가 평화스럽게 펼쳐져 있고, 또 서쪽으로 사기막천 계곡 너머로 북한강과 수입리마을이 시원하게 내려다보인다.

약 30분만에 삼태봉에 올라 간식과 시원한 맥주로 갈증을 푼 다음 올라

오던 길로 조금 되내려가다가 하산을 시작했는데 12시 45분엔 앞쪽이 활짝 트이면서 온통 숲을 마구 파헤친 보기흉한 골프장 건설현장이 시야에 들어온다.

　오후 1시 10분에 오른쪽 내리막길로 접어들었는데 이곳에서 계속 직진하면 중미산(仲美山)으로 이어진다. 아름드리 잣나무 군락지를 벗어나 15분만에 외딴 농가를 지나니 반갑게도 물소리가 들려온다. 왼쪽으로는 계류, 오른쪽으로는 망초 꽃밭을 끼고 내려오는데 시원한 폭포와 크고 작은 소(沼)가 차례로 이어진다.

　또다시 울창한 잣나무숲을 오른쪽으로 끼고 쾌적한 길을 내려와 2시 15분에 명달리부락을 지나니 얼마 후 명달분교 앞이다. 우리는 10분만에 박병근씨의 주말농원에 배낭을 내려놓고 뒤늦은 점심을 마쳤다.

　승용차에 몸을 싣고 왼쪽 계곡과 오른쪽 잣나무숲 사이를 달리는데 단 하룻밤이었는데도 이곳을 떠나는게 그렇게도 아쉬운지 모두들 자꾸만 멀어져가는 명달리쪽을 향해서 계속 고개를 돌리고 있었다.

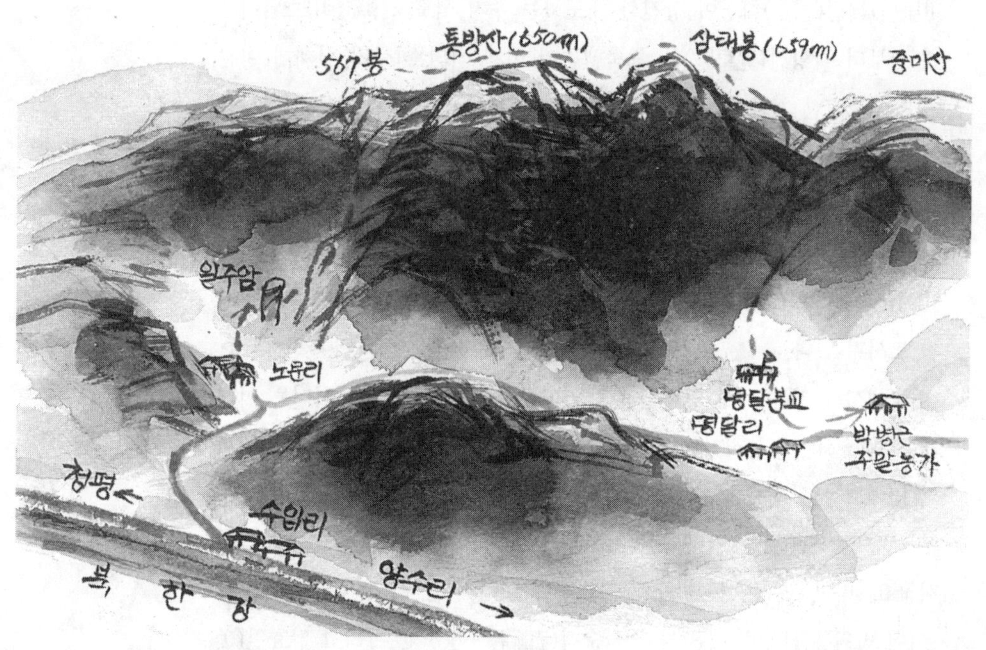

七峰山·天寶山 칠봉산과 천보산

여말선초 3대 선사 입적한 회암사

 이미 입추에 이어 말복까지 지났건만 예년에 비해 훨씬 무더웠던 폭염은 도무지 물러갈 생각조차 하지 않는다. 10년 전 몇 차례 산행을 함께 했던 한올산악회원들과 소요산행 버스를 타고 가다가 동두천 조금 못미처 송내동에서 내린 시각이 9시 40분, 길 옆 송내상회에서 필요한 간식을 준비한 후 동두천 방향으로 5분쯤 걸었을까. 길가 오른편에 송내교회가 우뚝한데 우리는 이곳에서 교회 앞 오른쪽 동네로 이어지는 아스팔트 길로 들어섰다.

 도로 오른편으로 길게 이어진 논과 왼쪽으로 경사진 밭 사이의 길을 계속 걸어 40분만에 산자락에 위치한 대도사(大度寺)에 이르렀다. 36년 전 비구니 혜법(慧法)화상이 창건한 대도사는 주지 석도명(釋道明)스님이 5년 전부터 각황전(覺皇殿)을 증축했는데 이제 거의 마무리 단계에 이른 이곳의 정교한 천불탱화(千佛幀畵)앞에 다가선 김문식 화백은 감탄사를 연발하며 도무지 움직일 생각조차 하지 않는다.

 수통에 시원한 물을 가득 채우고 각황전 오른쪽으로 난 길을 오르기 시작하였다. 네모반듯한 하얀 돌로 쌓은 계단을 올라 10분 후에는 높이가 10여m되는 기묘한 바위 앞에 닿았는데, 바위를 판 구멍 안에는 산신령이 모셔져 있다.

 이곳에서 우리는 서로 인사를 나누었다. 늘 도봉산에 함께 다니는 이명재(李明載·61)·윤정자(尹正子·58)씨 부부를 소개했더니 한올산악회의 명예회장인 홍사세(洪思世·41)씨와 몇몇 회원들은 "아! 도봉산만 부부동반으로 800회를 기록하신 기사를 읽은 적이 있는데 바로 그분들이시군요."라며 모두가 큰 박수로 환영하는 것이었다.

 이어 박원용(朴元用·58)씨와 석순징(石順澄·56)씨, 그리고 강효원(姜

칠봉산 정상 못미처
바위지대에 핀
야생화.

孝沅)씨와 현대물산의 이현태(李鉉台·54) 사장을 차례로 소개하였다.

맨 앞에는 등반대장인 최병두(崔秉杜·35)씨가 서고, 그 뒤를 재무담당인 이동환(李東桓·35)씨와 막내인 박성진(朴成珍·28)씨, 그리고 후미는 등반부대장인 박성일(朴成一·33)씨가 서기로 하였다. 얼마 후 크고 작은 돌을 쌓아올린 형상의 바위를 지나 15분만에 억새가 무성한 제1봉에 올랐다.

이곳을 소개한 책자에 의하면 산이름은 칠봉산이지만 실제로는 10봉까지라고 쓰여있으나 막상 산에 올라보니 어느 것이 몇 봉이지 구별하기가 몹시 힘들었다.

계속 이어진 봉우리를 차례로 넘어 칠봉산 정상인 제4봉을 밟았다. 동쪽의 국사봉(754m)·왕방산(737m)에 이어 남동쪽으로는 천보산맥이 길게 휘어져 시야에 들어오고 그 남쪽으로는 넓은 평야 너머로 불곡산과 더 멀리엔 수락산과 도봉산의 연릉이 아련히 솟아 있다.

343

최병두 등반대장에게 주변 산에 대한 설명을 들은 후 계속 봉우리를 넘어 11시 45분엔 헬기장을 통과하고 이어서 12시 15분에 다 허물어져가는 대피소를 지나니 계속 내리막길이다. 등산 경력이 그리 많지 않은 이현태 사장은 숨을 헐떡이면서도 꾸준히 따라온다.

15분만에 너른 공터에서 점심을 먹기로 하였다. "아니 이 산악회는 금녀(禁女)의 산악회인가요. 어쩌면 여성회원이 한 명도 없나요?"라는 나의 질문에 홍사진(洪思振·39) 회장은 "저희 산악회에는 여자가 가입만 하면 금방 혼사가 성립되거든요. 현재 단 한명의 여성회원이 남아 있는데 그녀 마저 이미 결혼날짜가 잡혀 있어요"라며 씽긋 웃는다.

이 말을 받아 전회장인 최필순(崔弼洵·39)씨는 "혼기를 놓친 분이 우리 산악회에 오시면 6개월 내에 결혼식을 올릴 것을 제가 책임지지요"라고 해서 모두 한바탕 유쾌하게 웃었다. 또 감사인 김용욱(金龍旭·37)씨

천보산 정상에 서면
송림 사이로
회암사가 보인다.

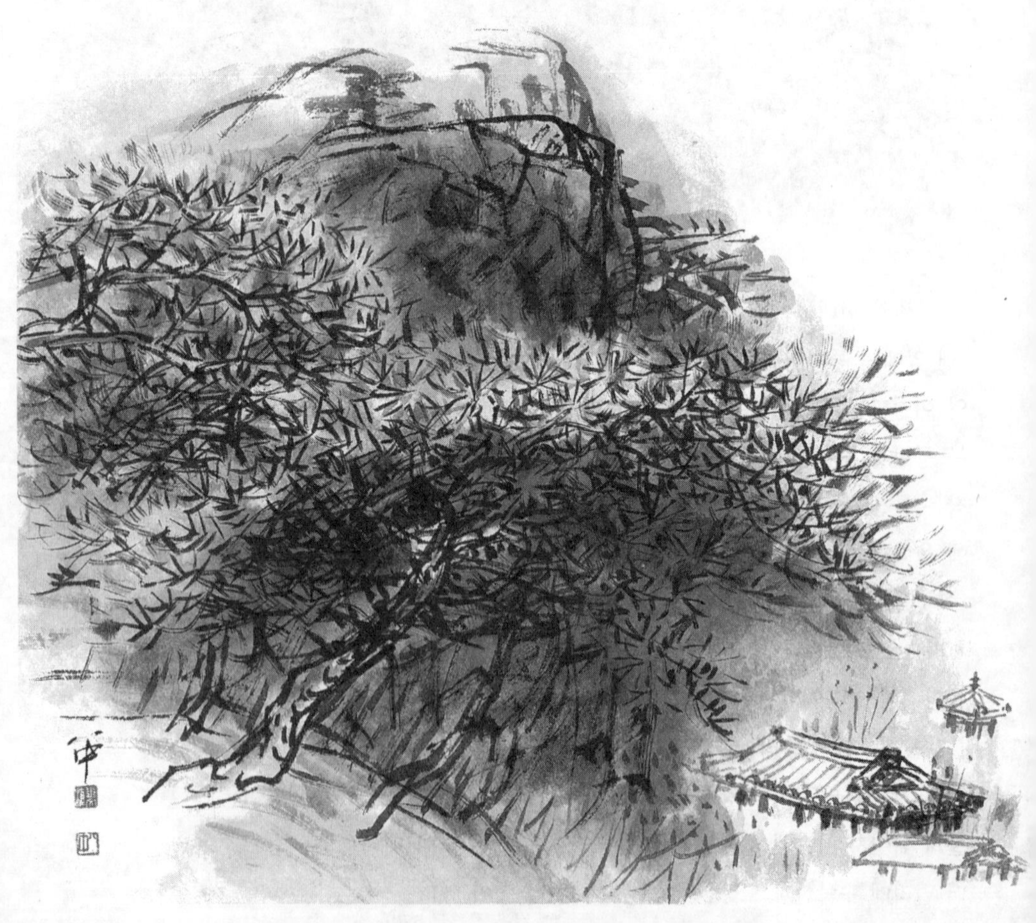

회암사터의
무학대사 부도.

는 "우성건축 자재의 최필순씨와 마니건축자재의 신영기(辛榮基·27)씨
는 새 살림집을 값싸게 구해줄 것이고, 화이트패션 조용윤(趙鏞允·38)
차장, 한독패션의 김천권(金千權·34)씨와 봉제업을 하는 이병일(李炳
一·42)씨등이 드레스와 의복은 책임질 것이고, 또 금은세공을 하는 제
가 예물을, 그리고 홍사세 명예회장은 제주 오리엔탈호텔로 신혼여행을
보낼 것이니, 자 ―, 이래도 우리 산악회로 오시지 않겠습니까?" 라고
해서 또다시 웃음바다가 되었다.

이렇듯 즐거운 점심을 마친 우리는 오후 1시 5분에 자리를 떠서 얼마
후 붉은 페인트로 중간 부분을 칠한 송전탑을 지나 동두천과 회암리를
잇는 고개 마루턱길로 내려섰다.

이곳에서 다시 바로 앞으로 계속 이어진 천보산(天寶山·423m)을 오르
기 위해 1시 17분에 오르막길을 올라 얼마 후 헬기장을 통과하고 다시
30분만에 천보산에 올라섰다. 5분 후엔 바로 옆 봉우리까지 갔는데, 이

345

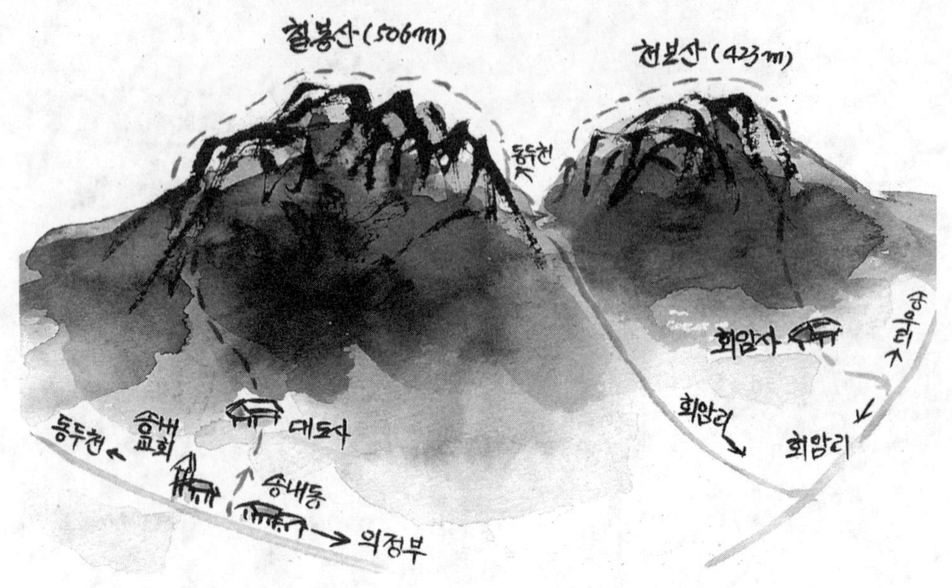

곳에서 발 아래로 내려다보이는 회암사 전경이 마치 한 폭의 그림같이 아름답기만하다.

또다시 경사진 길을 내려오니 보물 제387호인 선각왕사비(禪覺王師碑) 앞이다. 양주군청 문화공보실의 천홍주(千鴻柱·36)씨가 보내준 자료에 의하면 이곳은 고려말 나옹선사를 추모하기 위해 우왕 3년(1377년)에 건립한 것이며 바로 밑에는 대웅전인데, 이 회암사(檜巖寺)는 고려 충숙왕 15년(1328년)에 지공(指空)선사가 창건하였고 그 후 나옹선사가 중건했다고 한다. 또한 대웅전 동쪽 산릉에는 나옹선사 부도(懶翁禪師浮屠)와 석등(지방문화재 제50호)을 비롯해서 지공선사부도와 석등(지방문화재 제49호), 그리고 보물 제388호인 회암사지부도가 있으며, 바로 아래의 쌍사자석등(보물 제389호)에 이어 무학대사비 등 여말선초에 불교계를 대표한 3대 선사의 부도와 비석이 고색창연한 모습으로 나란히 서 있다.

대웅전 아래 요사채 앞 너른 터에서 목을 축이며 잠시 쉬고 있는데 스님 한 분이 내려오시기에 주지스님을 뵙고 싶다고 했더니 바로 그 분이 주지 인묵(仁默)스님이었다. 4년전 이곳으로 부임했다는 스님으로부터 좋은 말씀을 듣다가 마음에 새길 글귀를 부탁드렸더니 내가 내민 종이에 달필로 써주신다.

諸惡莫作　　모든 악을 짓지말며
衆善奉行　　많은 선을 받들어 행하라
自淨其意　　스스로 그 뜻을 맑게 하면
是諸佛敎　　이것이 곧 부처님의 가르침이다

 스님과 아쉬운 작별을 하고 우리는 회암사터를 지나 의정부행 30번 버스를 타기 위해 수 천평의 잣나무숲을 왼편으로 끼고 큰 길을 향해 걷고 있는데, 나옹선사의 시를 읊고 있는 이명재씨의 나즈막한 음성이 내 등 뒤에서 조용히 들려왔다.

 가을 깊자 막대 짚고 산에 오르니 바위 사이 단풍은 벌써 붉어라.
 조사가 서래하신 단적한 뜻은 두두 물물 저마다 먼저 통했네.

秋深投杖到山中 岩畔山楓已滿紅
祖道西來端的意 頭頭物物自先通

佛谷山 불곡산

초보자는 조금 겁나는 바윗길

불곡산 정상부의 바위와 소나무.

　찬 이슬이 풀잎에 맺히고 제비가 강남으로 떠난다는 백로(白露)도 이미 지나고, 가을 문턱으로 들어서는 추분(秋分)이 얼마 남지 않은 일요일 아침에 통일산우회 회원들은 의정부역 매표소 앞으로 하나 둘씩 모여들기 시작했다.

　산악회 고문인 동방경호(東方京浩·53)씨와 몇몇 회원들과는 전에 인사를 나눈 적이 있지만 나머지 회원들과는 오늘이 모두 초면이다.

오전 9시 30분에 '샘내' 방향으로 가는 22번 시내버스에 올라탔다. 버스가 의정부시내를 막 벗어나니 차창 왼편으로 정상 부근이 모두 하얀 바위로 이루어진 불곡산(일명 불국산)의 모습이 시야에 들어온다.

10여 분쯤 달렸을까. 덕계리 못미처 샘내정류장에서 차를 내린 우리는 왼쪽으로 하천을 끼고 서쪽 골짜기를 향해 시멘트길을 걷기 시작했다. 잠시 후 길은 흙길로 바뀌었고 군부대 오른쪽 길로 오르는데 좌우에는 소나무와 잡목이 빽빽하게 들어차 있다.

얼마 후 고개 마루턱에 올라서니 정면으로 천주교 묘지인 제일공원이 우리 앞을 가로막는다. 왼쪽으로 난 내리막길을 걸어 관리소 앞을 통과해서 다시 왼편으로 맑게 흐르는 계류를 끼고 산길을 오르니 '불곡산장 120m · 부흥사 700m'라고 쓴 팻말이 나타난다.

10시 35분에 불곡산장(佛谷山莊)에 도착하여 주인인 이용주(李庸柱 · 42)씨와 얘기를 나누었다. 10년 전에 이용주씨가 직접 지었다는 이 산장은 30명 정도 수용할 수 있는 방 2개와 식당 등을 갖추고 있는데, 건물도 모두 원목을 써서 화려하지 않은 것이 주변 경관과 잘 어울렸다. 또 도심에서 얼마 떨어지지 않았는데도 심산유곡 속에 파묻힌 듯한 기분이 들어 하룻밤쯤 묵은 다음 불곡산을 오르면 아주 좋을 듯 싶었다.

10분 후에는 왼쪽으로 방산농원이 보이고 그 오른쪽에 부흥사가 나타났다. 80세 고령이신 송선우 스님이 50년 전에 창건했다는 이 절에서 시원한 석간수로 목을 축이고 그 옆 너른 공터에서 상견례를 가졌다.

양평동 2가 오목교 동쪽에 위치한 백정형외과의원의 백경렬(白慶烈 · 50) 원장과 김문식 화백을 내가 먼저 소개하였고, 통일산우회측에선 고문인 동방경호씨가 이재홍(李在弘 · 50) 회장, 김성수(金成洙 · 59) 고문과 유석두(劉碩杜 · 52) 부회장을 비롯해서 등반대장인 조희윤(曹喜潤 · 52)씨와 김동현(金東鉉 · 48) 총무, 그리고 여성 총무인 박정혜(朴貞惠 · 50)씨를 차례로 소개하였다.

11시 정각에 부흥사를 출발하여 본격적인 산행에 들어갔다. 조희윤 등반대장을 선두로 숲길을 계속 올라 15분후에 능선에 올라붙은 다음 다시 오른쪽 길로 계속 오르니 탁트인 지점에서 불곡산의 정상이 아주 가깝게 느껴진다.

조금 후 안부에 도착했다. 오른쪽으로는 420m 봉이 우뚝 솟아 있는데, 왼쪽으로는 불곡산 정상이 손에 잡힐 듯하다. 잠시 숨을 돌린 다음 급경사인 바윗길에 튼튼하게 설치한 로프를 잡고 하강했다. 위험한 내리막길을 무사히 내려온 우리는 '불무리쉼터'란 간판이 있는 쉬기 좋은 곳에서 점심을 먹기로 하였다.

각자가 배낭을 풀었는데 여성회원들의 배낭에서 갖가지 푸짐한 음식이 줄줄이 나오니까 이재홍 회장이 "최선생님! 지난 9월호에 소개한 칠봉산과 천보산에 가셨을 때는 여성회원이 단 한 명도 없어서 섭섭했다고 쓰셨던데, 어때요, 우리 통일산우회는요?"라며 웃는다.

이 말을 받은 동방경호씨도 "저희 산우회는 다른 회보다도 부부동반 회원들이 훨씬 많지요. 자, 보세요. 고문인 김중기(金重基·50)·유영화(柳泳和·45)씨 부부를 비롯해서 부회장인 변창근(邊昌根·49)·박선희(朴善姬·48)씨, 또 감사인 박용재(朴龍在·52)·신선자(申善子·47)씨, 그리고 사랑실은 교통봉사대에서 불우한 이웃을 위해 열심히 봉사하

백화암 부근 고목 밑에서 휴식중인 등산객들.

불곡산의 초가을.
부흥사와 석탑이
보인다.

는 이영호(李永浩 · 44) · 김경애(金敬愛 · 40)씨, 그리고 제 아내인 한경순(韓敬順 · 47) 등. 이렇게 부부가 함께 산에 다니니 건강은 말할 것도 없고 내외간에 금실도 좋아져서 가정의 화목엔 아주 최고지요"라고 하니 모두 큰 박수로 호응을 하는 것이었다.

점심을 맛있게 마친 후 12시 35분에 정상을 향해서 발길을 재촉하였다. 정상으로 가는 길은 아주 아기자기한 암릉길인데 초보자에겐 조금은 겁나는 바윗길도 가끔 나타난다.

부부팀들은 서로 붙잡아주며 어려운 코스를 통과하는데 '나홀로'인 김성자(金成子 · 40), 나영자(羅永子 · 40), 손순자(孫順子 · 57), 그리고 유대규(柳大圭 · 50), 함민식(咸敏植 · 40)씨들은 "아니 짝없는 사람은 서러워서 못살겠네"라고 해서 한바탕 웃음판이 벌어졌다.

잠시 쉬는 동안에 내가 '백경렬 원장은 나와 고려대학교 선후배 사이'라고 소개했더니 역시 고려대학교 의과대학 안암병원에 근무하는 동방경호씨는 "회원 여러분! 정형외과 원장님이 계시니까 오늘만큼은 다리가 삐거나 웬만큼 다치셔도 아무 걱정이 없겠습니다"라고 농담을 하여 다시 한 번 폭소가 터져 나왔다.

오후 1시 10분에 정상에 섰다. 등반대장인 조희윤씨와 김동현 총무로부터 남쪽으로 길게 이어진 도봉산과 북한산의 연릉을 포함해서 주변 산에

대한 설명을 들은 후 서둘러 하산을 시작하였다.

30분만에 백화암(白華庵)에 도착하여 3년 전에 주지로 부임한 의선(義禪)스님과 마주 앉아 절의 내력을 상세히 들었다. 서기 898년인 신라 효공왕 때 도선국사(道詵國師)가 창건한 이 절은 그 후 1592년 임진왜란 때 소실되었으며, 1868년에 축성루(祝聖樓)가 세워졌고, 1923년에 주지 월하화상(月下和尙)이 사원 전부를 중수하였으나 또다시 6·25때 전소된 것을 성봉(性峰)화상에 이어 1968년 무상(無常)스님이 대웅전을 중건하고 요사채를 신축하였다고 한다.

또 이곳은 국가 중요문화재로 지정된 귀중한 문화유산인 '양주별산대(楊洲別山臺)놀이'의 본거지이기도 한데, 대지 580평에 건평 50평의 전수회관에서는 강습을 통해 별산대놀이의 올바른 계승과 발전을 도모하고 있다고 한다.

2시 40분, 하산지점인 유양동에서 금촌발 32번 시외버스를 타고 의정부에서 모두 내리니 이재홍 회장이 하산주 장소로 아주 좋은 집을 안내하겠다며 앞장선다. 의정부 신시가지의 한국통신 맞은 편 놀이터 안쪽에 위치한 범골식당이었는데, 산을 무척 좋아한다는 양광부(楊光夫·55)·김희선(金喜善·52)씨 부부가 우리 일행을 보고는 아주 반색을 한다.

운영위원장인 박난우(朴煗雨·50)씨, 이호기(李鎬沂·52)씨들과 마주앉아 닭볶음 등 푸짐한 안주와 곁들여 소주잔을 기울이는데 그 옛날 불곡산 일대의 절경을 읊었다는 '유양팔경(維楊八景)'이 문득 머리를 스치고 지나간다.

山城落照 양주 대모산성의 해지는 모습

岐堂瀑布 기당폭포의 절경

華庵鐘聲 백화암의 은은한 새벽 종소리

仙洞煮花 선동과 기당폭포 주변의 꽃피는 모습

金華慕烟 금화정에서 바라보는 민가에 피어오르는 저녁짓는 연기

乘鶴烟柳 승학교와 주변에 어우러진 버드나무의 모습

道峰霽月 금화정에서 바라본 도봉산 영봉 위에 뜬 초승달

水落歸雲 수락영봉의 구름 사이로 해뜨는 모습

黔丹山 검단산

'검붉은 숲 산' 수도권 명산 둘러보는 전망대

"저 김대환 선생님이시지요? 월간 「산」에 '그림산행'을 연재하고 있는 최성수입니다." 전철 2호선 강변역(동서울버스터미널) 매표구 앞에서 늘 사진으로만 얼굴을 익혔던 이화여대 사회학과 명예교수이신 김선생님께 다가가서 인사를 드렸다.

추석(秋夕)도 이미 지나고 상강(霜降)이 멀지 않은 일요일 오전 9시에 우리들은 강변역에서 만나기로 약속이 되어 있었다. 9시가 가까워지니 낯익은 얼굴들이 만면에 웃음을 띠며 하나 둘씩 모습을 나타낸다. 국민은행 문산지점장인 한상철(韓相哲·51)·손정숙(孫貞淑·51)씨 부부를 비롯해서 낯익은 여러 얼굴들이 반갑다며 손을 내민다.

9명의 일행은 9시 10분에 하남시를 거쳐 광주까지 가는 113번 좌석버스에 올라탔다. 천호동을 거쳐 하남 시내를 통과한 후 30분만에 새릉교회 앞에서 차를 내린 우리는 교회 앞을 지나 5분만에 포도원이란 작은 팻말이 붙은 농장의 정문을 지나 산기슭으로 올라섰다.

9시 55분 소나무 10여 그루가 서 있는 쉬기좋은 장소에서 서로 인사를 나누었다.

제일먼저 연장자인 김대환(金大煥·70) 교수의 인사말에 이어 산악관련 비디오 전문업체인 우촌미디어 대표 박재곤(朴載坤·63)씨와 그의 후배인 제왕라사의 김경수(金景洙·59) 사장, 그리고 한국산업 관계연구원에서 컨설팅 업무를 맡고 있는 이영순(李榮順·35)씨 순으로 소개가 이어졌다.

다시 10시 15분에 쉼터를 출발해서 10분 후에는 길 왼편에 있는 돌꽃샘에서 시원한 물로 목을 축이는데, 얕은 산에서는 좀처럼 보기드문 너덜지대가 오른쪽으로 길게 이어진 것을 본 김문식 화백은 신기한 듯 열

심히 스케치를 한다. 너덜지대를 지나자 산길은 서서히 가팔라지기 시작
했다. 한국산악회의 부회장이기도한 김대환 교수는 칠순인데도 젊은이가
민망할만큼 조금도 어려운 기색없이 선두를 계속 지킨다.
 옆에 함께 오르던 이영순씨가 "선생님! 그동안 월간「산」에 연재하셨던
'산악칼럼'이란 글을 모아서 책으로 발간하신다고 들었는데 언제쯤 책이
나오나요?" 라고 물으니 10월말쯤에는 산악도서를 전문으로 발행하는 수
문출판사에서 「그래도 우리에게 산이 있기에」라는 책이 나올 것이라며

연재하셨던 글 외에도 킬리만자로, 티베트, 히말라야, 그리고 실크로드
와 맥킨리 등 그동안 다녀오신 해외산행기도 책속에 포함될 것이라고 귀
띔한다.

검단산 정상에서
바라본 두물
머리의 강풍경.

 10시 50분에 '정상 35분'이란 팻말을 지나는데 앞서가던 등산객과 서
로 인사를 나누었다. 동양화재 국제우등대리점 대표인 김영학(金榮學·
49)씨들이었는데 휴일에 먼 산에 가고 싶어도 돌아올 때의 교통 체증이
문제라면서 심지어 늦을 때에는 자정이 넘어서 서울에 도착할 때도 있어
서 이렇듯 서울 근교의 산을 즐겨 찾는다고 한다.

11시 정각에 아담한 육모정이 있는 전망대에 도착하였다. 흐르는 땀을
씻으며 우리는 우이령보존회의 사무국장직도 맡고 있는 이수용씨로부터
그동안의 활동 상황을 들었는데, 1994년 3월에 자연을 사랑하는 뜻있는
시민과 단체들, 그리고 각계 인사 140여명의 발기인들로 시작된 이 모임
은 우이령을 확포장하려는 공사를 백지화시킨후 지금은 점봉산(남설악)
과 1급수 연어 회귀 하천인 남대천을 파괴하고 들어설 양양 양수댐 건설
반대운동에 주력하고 있으며, 또 광릉숲 살리기운동도 벌이고 있다면서
여러 동호인들의 적극적인 동참을 호소하였다.

 특히 '93 한국여성 에베레스트원정대' 대원이었던 이영순씨 외에도 부
대장이었던 정명숙(鄭明淑·38)씨는 저동에 위치한 백병원 앞에서 자영
하는 죽 전문식당인 '죽향' 을 우이령보존회의 회의장소로 기꺼이 제공하

육모정에서 환담을
나누고 있는
등산객들.

검단산 정상부의
억새밭.

357

는 등 많은 분들이 헌신적으로 후원을 하고 있다며 고마워했다.

11시 20분에 육모정을 출발했는데 바로 왼쪽의 샘터를 통과하고 다시 5분 후에는 잘 가꾸어진 무덤 2기를 지나니 저멀리 고추봉과 용마산으로 이어지는 길이 오른쪽에 나타난다.

5분 후에는 기이하게 생긴 소나무를 지나고 11시 45분에 다시 한 차례 내리막을 내려갔다가 갈대가 이어진 길을 다시 치켜오르니 어느덧 검단산 정상이다.

정상에 오르기 직전에 정우영산우회에서 검단산의 역사를 적어놓은 팻말이 있었는데, 이 검단산은 경기도 하남시와 광주군 남종면의 경계로 삼국시대 초기 백제의 도읍인 위례성의 외성이었으며, 팔당을 오가던 뱃사공들과 객손들이 멀리서 보면 울창한 수목과 산형이 마치 검붉은 색으로 조화를 이룬다하여 구전(口傳)으로 명명된 것이며, 관동 방면의 길손들이 검단산을 보고는 도성이 멀지 않았음을 알고 길을 재촉하였으며, 떠나는 이들은 검단산 앞에서 임금께 하직의 예를 올렸는데 지금도 배알미동(拜謁尾洞·임금을 마지막으로 배알하던 마을)이란 지명이 전해지고 있다는 것이다.

검단산 정상은 꽤 넓은 편인데 동쪽으로부터 시계방향으로 발 아래로는 팔당호가 때마침 비치는 햇살에 반사되어 반짝이고 있었고, 용문산, 백운봉, 주읍산과 무갑산에 이어 관악산과 청계산 그리고 북한산과 도봉산 또 화악산등 경기도의 명산들이 손에 잡힐 듯 길게 이어져 있다. 기념촬영을 마치니 김대환교수가 비장의 술이라며 중국산 명주인 소흥주를 한 잔씩 따라 주신다.

12시 30분에 하산을 시작하여 5분 후에 점심 먹을 장소를 찾다가 마땅한 평지가 없어서 조금은 경사진 곳에서 각자의 배낭을 내려놓았다. 점심을 들면서 박재곤씨로부터는 지난 달 내한했던 일본 산악인인 야스무라 준(安村 淳·51)씨 일행과 더불어 설악산을 등반했던 얘기며, 또 설악산악연맹(회장 이무)과 일본의 미로구산 모임과 정기적인 교류를 갖기로 했다는 소식을 상세히 들을 수 있었다.

점심을 마친 우리는 오후 1시 35분에 다시 배낭을 챙기고 능선을 따라 걷다가 바로 왼편으로 중부고속도로가 시원하게 내려다보이는 전망대 바위에서 걸음을 멈추었다.

잠시 주변의 경관을 감상한 후 경사가 심한 급사면길을 아주 조심스럽게 내려와 24분 후에는 좌우로 하늘을 찌를 듯 쭉쭉 뻗은 나무숲을 지나는데, 오른쪽에 있는 폐광터 동굴 입구에는 수많은 등산객들이 물을 받고 있었다. 이곳에서 왼쪽으로는 미사리 조정경기장 너머로 도봉산과 북한산의 연릉이 길게 꿈틀거리는 듯하고, 또 수락산 뒤로는 불곡산과 소요산이 아련하게 건너다보인다.

다시 이어지는 잣나무숲을 지나고 낙엽송 군락지를 통과하여 2시 40분에 주차장 앞에 섰다. 잠시 후 동네 어귀에 이르러 길 왼쪽의 부추밭을 지나는데 주인인 한흥우(韓興愚·60)씨가 잠시 쉬었다 가라면서 부추를 벤 자리에 신문지를 깔면서 앉기를 권한다.

부추는 성장 속도가 빨라서 1년에 8번이나 수확이 가능하다고 한다. 인부들에게 줄 막걸리까지 얻어 마셔 갈증을 푼 우리는 한 단에 500원이라는 부추를 각자 한아름씩 산 다음 창우동 버스정류장을 향해서 다시 발길을 재촉하였다.

파주 紺岳山 감악산

'경기5악'의 하나 북녘땅과 임진강 바라보며 통일기원

한 등산객이 저수지 쪽을 향해 가고 있다.

"야, 저 은행잎 좀 보세요. 정말 멋있지요."

우리가 탄 승합차가 통일로를 따라 벽제 근처를 지나는데 길옆 은행나무 아래 수북히 쌓인 진노랑색의 낙엽을 가리키며 초연회 회원인 윤미례씨가 탄성을 지른다.

겨울의 문턱이라는 입동도 이미 지나고 소설이 가까워지는 일요일 아침, 우리 일행은 두 대의 승용차에 나누어 타고 오전 9시가 조금 지나서 구파발 전철역을 출발하여 통일로를 따라 싸늘한 바람에 낙엽이 흩날리는 길을 달리기 시작했다.

문산에서 오른쪽으로 핸들을 돌려 구파발을 떠난 지 1시간이 조금 지나서 적성면을 통과하니 오른쪽으로 6·25때 산화한 영국군의 전적비가 있는 소공원이 나타난다.

다시 5분만에 범륜사(梵輪寺) 입구인 설마교 옆에서 차를 내렸는데, 이

곳에는 관악·송악·운악·화악산과 더불어 '경기 5악'의 하나라는 감악산의 등산로를 한눈에 볼 수 있는 커다란 안내판이 서있다.

파주시청 문화공보실 전상호(全相鎬·57)씨에 의하면 3년 전에 부임한 송달용(宋達鏞·64) 파주시장이 감악산을 찾는 등산객들의 편의를 위해 곳곳에 안내판을 설치했고 갈림길마다 방향표지판과 쉼터까지 조성해서

감악산 정상부의 초설.

쾌적한 산행을 할 수 있도록 했다고 한다.

 오전 10시 40분, 우리는 넓은 차도를 따라 오르기 시작했다. 울퉁불퉁한 흙길을 걸어오르니 왼쪽으로 높이 35m의 운계(雲溪) 폭포가 보이는데 수량이 적어 수직 암벽처럼 보인다.

 운계폭포 위에는 흰 관음상이 우뚝 서 있다. 우리는 곧 해탈교를 건너 범륜사에 도착했다. 마침 뜰에 나와 있는 교무담당 청강(淸江) 스님에게 범륜사의 내력을 자세히 들을 수 있었다.

 범륜사는 신라 진평왕 때 의상대사가 개창했다. 고려때에는 범일국사가 머물렀고, 조선조에 들어와 임진왜란 당시 소실되었다가 1970년에 주지 금봉(金峰) 스님이 중창했다고 한다.

 특히 절 아래 4m 좌대 위에 7m 높이로 세워진 백옥관음상은 1995년에 중국과 교류를 맺어 하북성 아미산에서 백옥십일면관음상을 7개월만에 조성한 후 추석때 봉안했고, 1996년 5월에 점안식을 가졌다고 한다.

 혜우(慧宇) 총무 스님에게 작별인사를 드리면서 좋은 글귀를 부탁했더니 '욕심이 없어야 진실을 볼 수 있다'는 의미의 '무욕견진(無慾見眞)'을 적어주신다.

 일행은 경내의 샘에서 목을 축이고 절 오른쪽 돌길을 따라 조금 걷다가 공터에서 서로 인사를 나누었다. 내가 먼저 해사 18기 출신이며 경창관광(주) 사장인 이종길(李鐘吉 · 57)씨와 그의 친구인 세은월드(주) 백문현(白文賢 · 57) 사장, 그리고 (주)씨큐어테크의 박찬복(朴贊福 · 50)과장을 차례로 소개했다.

 이어서 초연회(草緣會)의 홍기윤(洪基潤 · 47) 총무가 회원들을 일일이 소개했는데, 10년 전부터 한국일보 문화센터에 출강한 김화백에게 그림을 배운 문하생들의 모임이 바로 이 초연회인 것이다. 초연회 회원들은 1990년 창립전을 시작으로 매년 작품전을 가졌으며 회원들이 이제는 신인공모전을 통해 예비작가로 등단하고 있다고 한다. 초연회 회원들을 지도한 김화백은 1984년 동아미술제 동아미술상 수상으로 화단에 등단한 후 6회의 개인전과 50여 회의 국내외 단체전 및 초대전을 가졌으며, 현재 국립 현대미술관 초대작가로 왕성하게 작품 활동을 하고 있는 중견작가이다. 또 그는 필자와 함께 월간 「山」에 5년간 연재했던 그림들을 모

감악산 정상 부근의
바위지대

아 LG협찬으로 조선일보사 초대전을 열기도 했다.

 오전 11시 15분, 범륜사를 출발해서 돌길을 걸어올라 10분 후에는 왼쪽으로 '까치봉'이란 표지판이 있는 갈림길에서 오른쪽 길을 택하고, 다시 5분 후에 만난 갈림길에서는 '임꺽정봉(640m) 1,2km'이란 표지판을 따라 오른쪽 길로 들어섰다.

몇 차례 오르내린 뒤 '정상 800m' 표지판을 지나고 전망이 좋은 봉우리를 거쳐 12시 45분에 임꺽정봉 표지판 앞에 닿았는데 오른쪽은 수십미터나 되는 아찔한 절벽이다.

 일행은 절벽을 지난 지 10분만에 정상에 올라섰다. 이곳에는 파주시 향토유적 제8호인 높이 170cm, 폭 70cm, 두께 19cm인 고비(古碑)가 있는데, 글자는 모두 마멸됐다. 이 비는 '진흥왕순수비'라는 설과 당나라 '설인귀비(薛仁貴碑)'라는 두 가지 설이 있다. 날씨가 좋을 때는 고비 앞에서 개성의 송악산을 볼 수 있다고 한다.

 이상년씨에게 감악산 주변산에 대한 설명을 들은 후 오후 1시 10분. 코 앞의 남봉(일명 장군봉)으로 자리를 옮겨서 각자의 배낭을 내려놓았다. 모두 자리에 앉자 술잔이 도는데 초연회 회장인 길훈종합건설 박융현(朴隆鉉·56) 상무가 축배를 올릴 경사가 있다면서 잔을 높이 들었다.

먼저 정군태(鄭君泰·53)씨가 공무원 서화대전에서 금상을 받았고, 홍기윤 총무가 한국현대서예협회에서 문인화부에서 특선, 그리고 윤미례(尹美禮·50)씨의 동아미술제 입선 등 경사가 겹쳤다. 또 오늘 산행에는 참석치 못한 안혜민(安惠敏·41)씨도 여성미술공모전에서 금상을 수상했다고 한다. 박창구(朴昌求·41), 이철환(李哲煥·38), 허철균(許哲鈞·53)씨들과도 잔을 주고받으면서 1년에 서너번씩 일본 산에 오르는 이종길씨에게 여행담을 들은 후 오후 2시 35분부터 서서히 하산에 들어갔다.

오전에 정상으로 오르던 갈림길에서 왼쪽 내리막길로 접어들어 30분후에는 무덤 10기가 있는 지점을 통과하고 무당집을 지나 저수지까지 내려왔다. 저수지에 이르자 지구촌식품 이관호(李寬浩·54) 사장이 자사 제품이라며 물만두를 끓여 모두 맛있게 먹었다. 하산길에는 서울대 의과대학의 오용석 교수, 그리고 박광자(朴光子·59), 김정남(金正南·41)씨와 즐겁게 얘기를 나누면서 걷기 시작하였다.

三丁山 삼정산1,210m

지리산 북쪽 줄기에 숨은 명산

상무주암 부근을 한 등산객이 지나고 있다.

버스가 여수 시가지를 벗어나서 벚꽃이 활짝 핀 순천가도를 달리는데, 저 멀리 산자락에는 진달래꽃이 붉게 활활 타오르고 있다.

"최선생님. 어제 향일암에 다녀오신 기분이 어떻습니까?" 여수 구봉(九鳳) 산악회 회장인 정봉갑(鄭奉甲·57)씨가 말을 건넨다.

청명이 닷새쯤 지난 주말, 여수에 도착한 김문식 화백과 나는 작년부터 교분을 맺어오던 삼성전자 여수제일대리점 사장 김용신(金容臣·53)씨의 승용차로 그의 부인 권석자(權碩子·49)씨와 함께 이 고장 명소인 향일암(向日庵)으로 향했었다. 돌산대교를 건너 왼쪽으로 그림처럼 펼쳐진 바다를 끼고 달리기 시작한지 30분만에 바닷가의 깎아지른 절벽 위에 우뚝 선 향일암을 정봉갑 회장이 손으로 가리킨다.

이곳 주차장에는 미리 만나기로 약속한 (주) LG화학 여천공장 과장인 홍성하(洪性夏·43)·조성향(趙誠香·39)씨 부부와 세 공주인 초롱(14), 솔(12) 그리고 남하(9) 등 다섯 식구가 우리를 기다리고 있었다. 대학에서 미술교육을 전공한 조성향씨는 김화백과는 초면인데도 금세 미술에 대한 이야기로 꽃을 피운다.

가파른 언덕길을 올라 얼마 후 도착한 향일암은 신라 선덕왕 13년(644)에 원효대사가 창건했고, 임진왜란 때는 승군의 본거지로 충무공을 도와 싸운 전적지이기도 하다.

아찔한 절벽 위에 서니 새빨간 동백꽃 사이로 끝없이 펼쳐진 남쪽바다가 시원하게 한눈에 내려다보인다. 절 뒤의 금오산(金鰲山)을 오르는데 홍성하씨의 둘째딸인 솔은 로프를 잡고 오르는 험한 바위도 거뜬히 올라타서 우리 모두를 놀라게 했다.

최근 관광 명소로 각광받고 있는 이 향일암에는 연일 수천 명의 관광객들의 발길이 끊이지 않는다고 한다. 잠시 눈을 감고 어제 오른 향일암의 절경을 다시 한 번 더듬어 본다.

금오산(金鰲山) 바위거북
부처님을 등에 업고
천년 날마다
아득히 바다 끝에서
맑은 해를 건지고

아찔한 낭떠러지
돌고 돌아
어디로 가나
동백꽃을 흔드는
파도 묻은 바람아.

있어도 없고
없어도 있는
여기 햇살이나 한가지
부처님의 가르침.

스님은 일념
향기로워라
버릴 것을 버리고
비울 것을 비우는데

먼지 묻은 세상의
어느 길손은

지리산 천왕봉의
운해

바닷가에 위치한
향일암의 춘경.
여천군 돌산읍
금오산에서 바라본
모습이다.

　　　흔들바위나 저울질하며
　　　시름 한점 푸는가.

　순천과 구례 사이의 솔재휴게소에서 잠시 멈추었던 버스는 오전 9시가 조금 지나서 남원을 통과, 9시 50분에 산행기점인 함양군 마천면 삼정리 음정마을에 닿았다. 구봉산악회 고문이며 가장 연장자인 연명근(延明根·68)씨와 여수 수산대학교 식품공학과 교수인 강훈이(姜壎二·64)씨가 젊은이들에게 뒤질세라 맨 앞에 서고, 그 뒤를 부회장인 강정남(姜正男·48)씨와 김영찬(金永燦·45)씨 그리고 신철(申澈·49)씨가 바짝 따랐다.

　왼쪽으로 계류를 끼고 아주 평탄한 길을 걸어 11시 10분에 영원사(靈源寺)에 도착했다. 이곳에서부터는 길이 좁아지고 또 가팔라지기 시작한다. 좌우에 빽빽이 들어찬 산죽군락을 헤치며 오르다가 안부에서 잠시 숨을 가다듬고, 12시 25분에 상무주암(上無住庵)을 지나서 바로 옆 전망이 확 트이는 곳에서 산제를 올렸다. 삼성교통 사장인 김임식(金任植·61)씨가 제관을 맡아 엄숙하게 한해의 안전산행을 빌고 우리는 잠시후 삼정산(三丁山 또는 三頂山·1,210m) 정상을 밟았다.

　여수문화원장인 문정인(文貞寅·62)씨와 부회장인 배충조(裵忠助·47)씨가 남쪽 노고단에서 삼도봉·명선봉·영신봉 그리고, 천왕봉으로 길게 이어지는 지리산 능선을 일일이 가리킨다. 정상에서 마침 옆에 서 있는 등산객과 인사를 나누었는데 창원에 있는 대우중공업의 토요산악회원들이었다. 회장인 양계옥(梁桂沃·51)씨와 총무 주우천(朱尤千·44)씨 그리고 배중빈(裵重彬·48)씨와 즐거운 대화를 나누었다.

　토요산악회의 입회 조건은 무척 까다로워서 창원 주변을 에워싼 55km의 산을 10시간 안에 주파할 수 있어야 되기 때문에 현재 전 회원이 고작 8명밖에 안된다고 한다. 옆에서 이 말을 듣던 구봉산악회 총무인 명춘식(明春植·57)씨와 오광석(吳廣錫·47)씨 그리고 김숭평(金崇平·57)씨는 이들의 건각에 혀를 내두른다.

　오후 2시에 문수암에 도착했는데 스님은 마침 출타 중이었다. 여러해 전 설악산에서 만나 몇 년째 함께 산행을 즐기는 조민현(曺敏鉉) 중령이 전부터 늘 지리산 자락에 살짝 숨은 명산이 있는데 등산객도 거의 없어서 아주 조용하고 또 도봉스님과도 친해서 사박(寺泊)도 가능하다며 언제 한번 같이 가자던 곳이 바로 이 문수암이었다. 이곳을 떠나 계류를 몇 차례 건너 오후 4시 15분에 실상사(實相寺·사적 제309호)에 도착했다.

실상사에는 삼층석탑(국보 제10호)을 비롯해서 신라 흥덕왕 3년에 조각한 탑으로 석가여래의 진신사리를 봉안한 삼층쌍석탑등 국보 외에 보물만도 11점, 지방문화재 3점 등 우리 나라 사찰 중 문화재를 가장 많이 보유하고 있다고 한다.

버스가 기다리는 큰길까지 나오니 먼저 내려온 정봉갑 회장과 서성훈(徐成焄·62)씨가 맥주 잔을 기울이다가 우리에게 잔을 권한다. 서울행 여객기 시각에 늦지 않으려고 서둘러 5시 정각에 여수를 향해 출발했다. 차내에서는 전문 MC를 뺨치는 박성포(朴盛浦·49)씨의 능숙한 사회로 즐거운 여흥이 이어졌는데, 산악회 감사인 문영민(文永敏·64)씨와 ,백점세(白点世·63)씨가 함께 부른 '각설이타령'이 단연 인기여서 가장 많은 박수를 받았다.

순천을 지나면서 차가 점점 밀리기 시작해서 제 시각에 공항에 도착할 수 있을지 몹시 걱정이 되었다. 아니나 다를까, 버스가 여수공항에 거의 다다를 무렵 우리가 타려던 여객기는 이미 하늘 높이 치솟아 구름 속으로 그 모습을 감추고 있었다.

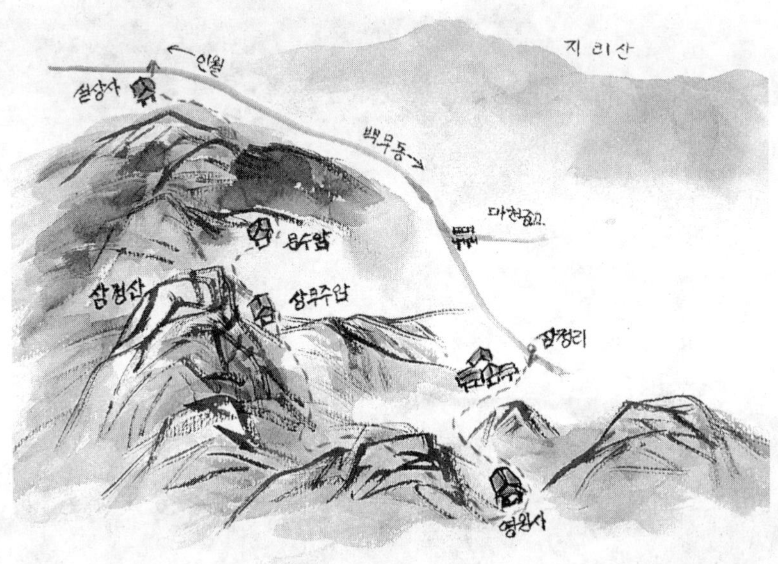

최 성 수 (崔 晟 洙)

1935년 서울에서 태어나 예산에서 성장
예산농고, 양정고교, 중앙고교를 한국전쟁 와중에 다녔음.
고려대학교 영문학 전공.
연합신문사 기자, 비-튼(주) 한국지점.
아주대학교 · 유신고속관광(주) 비서실장 역임.
현: 제우산업(주) 대표이사 부사장으로 재직.
　　1년에 도봉산을 70회 이상 오름.

김 문 식 (金 文 植)

1951년 충청남도 서산에서 출생.
1984년 동아미술제 숲 주제 「瑞林」으로 동아미술상 수상.
개인전 12회. 서울신문사 정예작가 초대전.
1991년 현대미술초대전 (국립현대미술관)등
50여차례 국내외 초대전.
조선일보 월간 『山』 그림산행 5년간 연재 (1992~1996)
현: 한남대학교 강사, 미술협회 회원

그림산행

글 쓴 이 · 최 성 수
그 린 이 · 김 문 식
펴 낸 이 · 이 수 용
편집디자인 · 관훈 기획
제 판 인 쇄 · 홍진프로세스
제   책 · 민중제책
펴 낸 곳 · 秀文出版社

1998. 5. 20 초 판 인 쇄
1998. 5. 25 초 판 발 행

출판등록 1988. 2. 15 제 7- 35
132--033 서울 도봉구 쌍문 3동 103-1
전화 904-4774, 994-2626 FAX 906-0707

ⓒ 최성수 · 김문식

*파본은 바꾸어 드립니다.

ISBN 89-7301-068-9